大学受験

やまぐち健一の
物理探検隊 NEO

わくわく

力学・熱力学・波動編

やまぐち健一 [著]

物理 GoGo!

技術評論社

本書はやまぐち健一著『わくわく物理探検隊』(ナガセ)を元に、最新の内容に加筆修正し、再編集して、2分冊(力学・熱力学・波動編、電磁気・原子編)の形で復刊したものです。

はじめに —わくわく物理探検隊 NEO 版によせて

やまぐち健一

　みなさんこんにちは，やまぐち健一です！　このたび『わくわく物理探検隊』を復刊するにあたって，本書の意図と特色について，あらためてお話ししたいと思います。

　まず，構成について。物理基礎＆物理でやる内容そのままでは，どうしても理論的につながらないところが現れたりします。ここではそれらを組み直して再構築（リストラ）してあります。そのときに重要視したのは…一貫性が保たれていること。筋が通ること！　この一冊を終えれば，ごく自然な形で物理基礎と物理を合わせた全範囲をマスターすることができるはずです！　高校の授業と並行してやっていくのは大変かもしれません。頑張ってくださいね。

　さあ次に，この本が目指したものを書いておきましょう。本文は非常にくだけた表現で書いてあるので騙されないようにね。
　"物理が眼で見えること！　考え方がはっきりと頭の中に描き出せること！"
これです！
　君はこんな経験ないかな？　問題にアタックした。しかし自分では解けなかった。そこでAnswerを見る。全て知ってる式じゃないか！　それを何回もやってみる。よしっと思って次のをアタック！　しかしできない！　そこでAnswerを見て，知ってる式だ…以下繰り返し…。なぜ自分で解けない？　使ってる式は知ってるでしょう。解答を読んで理解もできるでしょう。でも自分で解けない！

　これを超えようというのがこの本の目標です！　法則というのは知ってるだけはダメなんだ。それが **分かっていること**，いやもっと言うと中身が **見えていること！**　こうでないとアイデアなんか浮かんできません。そのためにここでは法則や式の意味を，これでもかというぐらいエグっています。
　しっかりとこの本をやり込めば，後は過去問だけで最難関校を受かったという先輩が何人もいます！　君も物理の考え方，見方をしっかりと自分のものにしていってくださいね。この姿勢は，大学に行っても大学院に行っても，知識や数学的方法は変わっても，ずっと変わらない大切な君の宝物になりますよ。
　さあ，大きな宝物をゲットするために，
　　君も探検隊員になって出発だ〜！

Welcome To The "物理World" Tour !

　理系の戦闘民族諸君！　おもしろくて奥の深い"**物理ワールド**"にようこそ！　さあ，今から，物理ワールド探検ツアーに出発するぞ〜！　準備はいいかな？
　この物理ワールドはいろいろな仕掛けがあるぞ！　敵を倒すとアイテムが手に入る！　それで次の敵も倒せる！…倒せば倒すほど君の**Level**も上がってくるぞ〜！

　残念なことに，世の中の"物理パッケージ・ツアー"には，まだ式を覚えるだけの退屈な物理がはびこっています。そんなアクビばっかりのツアーには決して参加するな〜！　ハッキリ言ってお金と時間の無駄です。
　だいたい，僕は覚えることや"知ってる"ことには興味ありません。だって，大切なのは"**分かっている**"こと，"**見える**"こと！…これでしょう！　"知ってる"だけでは，それを使って新しいことを考えたりできないでしょう？　分かっているから＆見えるからこそ**クリエイティブ**に突き進んで行けるんだ！

　そのために，この"物理探検案内書"には**＠image**とタイトルしたところがあるんです。僕が授業で普段しゃべっていることを，式や法則の後に書いてあります。ここをしっかり読んで，言葉通り，大きく**イメージを膨らませ**ていくんだぞ〜！

　我々，理系の戦闘民族に必要なのは，式なんかではなく，~~体型~~…**体系**，**ストーリー**なんです。何がどうして，どうなっていくのか？　これを考えるから"物理"がおもしろくなっていくのですね。こうすれば，今まで"腐っていた式"も**Refresh**！　生き生きしてくるぞ〜！

物理が苦手なみんなへ（初級戦闘民族諸君！）

　この本は，これまでの参考書類と違って，とっつきやすく眼に見えるように…**体験できる**ように書いてあります。バカスカ読んで考えて感じて…大声で"なーるほど"と叫ぶ！　後は，ついでに問題も解いていって下さいね。そうすれば，実力は勝手に追いついてきます。

物理が得意なみんなへ（高級戦闘民族諸君！）

　実は，この本を書くときに，物理入門者だけでなくもっと**ハイレベル**な君達も念頭に置いています。レベルの高い人ほど目先の式にこだわって全体をとらえない傾向もあります。そういう人はさっと目を通して，全体的な物理のイメージ…"心"を感じ取って下さい。式だけでなく，その中のストーリーをどんどん読み進むのです！　時間がない人は例題なんかは気にかけなくてかまいません。高級戦闘民族の君なら，パッパッと読み進めるはずです。

　さあ，いよいよ**ツアーに突入**だ〜！　心の準備はできたかな？　もう一度言うよ。全体の流れ，ストーリーを感じるんだ〜！　見るんだ〜！　この心構えこそが入場パスポートです。
　おや，ゲートが開いた〜！　さあ，今すぐ入場スタートだ〜！　無事に，そして楽しく探検を終えられるように心から祈っていますよ。ガンバレ〜!!

この本の使い方

"使い方"っていっても，大げさなものではありません。順番にやって**冒険を楽しんで**くれればOK！ 急いでいる人は自分のやりたい各**Part**のアイテムだけを集めても大丈夫です。

● まず【**黒で書いてある本文**】…ここで考え方や公式をまとめてあります。しかし，最小限です。え？ もっと書いてくれだと〜！ 心配いりません。これで全ての問題にあたっていけます。本質でもないことをたくさん覚えるより，"これだけ"というのを，しっかり"見える"ようにすればOKなのですよ。

●【**@image イメージ**】…この本の **Main Part** です。ここで法則や公式などのイメージを大きく膨らませるぞ〜！ 読んでからちょっと目線を遠くにやって，頭の中にイメージを描いてみよう！ 「こういうことか！」「あたりまえのことだ〜」…これですよ！ ここでしっかりと大きくイメージを膨らませられたなら，君も戦闘民族の仲間入りです！

●【**練習問題**】…@imageでつけたイメージを固める部分です。できる限り，自分で解いていこう。そしてここの **Answer**！ しっかり読んでいってください。説明や@image と**同じ発想**で書いています。同じ発想ということが大切なのです。この問題はこれ。あの問題はアレ…とやっていると全体の流れ，ストーリーがメチャメチャになってしまいますからね。「あ！ そうか」「な〜るほど」…この気持ちを大切にね。

● 最後に【**まとめの問題**】…まさに"まとめ"です。かなり程度の高いものも入れてあります。でもここまででイメージを大きく広げられた人にはど〜ってこと無いでしょう。多分ね……（^^;
それでもできないという人は… はじめはとばして行きましょう。物理は体系ですから，できなかったやつも後で見ると分かってくるようになるものです。

では，あせらずに，着実にやっていこうね！ いやいやながらやってもダメです。物理探検ツアーを心から楽しむ気持ち…これですね，一番大切なのは！

　　では，**楽しい探検**を！

2014年3月
やまぐち健一
イラスト… miho

Contents 目次

Part 1 力学分野　007

- 1講　速度・加速度 …… 008
- 2講　落下運動 …… 031
- 3講　運動の法則 …… 055
- 4講　仕事とエネルギー …… 102
- 5講　運動量と衝突 …… 130
- 6講　円運動と万有引力 …… 156
- 7講　単振動 …… 187

Part 2 熱力学分野　213

- 1講　熱と気体の基礎 …… 214
- 2講　気体の分子運動論 …… 237
- 3講　熱力学第一法則 …… 255

Part 3 波動分野　285

- 1講　波動の基本 …… 286
- 2講　音波 …… 327
- 3講　光波 …… 360

Part 1

力学分野

ここは，物理全体の基礎となる大切なところです。

前半は，"基本編"…
　『つりあいの式や運動方程式 $ma = F$ の書き方』
　『エネルギーや運動量などの保存量の使い方』
この2つを柱にして，いろいろな運動を扱っていきます。非常に広範囲で内容も多いところです。個々の重要事項を徹底的にマスターしていって下さいね。

そして後半は，円運動，単振動，etc.…"ハイレベル編"です。ここまでやればスペースシャトルの軌道といった本格的な運動も扱うこともできるようになります…と言っても $ma = F$ が基本ですからね！前半の応用というだけです。

さあ，ここ Part 1 では，ともかく問題をたくさん解いていって下さいね。多くやればやるほど，間違いなく君の実力になってくれます。ここは努力が正直に結果に結びつくところなのです。だからこそ，君自身の力で，一つで，も多くの問題を解いてみよう！

では，"力(りき)"入れて頑張っていくぞ！

第1章 1講 速度・加速度

　遊園地にある絶叫ローラーコースターの激しい動きや，宇宙を駈けるスペースシャトルの動き…ここではこういった"運動"を調べてやろうというのです。まず運動の様子を示す量…物体の位置 x と速度 v，そして加速度 a とは何か？　これらを使って運動を式で書けるようになれば，肉眼では見えないところまで深く"見える"ようになるぞ～！

　ところで，運動のようすを知りたいんだけど，いったい何が分かれば運動が分かったと言えるのだろう？　何を知ればよっしゃ～！　ということになるんだろう？

　君もいろいろ考えてみるとおもしろいと思いますが，僕の考えている結論を言ってしまうと…注目している物体（ターゲット）が，ある時刻にどこにいるか…つまり時刻 t と物体の位置 x との関係が分かること…数学が強い人は $x = f(t)$ のことですね…これこそが，僕たちが知りたい"運動"のようすそのものでしょう。これによって「3秒後はここに，8秒後はあそこに，10

第1章 1講 速度・加速度

年後にはあの場所にいる」ということが分かりますね。未来が予測できるのだ〜！ さらに「速い」とか「遅い」というような運動の様子も手に取るように分かってしまうでしょう！

もっと言うと，その運動の"特徴"を知ることができれば，将来のことを簡単に表現できることになります。つまり，例えば $x-t$ グラフが次の図のように直線になっていたり，時間 t の2次関数になっているという特徴があるなら，一万年後の位置や速さの様子…未来が簡単な式で書けてしまいますね。

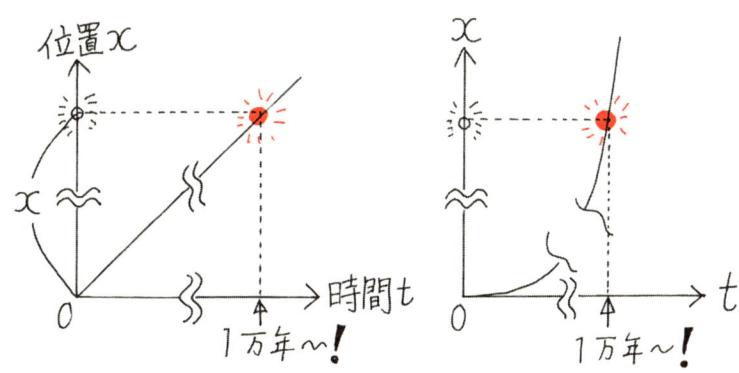

さあ，この運動の"特徴"というのが"等速度"や"等加速度"というやつなのです。

それでは，「速度＆加速度とは何か？」…これからスタートしましょう！

⭐ 速度＆加速度

微小時間 Δt の間に物体が Δx 変位したとき，物体の速度 $v\,[\mathrm{m/s}]$ は

$$v = \frac{\Delta x}{\Delta t} \quad \left(v = \frac{dx}{dt}\right) \quad 単位：[\mathrm{m/s}]$$

@IMAGE　"速さ"ってなに？

　式だけで見るとウワァ〜っていう感じですが，大切なのは式の表している意味が分かる→つまり式が"見える"ことです！
　進んだ距離をかかった時間で割るということは…速さとは1秒で進む距離のことですね。"速い"やつほど1秒でたくさん進むし，"遅い"のはあまり進ま〜ん！　あたりまえだね！
　というように，今から出てくる式は，全て頭の中でしっかりとその意味を"見て"いくんだ〜！

@IMAGE　等速運動 $x = vt$

　さあ，ここからいよいよ"運動の特徴"を見ていきます。
　"等速"…とは字のとおり，速さがずっと等しい一定の速さの運動のこと。速さをv[m/s]とすると，速さ（1秒で進む距離）が一定なんだから，1秒でvメートル，2秒では$2×v$メートル進みますね。じゃあt秒で進む距離xは$x = vt$…これもあたりまえ！　（距離）＝（速さ）×（時間）というやつです。おっと，式は覚えるのではなくて"あたりまえ"と思えるまで理解するんだ！　見るんだ〜！

@IMAGE　等速運動のグラフ

　上の等速運動$x = vt$を$x-t$グラフで描いてみましょう。等速では進んだ距離は時間に比例しますから距離と時間の$x-t$グラフは当然，直線です。図のA（やまぐち's ボロボロ車）を見ると，これは1秒間で3[m]ずっと進んでいく等速運動（速度$v_A = 3$[m/s]）を表す直線です。Bのフェラーリは1秒で6[m]，速度$v_B = 6$[m/s]を表す等速の直線です。つまり"速い"ほどグラフでは傾きの大きい直線となっていますね。傾きで速度が分

第1章 1講 速度・加速度

かるんだ〜！ $x-t$ **グラフの傾きは速さ〜！**

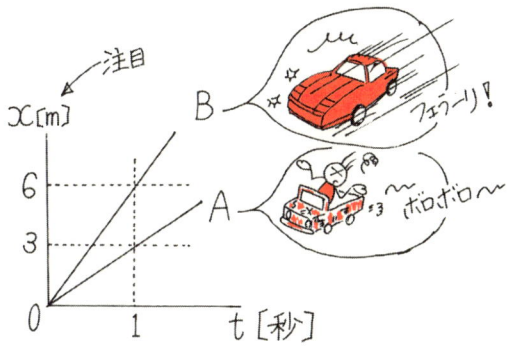

@IMAGE 速さ，速度の単位

　単位は大切です。単位を見るだけで物理的意味が分かってしまうぐらい大切なものです。

　まず導き方は…式から出します。式 $v = \dfrac{\Delta x}{\Delta t}$ より，単位も［距離（m：メートル）／時間（s：秒 second）］で[m/s]という形になります。

　そして，もっと大切なことは単位から意味を読み取ること！ [m/s]は分母（1秒）あたりで分子の何メートル進むぞということ。だから"速さ"なんだ！ "分母あたりの分子"…これが単位の意味です。例えば 3[kg/m^3]というのは，分母1[m^3]あたりの質量が3[kg]ということ。これは密度だね。

　さあ，単位の導き方（式から出す！）＆単位の意味の読み取り方（分母あたりの分子だ！）…こいつらは後になってもいっぱい使うぞ。注目〜！

@IMAGE "速度"と"速さ"って違うの？

　"**速度**"とは，大きさと向きを持ったもの…ベクトルです。"**速さ**"は大

011

きさだけ…スカラーって言いましたね。この2つをしっかり区別しよう。

なんか言葉だけの問題のような気がするけど大切です。「速度を求めよ」となっていれば，「図の左向きに3[m/s]」とか「x軸正の向きに3[m/s]」のように向きも書かないと痛い目にあうぞ！

もっと一般的には，速度の向きを表すのに座標軸がある場合は，例えば軸の正方向に進む場合は+6[m/s]，負方向に進むときは−10[m/s]のように+−で方向を書いてやります。

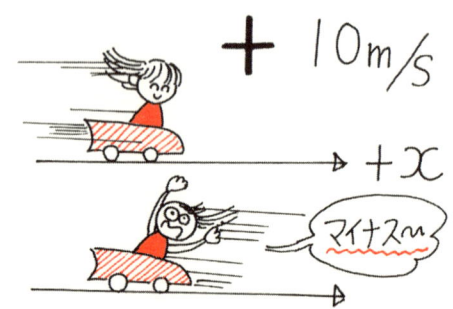

@IMAGE 等速度運動＝等速直線運動

「等速度運動」といえば"速度"がいつも等しい運動のことです。速度が一定ですから，その大きさも向きも一定で変わらないハズですね。だから，ま～っすぐに進む等速直線運動のことです。等速度運動と等速直線運動とは全く同じこと！

よく，みんながミスするのに等速円運動があります。自動車が円周上を一定の速さでコンスタントに走っているとき，確かに等速運動ですが等速度運動ではありませんよ。円周上を走ってる車は向きが常に変わっているでしょう。そうでないと飛び出してしまいますからね。

第1章 1講 速度・加速度

加速度

微小時間 Δt の間に物体の速度が Δv 変化したとき，物体の加速度 $a[\mathrm{m/s^2}]$ は

$$a = \frac{\Delta v}{\Delta t} \quad \left(a = \frac{dv}{dt} = \frac{d^2 x}{dt^2}\right) \quad 単位：[\mathrm{m/s^2}]$$

Part 1 力学分野

@IMAGE 加速度とは？

ここからは運動の特徴，その2…加速度です。

速度（速さ）は単位時間での位置の変化…つまり1秒でどれだけ動いたか，ということでしたね。それに対して加速度は単位時間での速度の変化…つまり1秒でどれだけ速くなったかということです。2つはなんか似ていますね〜。

加速度の単位は…当然，式から出せますね！

$a = \dfrac{\Delta v}{\Delta t}$ より $\left[\dfrac{\mathrm{m}}{\mathrm{s}} \div \mathrm{s}\right] = [\mathrm{m/s^2}]$ です。

@IMAGE 加速度のグラフを考えるぞ！

グラフを考えるとき，速さ $\dfrac{\Delta x}{\Delta t}$ は $x-t$ グラフの傾きとして分かりましたね。加速度の式は $\dfrac{\Delta v}{\Delta t}$ ですから $v-t$ グラフ（速さと時間の関係）を見ていくんだ！

加速度が一定の場合（等加速度運動といいます），1秒で速くなるのがいつも一定だから $v-t$ グラフは直線になります。そして当然，この傾きが加速度です。

013

さあ，2台の車，やまぐちカーAとポルシェBが図のような運動をしています。やまぐち（ボロ）カーAは1秒で速さが0→5[m/s]と速くなっていますが（$a=5[m/s^2]$ですね），ポルシェは同じ1秒で0→20[m/s]とドバーッと速くなっているぞ（$a=20[m/s^2]$）。そう，v–tグラフの傾きが大きいほど加速がいいんだ〜！

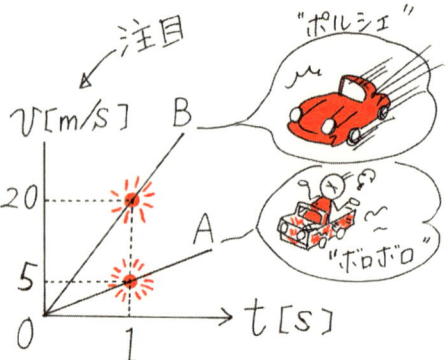

★ v–t グラフ

横軸に時間t，縦軸に速度vをとって運動を表したグラフ。グラフの接線の**傾き**が瞬間の加速度を表し，グラフの曲線と時間軸とが囲む図形の**面積**が移動距離（物体の位置座標）を表している。

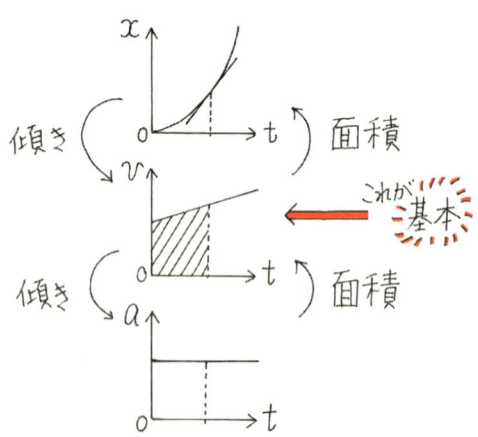

第1章 1講 速度・加速度

@IMAGE　3つのグラフを行き来しろ～！

まず$v-t$グラフ！　加速度aが一定（等加速運動）なら直線となりましたね。

一方，$v=$一定（等速運動）では$v-t$グラフは右の図のように平らな直線です。このときの進んだ距離の式は等速運動ですから$x=vt$です。ということは…こりゃ～図の面積だ～！

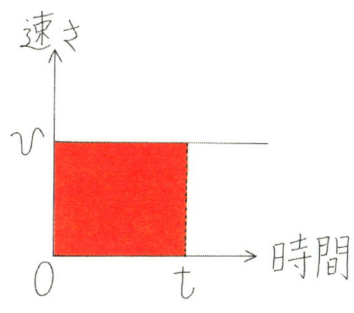

等速でなくとも図のように小さい区間の面積をとって$\lim \Delta t \to 0$とやりゃ～，やっぱり進んだ距離はグラフの面積だ～！（図をしっかり見てとらえろ！）

というので，$v-t$グラフの面積は進んだ距離に関係しているんだ～！

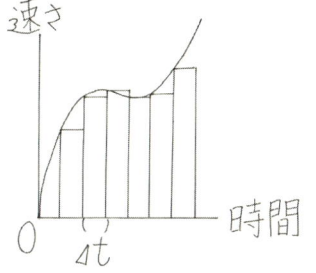

微分・積分が分かってる人は，傾きを微分，面積を積分と読みかえてグラフを見ていけばOK！　$v=\dfrac{dx}{dt}$，$a=\dfrac{dv}{dt}$なんだからあたりまえだね…(^^)

さあ，もう一度はじめの図（前ページ）を見てみよう。$x-t$，$v-t$，$a-t$，3つのグラフがどういう関係で結ばれているかを大チェ～ックしておくんだ！（グラフを見る時の注意！　いつでも縦軸＆横軸が何かを，思いっきり，しっかりと見るんだぞ～！　これをやらんと爆発だ～！）

 正&負

　$v-t$グラフの面積は距離と書きましたが，速度が負の場合は後ろ向きに進んでいるのですから，そのときの面積は，マイナスの距離（後ろに戻った距離）になります。つまり，正負も含めた面積が位置"座標"（今いる場所）になるわけです。

　それから$v-t$グラフの傾きも「符号も含めた」加速度を表しています。グラフの傾きが負のときはマイナスの加速度，つまり正方向に進んでるときには減速しています（もちろん，負方向に進んでいるときは負の向きに速くなっていますよ）。

　いつも"正負"には注意していこう。さあ，正負のチェックを次の問題でcheckだ〜！

Q 1-1 問題 直線上を運動する物体の速度vと時刻tのようすが図のように示されている。時刻$t=0[\text{s}]$のとき原点Oに物体がいたとしよう。

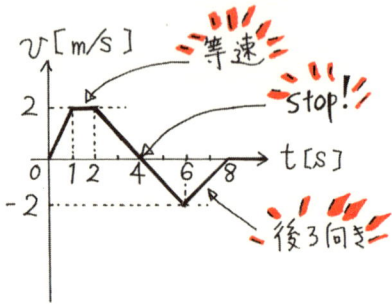

(1) 物体の加速度aの時間変化$a-t$グラフを描こう。
(2) $t=1, 2, 4, 6, 8[\text{s}]$のときの物体の位置を，それぞれ出してみよう。さらに$t=6[\text{s}]$のときの**移動距離**はいくらかな？
(3) $x-t$グラフを描こう。曲がり方に注意せよ！

解答

Answer 1-1

(1) $a-t$ グラフ

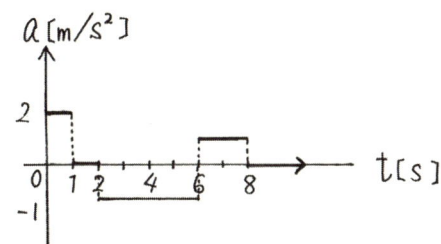

(2) $\begin{cases} t=1[s] \Rightarrow x=1[m] \\ t=2[s] \Rightarrow x=3[m] \\ t=4[s] \Rightarrow x=5[m] \\ t=6[s] \Rightarrow x=3[m] \\ t=8[s] \Rightarrow x=1[m] \end{cases}$ $t=6[s]$のときの移動距離：$7[m]$

(3) $x-t$ グラフ

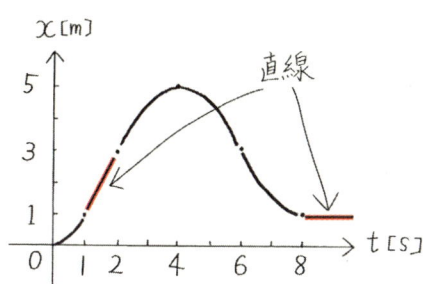

解説

まず問題を解く前に$v-t$グラフから運動のようすをしっかりとつかめ～！ $t=4[s]$までは前向きに，それ以降は後ろ向きに進んでるね。

(1) $v-t$グラフの傾きが加速度，$a-t$グラフになります。直線を1つずつやっていこう。ここでは例として$t=0\sim1[s]$だけやっておきますね。

$$a = \frac{\Delta v}{\Delta t} = \frac{2-0}{1-0} = 2[m/s^2]$$です。

加速度のグラフと問題図の$v-t$グラフを見ながら，加速度の正負がどういう運動に対応しているのかチェックしておこう！

(2) $v-t$グラフの面積が移動距離（正負を考えると位置座標）でしたね。例えば$t=2$[s]の位置は$t:0\sim2$[s]の間の面積だぞ〜！　つまり

$$x(t=2)=\frac{(1+2)\times 2}{2}=3\text{[m]}$$ です。

移動距離は$t=4$までは前向きに5[m]進み，$t:4\sim6$では後ろに2[m]戻ります。さあここでは$t=6$[s]のときの**移動距離**を求めるのだから$5+2=7$[m]ですね。**位置（座標）**とは違うんだ〜！（位置は当然$5-2=3$[m]です。）

(3) 上の位置をグラフに描いていけばいいのですが，等速運動は$x-t$グラフが直線ですね！　次に，等加速度運動ではxはtの2次関数になります。$x=At^2(A>0)$のときは下に凸，$x=-At^2$なら上に凸…に注意して描いて下さいね。後は滑らかにつなげればOKです。上に凸，下に凸という関数の形は，次の等加速度運動のところで詳しくやっていますので，すぐにGO！

★ 等加速度運動

一定の加速度aで運動する物体が時刻$t=0$に原点Oを初速度v_0で通過したとき，その物体の時刻tのときの位置xと速度vの関係は

$$v=v_0+at$$
$$x=v_0t+\frac{1}{2}at^2$$
$$v^2-v_0^2=2ax$$

基本中の基本！

第1章 1講 速度・加速度

@IMAGE 導くぞ〜!

まずは式を導けるようにするぞ。ここではグラフ ($v-t$ グラフ) から出してみましょう。微積分を使える人はそれで出してもOKです。

等加速度,a が一定というのは $v-t$ グラフが直線となるやつ!

まずは v の式です。直線の式は一発で書けるよね。傾き a が一定の直線だ〜!(加速度 a は $v-t$ グラフの傾き)

$v = v_0 + at$

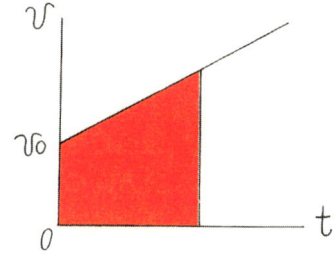

次に,位置 x は $v-t$ グラフの面積でしたね。台形ですからチョロい!

$x = \dfrac{(v_0+v)t}{2} = v_0 t + \dfrac{1}{2}at^2$ ($v = v_0 + at$ を代入していますよ)

さあ,3番目の式です。1番目の式を $t = \dfrac{v-v_0}{a}$ として,これを2番目の式に入れると

$v^2 - v_0^2 = 2ax$ ですね。

このように基本の3式は出し方も簡単なのですが…でも,やっぱり徹底的に覚えてしまえ〜! 基本中の基本なのだ〜 (2番目の $x-t$ の式は,時刻 $t=0$ で $x=0$ として x を出していますが,はじめから位置 $x = x_0$ にいるのなら $x = x_0 + v_0 t + \dfrac{1}{2}at^2$ と書くのもいいです)。

@IMAGE 3つの式の使い方!

さあ,使い方です。なんかゴチャゴチャしてますが,1&2番目の式は時間 t の関数。3番目の式は時間なし…これに注目だ〜! つまり問題に「時間 t を求めよ」のように t が入ってりゃ〜はじめの2式を,t が無けりゃ〜最後の式を,というように使い分ければいいのですね。時間 t に注目!

式は目的意識を持って使うように！　時間tを求めたいからあの式だ！ これとこれが分かっているのでこの式しかない！…というようにです。これができると複雑な問題を解くときにも，かかる時間がドバッと短くなるよ！　何をやりたいのか，知りたいのか，これをしっかりつかんでいることが大切！

 宇宙空間での話です。スペースシャトルが時刻$t=0$[s]で原点Oをx軸正方向に$v_0 = 19.6$[m/s]で通過した瞬間に，負方向に大きさが9.8[m/s^2]の加速度で減速しはじめた。加速度は一定だとしてシャトルの運動を考えよう。

(1) v-tグラフの概略を描け。

(2) シャトルが正の方向に最も離れる時刻t_0[s]はいくらか？　また，その位置x_0[m]はいくらか？

(3) シャトルの速さが9.8[m/s]になる時刻t_1[s]と位置x_1[m]を求めよ。

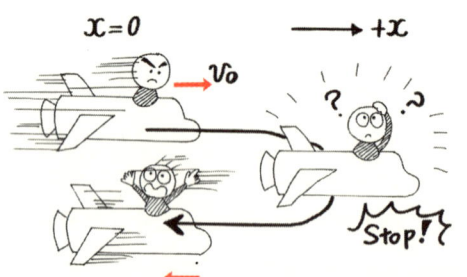

解答　Answer 1-2

(1)
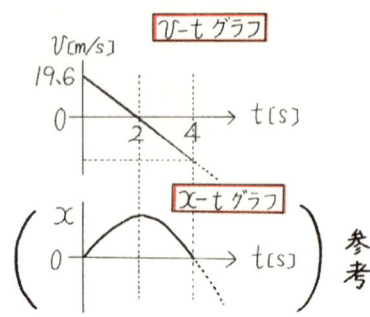

(2) $t_0 = 2$[s]後，$x_0 = 19.6$[m]
(3) $t_1 = 1, 3$[s]，$x_1 = 14.7$[m]

解説

(1) 加速度が負の等加速度運動ですね。$v-t$グラフは直線だ〜！　概略といってもv，t軸の交点はちゃんと描くこと！　$v=0$となる時刻tはv，tの関係を聞いているので等加速度の3つの式の1番目を使うんだね！

$$0 = 19.6 + (-9.8)t \quad \therefore t = 2\text{[s]} \quad \text{です。}$$

(2) 最も離れる…つまり止まるところだね。グラフを見るともっとよく分かるぞ。さあ，問題は$v=0$となる時刻t_0を聞いていますね。vとtの関係式は等加速度の1番目の式だ！　$0 = 19.6 + (-9.8)t_0$　$\therefore t_0 = 2$[s] 次は位置x_0です。tが分かったので2番目の式！

$$x_0 = 19.6 \times 2 + \frac{1}{2} \times (-9.8) \times 2^2 = 19.6\text{[m]} \cdots \text{カンタンだ〜！}$$

（もちろん，x_0を求めるのは止まる時の位置vとxの関係式のことですから3番目の式でもOK！　$0^2 - 19.6^2 = 2 \times (-9.8)x_0$　とうぜん，同じ結果になります。各自，自分でチェック！）

(3) 速さが9.8[m/s]になる時刻は，2つあるのが分かりますか？　速さ…ですから，行き帰りですね。ある速さのときの時刻を求めたい→vとtの式だから1番目ですね。行きの速度は$+9.8$[m/s]，帰りは-9.8[m/s]に注意して

$$\begin{cases} +9.8 = 19.6 - 9.8t_1 \\ -9.8 = 19.6 - 9.8t_1 \end{cases} \quad \therefore t_1 = 1, 3\text{[s]}$$

あとは，時刻が分かったので位置はxとt…2番目の式！　行きの時$t_1 = 1$[s]だけやっておくと $x_1 = 19.6 \times 1 + \frac{1}{2} \times (-9.8) \times 1^2 = 14.7$[m]

です。帰りも同じになります。自分で計算しておくこと！
ところで，これも速さと位置の関係だから…3番目の式でやってもOK！

$(\pm 9.8)^2 - 19.6^2 = 2(-9.8)x_1$　∴　$x_1 = 14.7$[m]ですね。

　さあ，どうでしたか？ 問題自体は簡単でしたが，「できた，できない」というのでなく「これが分かっていて，あれを知りたいから…あの式だ！」というストーリーをとらえて下さいね。今まで何となくできていたという人もこれからはストーリーをハッキリと意識してやっていこう。こういう姿勢をマスターすれば，もっともっと難問であっても，ど〜ってことなくなるぞ〜！

相対運動

@IMAGE 相対って？

　ここではちょっと見方を変えてみましょう。今までは動いている物をじっと止まったまま見ていましたね。さあ，今度は我々（観測者…observer）も動きましょう。経験的に車に乗って走っていくと，同じ方向に行く車はほとんど止まってるように感じるし，すれ違うのはえらくすっ飛ばしてるように見えますね。これが相対運動です。

物体A, Bがそれぞれ $\vec{v_A}$, $\vec{v_B}$ の速度で運動しているとき，Bに対するAの相対速度 $\vec{v}$ は
$$\vec{v} = \vec{v_A} - \vec{v_B}$$

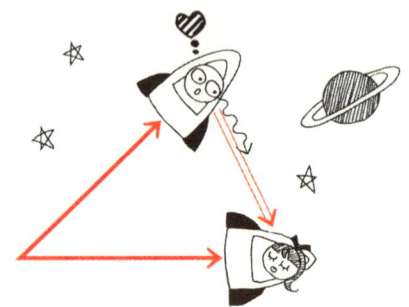

第1章 1講　速度・加速度

@IMAGE　自分&相手

　ここでは「見られている」相手と，「見ている」自分を明確に区別しないと痛い目にあいます。「Bに対するAの相対速度」というのは，Bが見ている人，Aが見られている人ですね。そこで，以下のように書くと見ている，見られている関係がクリアになってGoodです！

$$\vec{v}_{相対} = \vec{v}_{相手} - \vec{v}_{自分}$$

つまり『相対＝相手－自分』という形になっているのだ〜！

　この相対の関係は相対速度だけでなく相対の位置や相対加速度も同じです。理由も自分でちょっと考えておこうね。

　『相対＝相手－自分』という関係にはいつも大注目だ〜！

$$\vec{x}_{相対} = \vec{x}_{相手} - \vec{x}_{自分}$$
$$\vec{a}_{相対} = \vec{a}_{相手} - \vec{a}_{自分}$$

@IMAGE　相対運動の使い方

　等加速度運動の3つの式は，相対運動でも使えます。t以外は全て「相対」で置き換えてしまえばOK！　時間tは，まだアインシュタインが生まれてないので"絶対時間"（みんなに共通）です。

　さあ，以下の3つが等加速度の相対関係の式です！

「相対」等加速度運動
$$\begin{cases} v_{相対} = v_{0相対} + a_{相対} t \\ x_{相対} = v_{0相対} t + \dfrac{1}{2} a_{相対} t^2 \\ v_{相対}^2 - v_{0相対}^2 = 2 a_{相対} x_{相対} \end{cases}$$

というので「相対」等加速度運動の使い方を次ですぐにチェックだ〜！

【待て〜！】
再び宇宙空間での話です…宇宙海賊船Aがゆっくりと（初速度ゼロ），一定の加速度$3[\text{m/s}^2]$で宇宙基地から一直線に逃亡したとしましょう。しかし，逃亡に気付いた宇宙海軍は$10[\text{s}]$後に宇宙パトロール船Bを$25[\text{m/s}]$の初速度で打ち出し$13[\text{m/s}^2]$の一定の加速度で追跡しはじめた。

(1) 海賊船とパトロール船の速さが同じになるのは，パトロール船が発射されてから何秒後か？ t_1 としよう。

(2) ついに海賊船にパトロール船が追いつくのは，同じくパトロール船が発射されてから何秒後か？ t_2 としよう。

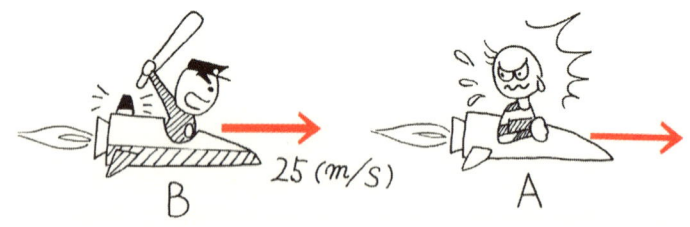

Answer 1-3

(1) $t_1 = 0.5[\text{s}]$ (2) $t_2 = 6[\text{s}]$

解説　ここでは相対運動でやってみよ〜！

パトロール船が発射されたとき，海賊船は $v_1 = at = 3 \times 10 = 30[\text{m/s}]$ の速度に，位置は $x_1 = \dfrac{1}{2}at^2 = 150[\text{m}]$ に達しています。

相対加速度はパトロール船から見て $a_{相対} = 3 - 13 = -10[\text{m/s}^2]$，相対初速度は $v_{0相対} = 30 - 25 = 5[\text{m/s}]$ です。「相手ー自分」だぞ！

第1章 1講 速度・加速度

(1) 同じ速さ…相対速度がゼロになる時刻ということだね。というので1番目のvとtの式です。

$$0 = 5 - 10t_1 \quad \therefore t_1 = 0.5[\text{s}]$$

(2) 追いつく…相対位置がゼロとなる時刻だ～！ xとtの2番目の式。

$$0 = 150 + 5t_2 + \frac{1}{2} \times (-10)t_2{}^2 \quad \therefore t_2 = 6[\text{s}]$$

6秒！…宇宙の話にしてはアッと言う間でしたね～‥‥(^^;)

この問題はもちろん静止して2つの物体を考えた運動としても解けます（一度はやっておいてくださいね）。でも相対運動の考え方では，ちょっと見方を変えて非常にシンプルに見ることができるでしょう。これは複雑な問題になるほど威力を発揮します。しっかりと考え方に慣れておこう！

☑ **この講はこれでendです。次の問題で実力をチェックだ～！**

Q まとめの問題　No.1

やまぐち大先生が自宅の高層マンションに帰ってきた。エレベーターに乗って一定の加速度で上昇して，2秒後には$4[\text{m}]$の高さに達した。そこから3秒間等速運動して，最後は一定の加速度で4秒間減速運動して自宅のある最上階に着いた。重力加速度の大きさをg，鉛直上向きを正方向として答えよ。

(1) はじめの2秒間の加速度はいくらか？
(2) 等速運動しているときの速度はいくらか？
(3) 減速時の加速度はいくらか？
(4) 自宅の地上からの高さはいくらになるか？

エレベーターが上昇し始めて1秒後に外を真下に落ちていく変な人とすれ違った。やまぐち君から見て下向きに$10[\text{m/s}]$の速さだったという。

(5) このときの, 変な人の外から見た速度はいくらか？

解答

Answer No.1

(1) $2[m/s^2]$　(2) $4[m/s]$　(3) $-1[m/s^2]$
(4) $24[m]$　(5) $-8[m/s]$

解説

まず v–t グラフ…グラフを描くとようすがよくわかるでしょう。

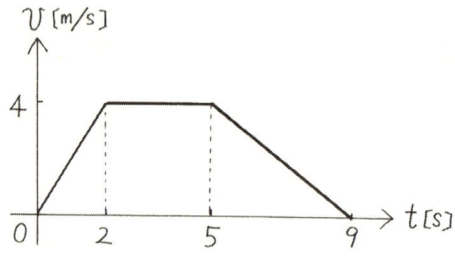

(1) 時間と距離が分かっていますね。知りたいのは加速度！ 2番目の式だね！

$$x = v_0 t + \frac{1}{2}at^2 \text{ より,}\quad 4 = \frac{1}{2}a \times 2^2 \quad \therefore a = 2[m/s^2]$$

(2) 2秒のときの速度を求めろといっているんだ。v と t の関係の1番目の式！

$$v = at = 2 \times 2 = 4[m/s]$$

(3) $a = \dfrac{\Delta v}{\Delta t} = \dfrac{0-4}{4} = -1[m/s^2]$　変化 Δ は"あと－まえ"のこと！　注

第1章 1講 速度・加速度

意しよう！
(4) グラフの面積でいこう！ $\dfrac{(3+9)\times 4}{2}=24[m]$ あれ！ 高層マンション???
(5) やまぐち君の速度は $v_{自分}(=at)=2\times 1=+2$ 相対速度は $-10[m/s]$
$-10=v_{相手}-2$ ∴ $v_{相手}=-8[m/s]$…マイナスは下向きのこと！

Q まとめの問題

次の図の【A】,【B】はともに直線運動する物体の $v-t$ グラフを表している。両方ともに時刻 $t=0[s]$ のときに原点Oにいたとする。

(1) 原点から正の方向にもっとも離れる位置はそれぞれいくらか？
(2) 元の位置に戻ってくる時刻は，それぞれいくらか？

図【A】
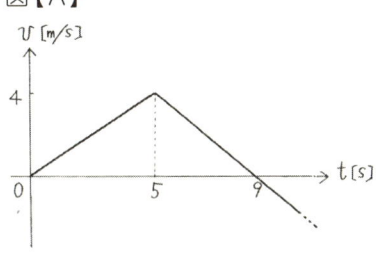

図【B】
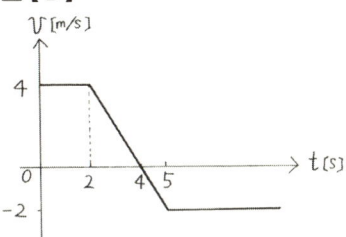

解答 Answer No.2

(1)【A】18[m] 【B】12[m]
(2)【A】15[s] 【B】10.5[s]

○ 解説

(1) 一番離れるというのは $v-t$ グラフの正の部分（前向きの運動だ！）に注目して距離はその面積ですね。

027

図より【A】 $\frac{4 \times 9}{2} = 18$[m]　【B】 $\frac{(2+4) \times 4}{2} = 12$[m]

(2) 負の部分の面積が(1)のと同じになればOK！

【A】9[s]から測ってt秒後だとすると
$18 = \frac{1}{2}t^2$ (右辺は負方向の三角形の面積だ！)

$\therefore t = 6$[s]

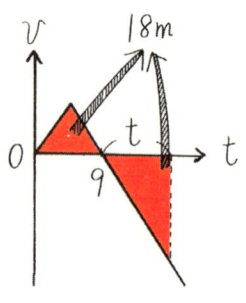

求めたいのは，はじめからの時刻だから
→ 9＋6＝15[s]ですね。

【B】同じく4[s]から測ってt秒後だとしよう。これも負方向の台形の面積を考えて

$$12 = \frac{(t+t-1) \times 2}{2} \quad \therefore t = 6.5[s]$$

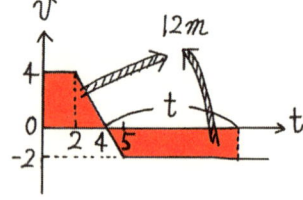

よって求めるのは10.5[s]です。

"意味をよく考えて"出せるようにするんだぞ！

Q まとめの問題　No.3

やまぐち君が乗った（ボロ）自動車Aとかわいい女の子の乗った自動車Bが，時刻$t=0$[s]で原点Oをスタートし，それぞれx，y軸方向に次ページのようなグラフで表される運動をした。

第1章 1講 速度・加速度

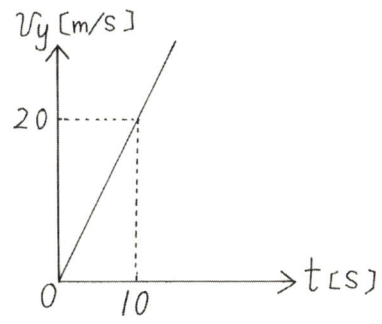
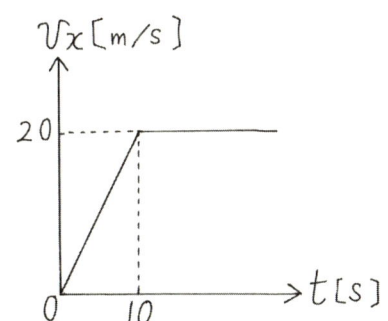

(1) 時刻 $t=5$[s]のときのやまぐち君Aから見た女の子Bの速度を求めよ。
(2) そのときのやまぐち君Aから見た女の子Bの加速度の大きさと向きを求めよ。
(3) 時刻 $t=20$[s]のときでは，やまぐち君Aから見た女の子Bの速さはどうなるか？　また，加速度の大きさはどうか？

解答

Answer No.3

(1) $10\sqrt{2}$ [m/s]，$+y$軸から$-x$軸方向に45°の方向
(2) $2\sqrt{2}$ [m/s²]，向きは(1)と同じ
(3) $20\sqrt{5}$ [m/s]，2[m/s²]

解説

(1) 時刻 $t=5$[s]のときのAの速さは10[m/s]で$+x$方向。Bの速さは10[m/s]で$+y$方向。相対は「相手－自分」でしたね。ベクトルですから図で引くのだぞ～（次ページ参照）。大きさは$10\sqrt{2}$ [m/s]です。

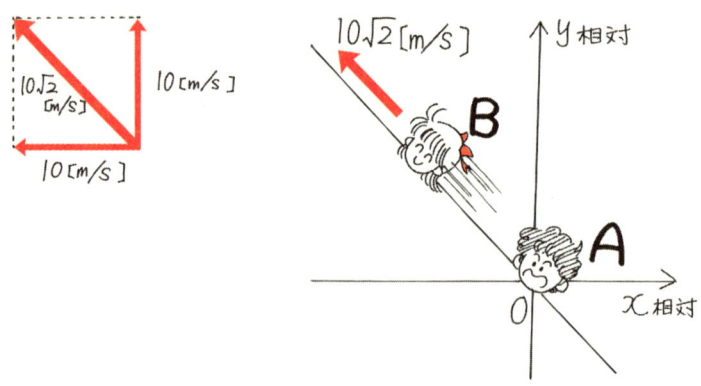

(2) 時刻 $t = 5$ [s] のときのAの加速度は 2 [m/s²] で $+x$ 方向。
Bの加速度は 2 [m/s²] で $+y$ 方向。これも図で考えるんだ！
大きさは $2\sqrt{2}$ [m/s²]

(3) 時刻 $t = 20$ [s] のときではAの速さは 20 [m/s]、Bの速さは 40 [m/s]。
これも図で計算。相対速度の大きさは $20\sqrt{5}$ [m/s]

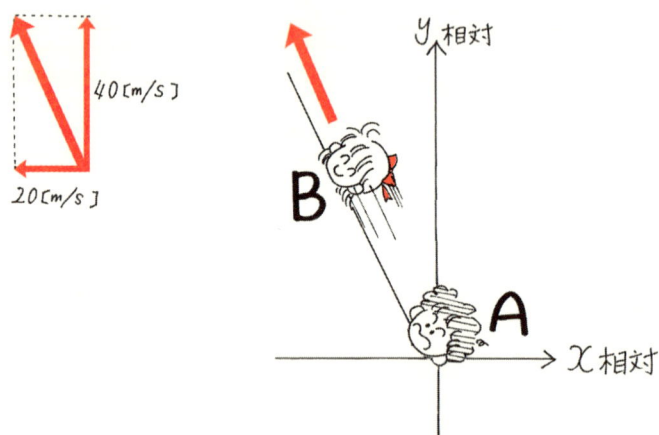

このときのAの加速度はゼロ〜！ Bの加速度は変わらず 2 [m/s²] のまんま。相対加速度は 2 [m/s²] ですね。ついでに向きは $+y$ 方向です。

第1章 2講 落下運動

落下運動

地球の表面（地表）では，物体は約 $9.8[\text{m/s}^2]$（重力加速度といい，g で表します）で一定の加速度運動をします。…つまり落下運動を扱うということは，3つの等加速度運動の式をバリバリ使っていくということだ！ しっかりプラスの向きを決めて式を自分で出せるように。まちがっても式を全部覚えたりしないこと〜！

★ 鉛直落下運動

(1) 自由落下

初速度ゼロで静かに物体を放したときの落下運動

$$\begin{cases} v = gt \\ y = \dfrac{1}{2}gt^2 \\ (v^2 = 2gy) \end{cases}$$

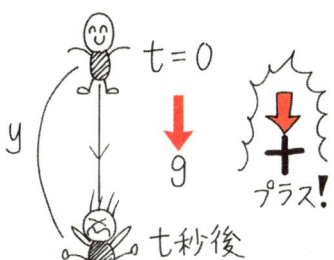

@IMAGE　プラスの向きに注意！ 式を出すぞ〜！

3つの等加速度運動の式を少し書き換えるだけ！ 注目はプラスの向きです。さあ，3つの基本式からパッと出すぞ〜！

先の図を見てください。普通の人は"下に"向かって $1[\text{m}]$ 落ちた，$2[\text{m}]$ 落ちた…と言いますね。つまり"下に"プラスをとっているのです。

031

鉛直方向の運動なので，等加速度の3式のxをyと変えておきましょう。

そして加速度に注目。鉛直下向きに$g(=9.8[\mathrm{m/s^2}])$ですね。下がプラス方向なんですから加速度を$a=+g$とします。さらに自由落下では「静かに放す」のですから初速は$v_0=0$…さあ，後は3つの基本式に入れるだけです。

$$\begin{cases} v = v_0 + at \\ x = v_0 t + \dfrac{1}{2}at^2 \\ v^2 - v_0^2 = 2ax \end{cases} \Rightarrow \begin{cases} v = gt \\ y = \dfrac{1}{2}gt^2 \\ v^2 = 2gy \end{cases}$$

ポイントはプラスの向きだぞ～！

参考 プラスをどっちにとる？

今は鉛直下方向をプラスとしてやってきましたが，もし上をプラスに取ったらどうでしょう？

加速度は$a=-g$ですね。初速$v_0=0$は同じ。等加速度の3式は

$$\begin{cases} v = -gt \\ y = \dfrac{1}{2}(-g)t^2 \\ v^2 = 2(-g)y \end{cases}$$

さっきのに比べて式の形はえらく変わってしまったぞ！

でも，例えば高さh落下するのにかかる時間t_0は？　といえば

下がプラスの式では$h = \dfrac{1}{2}gt_0^2$　$\therefore t_0 = \sqrt{\dfrac{2h}{g}}$

上がプラスでは（下にh落ちるんだぞ！）$-h = -\dfrac{1}{2}gt_0^2$　$\therefore t_0 = \sqrt{\dfrac{2h}{g}}$

同じ結果になります。プラスの向きで物理が変わるわけないので，トーゼン同じになるんだね。

第1章 2講 落下運動

というのでどっちにプラスを取ろうと結果には関係ありません。だから式を覚えたりするのでなく、3つの基本式からプラスに注意してパッと出せること！ これが大切です。

注意! 問題にあたるときはいつもプラスの向きを意識しながらやっていくんだぞ〜！

Q 2-1 問題

【バンジージャンプ…かな？】

さあ、バンジージャンプに挑戦しよう！ おや、ロープをつけ忘れてしまった。…これは、単なる自由落下ではないか〜！

飛び出した時刻を $t = 0\,[\text{s}]$ とし、ジャンプ台から地面までの高さを $44.1\,[\text{m}]$、重力加速度の大きさを $9.8\,[\text{m/s}^2]$ としよう。

(1) 地面に到達する時刻 t_0 はいくらか？

(2) (1)のときの速さ v_0 はいくらだろう？

(3) ちょうど中間の高さを通過する時刻 t_1 は t_0 の何倍か？ そのときの速さ v_1 は v_0 の何倍か？

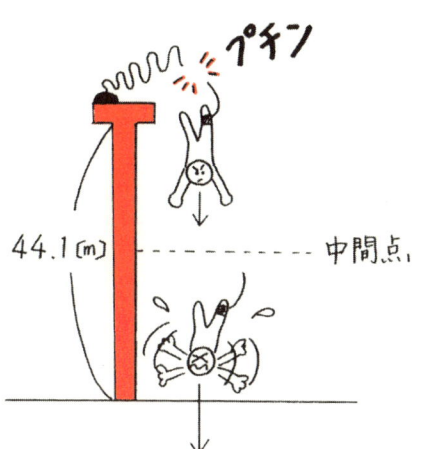

解答 Answer 2-1

(1) $t_0 = 3.0\,[\text{s}]$　　(2) $v_0 = 29.4\,[\text{m/s}]$　　(3) $t_1 = \dfrac{1}{\sqrt{2}}t_0,\quad v_1 = \dfrac{1}{\sqrt{2}}v_0$

● 解説

(1) yとtの関係！ $y=\frac{1}{2}gt^2$ より

$$t_0=\sqrt{\frac{2y}{g}}=\sqrt{\frac{2\times 44.1}{9.8}}=\sqrt{\frac{2\times(4.9\times 9)}{2\times 4.9}}=\sqrt{9}=3.0[\text{s}]$$

(2) $v=gt$ より，$v_0=gt_0=9.8\times 3=29.4[\text{m/s}]$

どの式を選んでるのか意識してるかな？

(3) yとtの関係式です。$\frac{y}{2}=\frac{1}{2}gt_1{}^2$ ∴ $t_1=\sqrt{\frac{1}{2}\frac{2y}{g}}=\frac{1}{\sqrt{2}}t_0$

v_1も同じですね。$v_1=gt_1=\frac{1}{\sqrt{2}}gt_0=\frac{1}{\sqrt{2}}v_0$ です。

「真ん中だから半分だ」とはならんことに注意〜！

(2) 投げ上げ落下

鉛直上向きに初速度v_0で真上に投げ上げた運動

$$\begin{cases} v=v_0-gt \\ y=v_0t-\frac{1}{2}gt^2 \\ (v^2-v_0{}^2=-2gy) \end{cases}$$

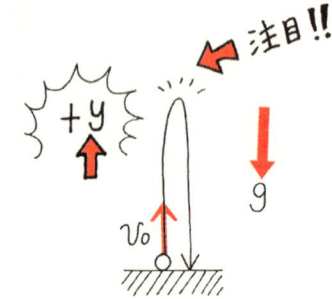

@IMAGE 式をパッと出しときましょう！

等加速度の3つの基本式からスタート！ さあ，上向きがプラス方向です（もちろん下をプラスにとってもOK！ 式の形がちょっと変わるだけです）。初速は上向き…$+v_0$，加速度は下向き…$-g$。これを基本式にあてはめると

$$\begin{cases} v = v_0 + at \\ x = v_0 t + \dfrac{1}{2} a t^2 \\ v^2 - v_0^2 = 2ax \end{cases} \Rightarrow \begin{cases} v = v_0 - gt \\ y = v_0 t - \dfrac{1}{2} g t^2 \\ v^2 - v_0^2 = -2gy \end{cases}$$

投げ上げの式もチョロイ！ 公式として覚えるとかいうレベルではありませんね。3式をプラスの向きにあわせる…これだけ！

@IMAGE 最高点だ〜！

投げ上げでは何といっても最高点(てっぺん)に注目！ てっぺんということは，一瞬止まるところ($v=0$)ですね。

最高点までの時間$t_{\max}$と，その高さ$y_{\max}$は

$$\begin{cases} t_{\max} = \dfrac{v_0}{g} \\ y_{\max} = \dfrac{v_0^2}{2g} \end{cases}$$

さあ，導くぞ〜！

$t_{\max}$は$v=0$となる時間ですね。よって時間と速度の関係式…$v = v_0 - gt$ですよ。

『何が分かっていて，何を求めたいか？』を意識して式を選んでるかな？

$$t = t_{\max}\text{で}v = 0\text{より} \quad 0 = v_0 - g t_{\max} \quad \therefore \ t_{\max} = \dfrac{v_0}{g}$$

次に，$y_{\max}$は$v=0$となる高さ。式は時間の入ってない3番目。

$$0 - v_0{}^2 = -2gy_{\max} \quad \therefore y_{\max} = \frac{v_0{}^2}{2g}$$

（$t_{\max}$を2番目の$y_{\max} = v_0 t_{\max} - \frac{1}{2}g t_{\max}{}^2$に代入してもOKです。）

どうです，意味が分かっていれば簡単でしょう。

この最高点の2つは非常によく使いますから，覚えてしまおう！ ボクも珍しく覚えていますよ。

Q 2-2 問題 地表から鉛直上方に向かって初速度$19.6\,[\mathrm{m/s}]$でボールを投げた。
上向きを正方向とし，重力加速度の大きさを$9.8\,[\mathrm{m/s^2}]$として求めよう。

(1) 最高点の地表からの高さを求めよ。
(2) (1)のときの投げてからの時間はいくらか？
(3) 地表からの高さが$14.7\,[\mathrm{m}]$の位置を通過するときの投げてからの時間は？
(4) (3)のときの速度はいくらかな？
(5) 地面に戻ってきたときの速度は？
(6) (5)のときの投げてからの時間は？
(7) ボールは足元の穴に飛び込んでいった。穴の底…地面からの深さ$24.5\,[\mathrm{m}]$の地点に落下するときの，投げてからの時間を求めよ。

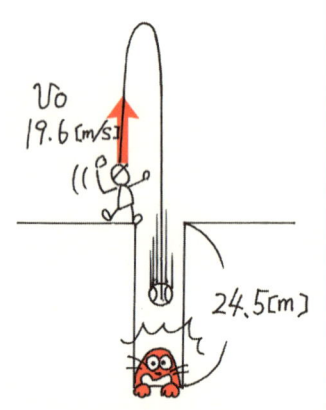

解答 **Answer 2-2**

(1) $19.6\,[\mathrm{m}]$　(2) $2\,[\mathrm{s}]$　(3) $1\,[\mathrm{s}],\ 3\,[\mathrm{s}]$　(4) $\pm 9.8\,[\mathrm{m/s}]$
(5) $-19.6\,[\mathrm{m/s}]$　(6) $4\,[\mathrm{s}]$　(7) $5\,[\mathrm{s}]$

解説

(1)(2) 最高点ですね。例の覚えた式だ〜！

$$y_{max} = \frac{v_0^2}{2g} = \frac{(19.6)^2}{2 \times 9.8} = 19.6 [m], \quad t_{max} = \frac{v_0}{g} = \frac{19.6}{9.8} = 2[s]$$

(3) 高さと時間 → $y-t$ の式だ。

$14.7 = 19.6t - \frac{1}{2} \times 9.8 \times t^2$ より $t^2 - 4t + 3 = 0$ ∴ $(t-3)(t-1) = 0$

2次方程式で答えは2つ…つまり上りと下りに対応しているのですね。

$t = 1, 3 [s]$

(4) $t = 1, 3[s]$ の速度 → $v-t$ の式ですね。$v = v_0 - gt$ より $v = \pm 9.8 [m/s]$
上りがプラス，下りがマイナスです。

(5) 高さと速さ…3つ目の t のない式です。$v^2 - (19.6)^2 = 2 \times (-9.8) \times 0$
∴ $v = \pm 19.6 [m/s]$ 初速と同じ速さで戻ってきます。速度ですから向きも考えて $-19.6 [m/s]$

(6) 高さと時間… $y = v_0 t - \frac{1}{2}gt^2$ より $0 = 19.6 \times t - \frac{1}{2} \times 9.8 \times t^2$
$t > 0$ より ∴ $t = 4[s]$ 最高点までの2倍とやってもOKです。

(7) これも，高さと時間…

$y = v_0 t - \frac{1}{2}gt^2$ より

$-24.5 = 19.6 \times t - \frac{1}{2} \times 9.8 \times t^2$

$t^2 - 4t - 5 = 0$ ∴ $t = -1, 5[s]$

ここで $t = -1[s]$ はパスですね！

$t = 5[s]$ だ〜！

上りと下りが"対称的"になっているのに注目！

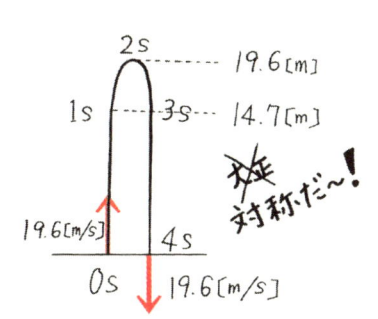

★ 落下運動（放物運動）

運動を水平方向と鉛直方向に分解して考える。
- 水平方向…等速運動
- 鉛直方向…重力加速度 g の等加速度運動

@IMAGE 水平＆鉛直

落下運動に限らず，平面運動するのは，水平方向＆鉛直方向に分けて別々にやりゃ〜いいのです。

単に，今までの応用だ〜！

(3) 水平投射

水平方向に v_0 の速さで投げ出した運動

水平投射運動

x（水平）方向：$\begin{cases} v_x = v_0 \\ x = v_0 t \end{cases}$

y（鉛直）方向：$\begin{cases} v_y = gt \\ y = \dfrac{1}{2}gt^2 \end{cases}$

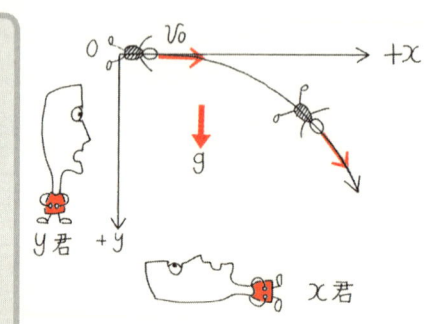

@IMAGE 分けて考えろ〜！

・水平方向…図の x 君から見て，g は見えません。つまり，加速度なし→等速運動だ！　等速といえば式は1つだけ。距離＝速さ×時間… $x = v_0 t$

・鉛直方向…y君から見て，加速度はgそのもの！　おまけに，はじめは静止…こりゃ～自由落下じゃないか！　式もみんな知ってるぞ。

どうです！　新しいことなど何もないでしょう。x, y方向に分けてやれば今まで出てきたものばかりです！　公式を覚えようなんてレベルではないぞ～！

@IMAGE 軌道

先の$x = v_0 t$と$y = \frac{1}{2}gt^2$の2式からt（媒介変数といいます）を消すと$y = \frac{g}{2v_0^2}x^2$となります。これは放物線（2次関数）ですね。式の意味は「ある水平位置xのところでは，高さがyのところにいるよ」ということで物体が通る道筋，つまり軌道を表しているんですね。式の中に時刻tがないことに注目！

この軌道の式は覚える必要はありません。自分で出せればOKです。もう出せるよね？

(4) 斜め投げ上げ

水平から角度θ，初速度v_0で投げ上げた運動

斜め投げ上げ運動

水平(x)方向：$\begin{cases} v_x = v_0 \cos\theta \\ x = (v_0 \cos\theta)t \end{cases}$

鉛直(y)方向：$\begin{cases} v_y = (v_0 \sin\theta) - gt \\ y = (v_0 \sin\theta)t - \frac{1}{2}gt^2 \end{cases}$

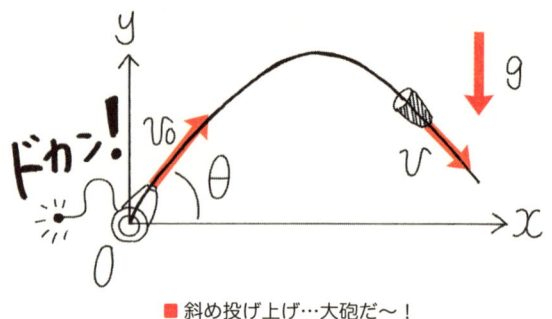

■ 斜め投げ上げ…大砲だ〜！

@IMAGE 初速度に注目！

　斜めに投げた場合の注目点は何といっても"初速度〜！"。図を見てください。x方向はx君が見た速さ$v_0\cos\theta$，y方向はy君が見た速さ$v_0\sin\theta$の初速で運動を始めますね。

　次は前ページの式を見て下さい。どうです！　x方向は$v_0\cos\theta$の等速運動，y方向は初速$v_0\sin\theta$の投げ上げ落下運動と，みんな知っている式ばかりですね。それぞれの初速を変えただけです。これも覚えるとかいうレベルではないです。しかも，やまぐちは斜め投げ上げの最高点までの時間t_{max}と，その高さy_{max}などはパッと瞬間的に出せます。君もできるかな？

$$\begin{cases} t_{max} = \dfrac{v_0\sin\theta}{g} \\ y_{max} = \dfrac{v_0{}^2\sin^2\theta}{2g} \end{cases}$$ ですね。

　出し方は簡単！　さっきの投げ上げの最高点の $t_{max} = \dfrac{v_0}{g}$ と $y_{max} = \dfrac{v_0{}^2}{2g}$

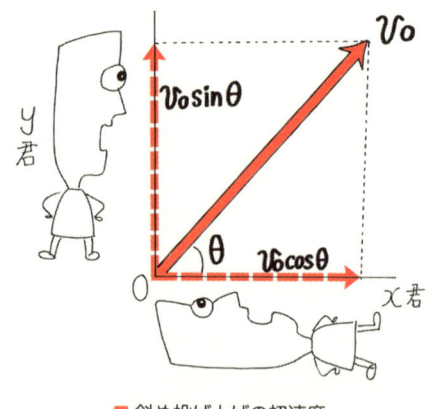

■ 斜め投げ上げの初速度

の2式，覚えたよね。これにy方向の初速$v_0\sin\theta$を入れただけ！　ど～です，パッと出るでしょう。

@IMAGE　軌道と到達距離（どこまで飛ぶのかな？）

軌道はxとyの式からtを消して求めるのでしたね。

やってみると$y = (\tan\theta)x - \dfrac{g}{2v_0{}^2\cos^2\theta}x^2$となります。君も導けたかな？　必ずやれ～！

軌道の$x-y$の式は，上に凸で原点を通る2次曲線になりますね。さあ，この物体は水平方向にどこまで飛ぶか？x_mとして導いてみましょう。

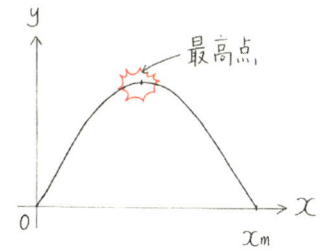

水平距離を出したいのでx方向に注目！　$v_0\cos\theta$の等速運動でしたね。$\therefore x = (v_0\cos\theta)t$　飛んでる時間が分かればいいんだ。というので鉛直方向に注目だ！

最高点までの時間が$t_{\max}$でしたから，地表に落下する時間は

$$2t_{\max} = \dfrac{2v_0\sin\theta}{g}$$

x方向の等速の式に入れると

$$x_m = v_0\cos\theta \times 2t_{\max} = \dfrac{2v_0{}^2\sin\theta\cos\theta}{g} = \dfrac{v_0{}^2\sin 2\theta}{g}$$

（$2\sin\theta\cos\theta = \sin 2\theta$ですよ）

これで『どういう初速度，どういう角度で投げると，どこまで飛んでいくんだ？』が分かるのですね。v_0が一定とすると，$\sin 2\theta = 1$つまり$\theta = 45°$でx_mが最大の$\dfrac{v_0{}^2}{g}$となり一番遠くまで飛ばせることになります。

軌道の式を覚えているすごい人は，そこからも出せます（2次関数の交点や極値を求める方法です）。

Q2-3 問題 【ビルを守れ～！】

図のように，高さ h の上空を水平方向に一定の速度 u で飛ぶ飛行機から，時刻 $t=0$ で上空の点Aの位置から爆弾Pを静かに投下した。爆弾Pは地上の点Bにある目標物に命中したものとする。…ちょっと恐い話ですね。ちなみにヤマグチは平和主義者です…（^^）
いつものように重力加速度の大きさを g としましょう。

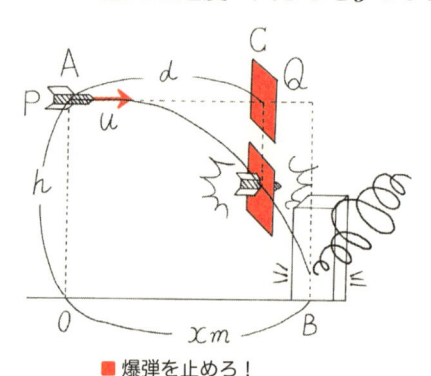

■ 爆弾を止めろ！

(1) 落下する時刻 t_0 と OB 間の距離 x_m を求めよ。
(2) Pが地面に落下した瞬間の速さ v を求めよ。

これを見ていた防衛軍が，時刻 $t=0$ で飛行機より水平距離 d（$d < x_m$ とする）だけ右側の点Cから防御物体Qを初速度ゼロで落下させたとしよう。

(3) Qからみた爆弾Pの運動はどのように見えるか？
(4) 爆弾PがQに衝突する時刻 t_1 を求めよ。

解答 Answer 2-3

(1) $t_0 = \sqrt{\dfrac{2h}{g}}$, $x_m = u\sqrt{\dfrac{2h}{g}}$ 　(2) $v = \sqrt{u^2 + 2gh}$

(3) 水平方向に一定の速さ u でまっすぐ近づいてくる。　(4) $t_1 = \dfrac{d}{u}$

第1章 2講 落下運動

◯ 解説

(1) 鉛直方向に注目。自由落下です。分かっているのは高さ，求めたいのは時間！ 等加速度の2番目の式だ！ $h = \frac{1}{2}gt_0^2$ ∴ $t_0 = \sqrt{\frac{2h}{g}}$

水平方向は等速。式は1つしかないぞ。 $x_m = ut_0 = u\sqrt{\frac{2h}{g}}$

(2) ポイントは"速さ(速度の大きさ)"です。図を見ろ〜！ これは v_x, v_y の2つの成分をベクトルで足したやつです。落下するときの水平方向の速度成分 v_x は u のまま。
鉛直は $v_y = gt_0 = \sqrt{2gh}$
よって $v = \sqrt{v_x^2 + v_y^2} = \sqrt{u^2 + 2gh}$

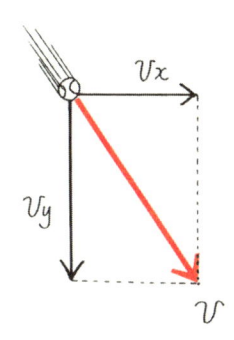

(3) 板から見る…相対運動だね！ 『相手－自分』…『バクダンー板』を水平，鉛直でやってみましょう。

　　水平方向… $u - 0 = u$ …… 一定だ〜！
　　鉛直方向… $gt - gt = 0$ … 動いてない！

Qから見るとPは「水平方向に一定の速さ u でまっすぐ近づいてくる」…つまり必ずぶつかって爆弾は防げるのですね。よかった，よかった！

(4) x 方向のみ注目でOK。 $t_1 = \frac{d}{u}$ あたりまえ〜！

Q 2-4 問題 【屋上から物は投げるな！】
高さ $39.2\,[\text{m}]$ のビルの屋上から初速度 $19.6\,[\text{m/s}]$ で，水平方向から上に $30°$ の向きにボールを投げた。そのときの時刻を $t = 0\,[\text{s}]$ とする。また，重力加速度の大きさを $9.8\,[\text{m/s}^2]$, $\sqrt{3} = 1.7$ として以下に答えよ。

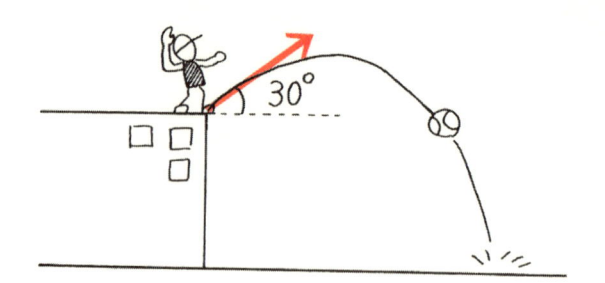

(1) ボールの達する最高の高さは地面からいくらか？
以下の問いは有効数字2桁で答えよ。
(2) 最高点に達する時刻は？
(3) ボールが地面に落ちる時刻は？
(4) 地面に落ちるときの速さと方向を求めよ。
(5) 落下点の水平距離を求めよ。

解答

Answer 2-4

(1) 44.1[m]　　(2) 1.0[s]　　(3) 4.0[s]
(4) 33[m/s]，地面に対して60°　　(5) 67[m]

解説

(1) また最高点！　　$y_{max} = \dfrac{v_0^2 \sin^2\theta}{2g} = \dfrac{\left(19.6 \times \dfrac{1}{2}\right)^2}{2 \times 9.8} = 4.9$[m]

　　おっと，地面からですね。$h = 39.2 + 4.9 = 44.1$[m]

(2) $t_{max} = \dfrac{v_0 \sin\theta}{g} = \dfrac{19.6 \times \dfrac{1}{2}}{9.8} = 1.0$[s]　　もう簡単だ〜！

(3) y方向に注目！　時間ですから$y-t$の式ですね。

第1章 2講 落下運動

$$-39.2 = 19.6 \times \frac{1}{2}t - \frac{1}{2} \times 9.8 \times t^2$$

$$\therefore t^2 - 2t - 8 = 0 \quad t = -2, 4 [\text{s}] \quad t > 0 \text{より4秒です}。$$

(4) x方向は等速，$v_x = v_0 \cos\theta = 19.6 \times \frac{\sqrt{3}}{2} = 9.8\sqrt{3}$ [m/s]のまんま。

y方向は投げ上げ！　4秒後の速度成分は

$$v_y = v_0 \sin\theta - gt = 19.6 \times \frac{1}{2} - 9.8 \times 4 = -29.4 [\text{m/s}]$$

$$\therefore v = \sqrt{v_x{}^2 + v_y{}^2} = \sqrt{(9.8\sqrt{3})^2 + (9.8 \times 3)^2}$$

$$= 9.8\sqrt{(\sqrt{3})^2 + 3^2} = 9.8\sqrt{12} = 33 [\text{m/s}]$$

ところで $\dfrac{v_x}{|v_y|} = \dfrac{9.8\sqrt{3}}{9.8 \times 3} = \dfrac{1}{\sqrt{3}}$ …図を見

れば角度は…もう分かったでしょう。

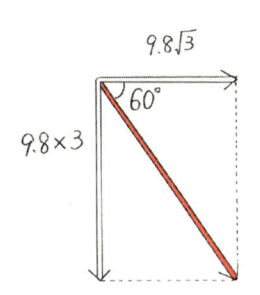

(5) x方向は等速 $v_0\cos\theta$ で時間は4秒です。もうチョロイ！

$$x = (v_0\cos\theta)t = 19.6 \times \frac{\sqrt{3}}{2} \times 4 = 67 [\text{m}]$$

どんなにややこしくなっても，基本は x，y に分けるんだ〜！　後はよく知ってるいつもの運動になりますね。ややこしいだけでチョロいぞ〜！

✓ この講はこれでendです。次の問題で実力をチェックだ〜！

Part 1 力学分野

045

Q まとめの問題 　No.1

時刻 $t = 0\,[\text{s}]$ で $v_0 = 19.6\,[\text{m/s}]$ の初速度で物体Aを鉛直上向きに投げ上げると同時に，物体Bを高さ $78.4\,[\text{m}]$ のビルの屋上から初速度ゼロで静かに落下させる場合を考えてみましょう。重力加速度はいつものように $g = 9.8\,[\text{m/s}^2]$ とし，有効桁数は考えなくてもかまいません。

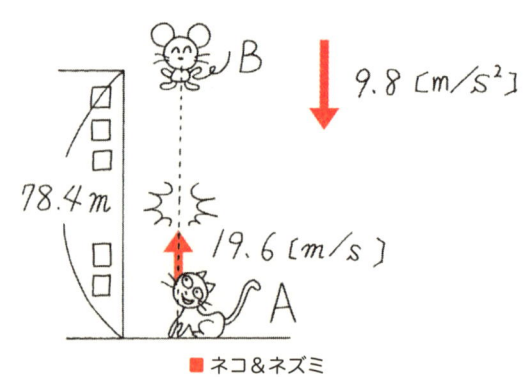

■ ネコ&ネズミ

(1) まず物体Aが最高点に達する時刻 t_m と，その高さ y_m を求めよ。
(2) 物体A，Bが衝突する時刻を求めよ。
(3) 物体A，Bが同じ速度になる時刻はいくらか？
(4) 物体Aから見た物体Bの運動はどのように見えるか？

解答 　Answer No.1

(1) 2[s], 19.6[m]　　(2) 4[s]　　(3) 解なし
(4) 下向きに一定の v_0 で近づく。

解説

(1) 最高点！ もう覚えましたね。

$$t_m = \frac{19.6}{9.8} = 2\,[\text{s}], \quad y_m = \frac{19.6^2}{2 \times 9.8} = 19.6\,[\text{m}]$$

第1章 2講 落下運動

(2) 衝突するというのは同じ位置にいる… ということですから，位置 x と時間 t の関係式ですね。

$$v_0 t - \frac{1}{2}gt^2 = h - \frac{1}{2}gt^2 \quad \therefore t = \frac{h}{v_0} = \frac{78.4}{19.6} = 4 [\text{s}]$$

右辺の自由落下の式に注目！　正負と意味を考えて書くのだぞ〜。
この時間は，ちょうど最高点までの時間の2倍になっていますね。
つまり投げ上げたAが地表に落ちてくる時刻に衝突です。

(3) "速度"です。向きも考えるのですよ。プラスを上向きに統一しておくと $v_0 - gt = -gt$ 　よって…ありゃ〜，解がない！…その通り，上の式のいう事態（同じ速度になること）になることはないのです。
確認のために $v-t$ グラフを描いてみましょう。
加速度（傾き）は下向きに g で同じですから平行線になってしまいます。
速度が等しくなる（交わる）点などないでしょう。
それにしても答えがないとは…何という問題だ！
ちなみに"速さ"が等しくなる…というのであれば

$$v_0 - gt_0 = gt_0 \quad \therefore t_0 = \frac{v_0}{2g} = 1 [\text{s}]$$

のときですね。図を見てチェックだ〜！

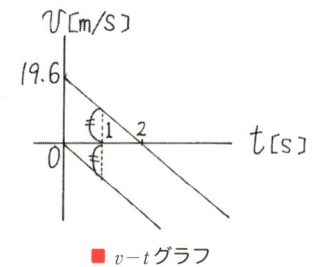

■ $v-t$ グラフ

(4) 相対でやってみますね（もちろん他のやり方でもOK！）。ネコA（投げ上げ）から見たネズミB（自由落下）の相対速度 v_{AB} は

$$v_{AB} = (-gt) - (v_0 - gt) = -v_0 \quad \text{一定です。}$$

符号がマイナスより下向きに一定の v_0 で近づき，ネズミは下方向に動くように見えるので $-78.4 = -v_0 t \quad \therefore t = \frac{78.4}{19.6} = 4 [\text{s}]$ で衝突。(2)の問題が等速運動で解けてしまいましたね！

Q まとめの問題 No.2

図のように時刻 $t=0$ で原点Oより，水平から角度 θ，初速度 v_0 で物体を投げ上げよう。以下の①〜④の場合のグラフを選んでみよう。

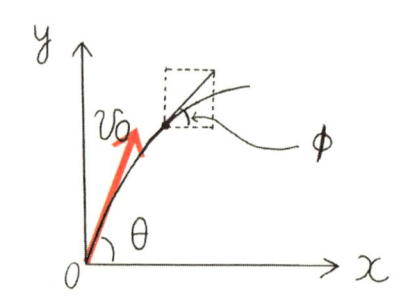

① 物体の x 座標と時刻 t の関係。t を横軸にしよう。
② 物体の y 座標と時刻 t の関係。これも t を横軸にしよう。
③ 最高点の高さ y_m と初速度 v_0 の関係。v_0 を横軸にしよう。
④ 時刻 t での物体の速度の x 軸からの角度を ϕ として，$\tan\phi$ と時刻 t の関係。t を横軸にしよう。

グラフは概略です。

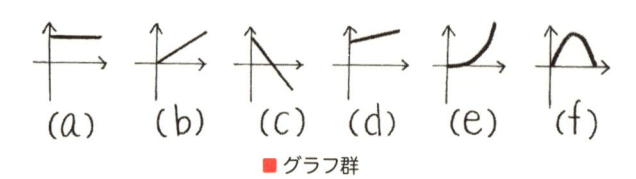

(a) (b) (c) (d) (e) (f)

■ グラフ群

解答 Answer No.2

①(b)　②(f)　③(e)　④(c)

解説

① x 方向は等速ですね。というので $x=(v_0\cos\theta)t \Rightarrow x$ は t の1次関数。直線だ〜！

第1章 2講 落下運動

② y方向は等加速度→投げ上げですね。求めたいのは$y-t$の関係
$y=(v_0\sin\theta)t-\dfrac{1}{2}gt^2$ ⇒ 原点を通る上に凸な放物線です。

③ 最高点の式は$y_m=\dfrac{v_0{}^2\sin^2\theta}{2g}$ ⇒ y_mはv_0の2次関数！

④ 角度は速度成分で決まりますね。というので$\tan\phi=\dfrac{v_y}{v_x}$　v_xは等速＆v_yは等加速度です。tの式にすると$\tan\phi=\dfrac{v_y}{v_x}=\dfrac{v_0\sin\theta-gt}{v_0\cos\theta}=\bigcirc-\triangle t$ ⇒ 右下がりの直線ですね。

Q まとめの問題　No.3

図のように点Pから水平距離L，高さHの木の枝にサルがぶら下がっている。時刻$t=0$でサルが静かに枝からはなれた。それと同時に点Pからサルのいた点Qに向かってv_0の速さで水平面から角度θで矢を放った。重力加速度の大きさはいつものようにgです。

(1) サルから見た矢の水平方向の速さはいくらに見えるか？ v_0とθで答えよう。

(2) 同じく，鉛直方向の速さはいくらに見えるか？ これもv_0とθで答えよう。

(3) サルと矢が衝突する時刻はいくらか？ θを用いずに表してみよう。

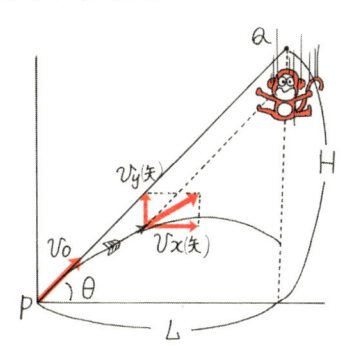

解答　Answer No.3

(1) $v_0\cos\theta$　　(2) $v_0\sin\theta$　　(3) $\dfrac{\sqrt{L^2+H^2}}{v_0}$

解説

この問題はモンキーハンティングというやつです。やったことあるかな？

(1) 相対は"相手－自分"…サルが自分(君自身)です…(^^;

まずは水平方向だけの速さに注目！　サル：0　矢：$v_0\cos\theta$。さあ"相手－自分"で$v_0\cos\theta - 0 = v_0\cos\theta \Rightarrow$ 一定　等速で近づいてきます。

L, Hでも書けますね。　　$v_0\cos\theta = \dfrac{L}{\sqrt{L^2+H^2}}v_0$ です。

(2) まずプラスの向きをチェック！　上を正にします。サル：$-gt$　矢：$v_0\sin\theta - gt$。相対の"相手－自分"は$v_0\sin\theta - gt - (-gt) = v_0\sin\theta$

これも一定です。

ここもL, Hで書くと$\dfrac{H}{\sqrt{L^2+H^2}}v_0$です。

さあ、x方向とy方向をあわせてみるとv_0の一定の速さで、まっすぐに近づいてくることになりますね。つまり、必ず矢はサルにあたります。

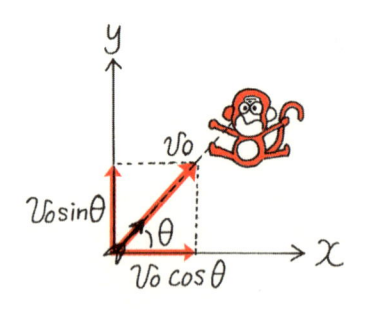

(3) x方向だけに注目しても、y方向だけに注目してもOKですが、ここでは相対でやってみよう。

相対距離が$\sqrt{L^2+H^2}$で相対速度がv_0の一定でしたから、時間は"距離÷速さ"で$\dfrac{\sqrt{L^2+H^2}}{v_0}$となります。一発だ～！

もちろん、相対でなく普通にx方向に注目してやると、距離Lを等速$v_0\cos\theta$で飛んでくるので$t = \dfrac{L}{v_0\cos\theta} = \dfrac{\sqrt{L^2+H^2}}{v_0}$　同じですね。

どっちの考え方でもかまいませんが、自分がよりクリアにアタマに描けるやり方でいく…これがbest！

第1章 2講 落下運動

Q まとめの問題 No.4

水平面から30°の斜面がある。最下点の原点Oから，質点を初速度v_0で水平面（x軸）から60°の角度で投げ上げた。重力加速度の大きさをgとして以下の問いに答えよ。

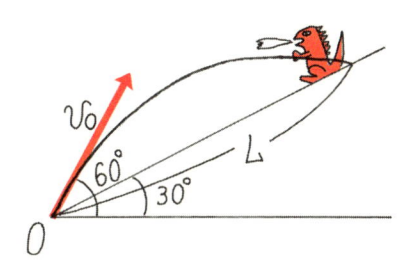

(1) 質点の鉛直方向（y軸方向）の最高点の高さy_mはいくらか？
(2) 投げてから斜面に衝突するまでの時間t_0はいくらか？
(3) 原点Oから衝突点までの距離Lを求めよ。

解答 Answer No.4

(1) $y_m = \dfrac{3v_0^2}{8g}$ (2) $t_0 = \dfrac{2v_0}{\sqrt{3}\,g}$ (3) $L = \dfrac{2v_0^2}{3g}$

解説

(1) 最高点！ くどい！　$y_m = \dfrac{v_0^2 \sin^2 60°}{2g} = \dfrac{3v_0^2}{8g}$

(2) 水平（x軸）方向：$x = (v_0 \cos 60°)t_0$

鉛直（y軸）方向：$y = (v_0 \sin 60°)t_0 - \dfrac{1}{2}gt_0^2$

斜面上に落ちるというのは$y = \dfrac{x}{\sqrt{3}}$の関係を満たしているというこ

と！　先の2式を代入すればOK！　2次方程式なので解は $t_0 = 0$, $\dfrac{2v_0}{\sqrt{3}\,g}$ の2つ。$t_0 = 0$ は原点のことですね。よってパス！　求めるのは $t_0 = \dfrac{2v_0}{\sqrt{3}\,g}$ です。

(3) 先の衝突点の x 座標は，$x_0 = (v_0\cos 60°)t_0 = \dfrac{v_0{}^2}{\sqrt{3}\,g}$

さあ，問題の図を見ながら，$L = \dfrac{x_0}{\cos 30°} = \dfrac{2v_0{}^2}{3g}$

別解：珍しく違う方法も考えましょう。(2) です。まず X, Y 座標を図のように取りましょう。そして加速度 g をこの2方向に分解するのです。

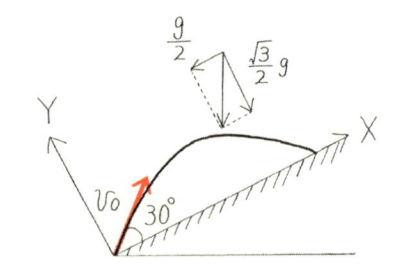

$$\begin{cases} a_X = -\dfrac{g}{2} \\ a_Y = -\dfrac{\sqrt{3}\,g}{2} \end{cases}$$

2方向とも加速度一定，等加速度運動になりますね。さあ，もうカンタン！

　(2) の衝突時刻 t_0 は $Y = 0$ となる時刻のこと。Y 方向の式は（等加速度ですよ）

$Y = (v_0\sin 30°)t + \dfrac{1}{2}\left(-\dfrac{\sqrt{3}}{2}g\right)t^2$　ここで $Y = 0$ となる時刻 t_0 を求めるんだ～！

　もう大丈夫ですね。(3) も簡単！　X 方向も等加速ですよ。

$L = (v_0\cos 30°)t + \dfrac{1}{2}\left(-\dfrac{1}{2}g\right)t^2$ に求めた t_0 を代入すりゃ～OK！

　違う見方でもしっかり見えるようにしよう～！

第1章 2講 落下運動

Q まとめの問題　No.5

水平面上に，ある距離だけ離れて2点P，Qがある。
いま図のようにPから仰角60°の方向に初速度v_0で小物体Aを投げると同時に，Qから初速度v_1で仰角30°の方向に小物体Bを投げた。重力加速度の大きさをgとし，以下の運動は同一鉛直面内で行われるものとする。空気の抵抗は無視できるものとして次の問いに答えよ。

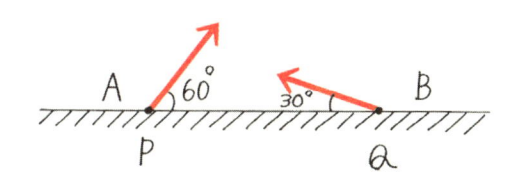

(1) Aを投げ上げてから最高点に達するまでの時間t_Aを求めよ。
(2) Aが達する最高点の高さy_Aを求めよ。
(3) Bを投げ上げてから最高点に達するまでの時間t_Bと最高点の高さy_Bを求めよ。

PQ間の距離を適当にとったところ，AとBはそれぞれの最高点で衝突した。

(4) Bの初速度の大きさv_1はAの初速度の大きさv_0の何倍かを求めよ。
(5) PQ間の水平距離Lをv_0を用いて表せ。

解答　Answer No.5

(1) $t_A = \dfrac{\sqrt{3}\,v_0}{2g}$　　(2) $y_A = \dfrac{3v_0{}^2}{8g}$　　(3) $t_B = \dfrac{v_1}{2g}$，$y_B = \dfrac{v_1{}^2}{8g}$

(4) $\sqrt{3}$倍　　(5) $L = \dfrac{\sqrt{3}}{g}v_0{}^2$

解説

(1)(2) もう完璧に覚えたでしょう。 $t_A = \dfrac{\sqrt{3}\,v_0}{2g}$, $y_A = \dfrac{3v_0^2}{8g}$

(3) これも同じ～！ $t_B = \dfrac{v_1}{2g}$, $y_B = \dfrac{v_1^2}{8g}$

(4) お互いの最高点でぶつかる→AとBは同じ時刻に最高点になるはずです。
$t_A = t_B$ より $v_1 = \sqrt{3}\,v_0$ ∴ $\sqrt{3}$ 倍

(5) 2つとも水平方向は等速運動しています。
$L = x_A + x_B = (v_0\cos 60° + v_1 \cos 30°)t_A = \dfrac{\sqrt{3}}{g}v_0^2$

どうでしたか？ この程度の問題ならもうカンタンに分かるようになってきたでしょう。頭の中で，何がどうなって…という全体像が描けるようになれば高校物理なんてチョロイぞ～！

第1章 3講 運動の法則

運動の法則

第1章 3講

Part 1 力学分野

さあ，ここが力学のハイライトです！ 物体がどのような運動をしていくのか…その原因となるのが，物体にかかる力なんだ〜！ ここでの考え方，使い方を完璧にこなしてないと，この講はもちろん，これ以降も全てに手も足も出なくなります。つまりここは，恐〜いところなのだ。

というので，"力(リキ)"入れていくぞ〜！

力の加わり方

「力がかかると，運動はこうなる」というのですから…そう，力をしっかりとらえてないと話になりません。まず力がどうやって物体にかかるのか，これをしっかり頭の中で描けるようにして下さいね。

@IMAGE 力の"原因(わけ)"

まず基本中の基本…「力には**原因**があるぞ〜」。

「地球に引かれるから重力があり，糸があるから張力があり，電荷があるからクーロン力があり」…というように，力が働くときには必ず理由があります。原因の無い力など無いのです。

高校物理では，力の原因は大きく2つに分類できます。「**さわって作用する力**」と「**さわらなくても作用する力**」の2つです。

前者のさわって働く"接触力"には，摩擦力，垂直抗力，糸の張力，バネの弾性力…などいろいろありますが，後者のさわらない"非接触"の力は重力(万有引力)と電気，磁気の力の3つだけです。

055

でも，個人的には"恋愛力"というのはあるような気がしているのですが…(^^;)

ともかく，基本的には3つ以外の力は"さわって"はじめてかかるのです。何もさわっていない意味の無い力など決して考えないこと！ いらん力を書けば絶対アウトだ〜！

■ 力の"わけ"

★ 慣性の法則（運動の第一法則）

> 物体に外部から力が作用しないか，あるいは物体に作用する力がつり合っていれば，静止している物体はそのまま静止し続け，運動している物体はその速度を維持して等速度運動を続ける。

@IMAGE 保守的？

自然は保守的なのですね。できるだけ現状維持しようとしているのです。外から力が加わってはじめて動き出したり，動きに変化が出てくるということ。

★ 作用・反作用（運動の第3法則）

> 物体Aが物体Bに力を及ぼす（作用）と，物体Bも物体Aに大きさが等しく向きが逆の力を及ぼす（反作用）。この力の関係を作用・反作用の法則という。

第1章 3講 運動の法則

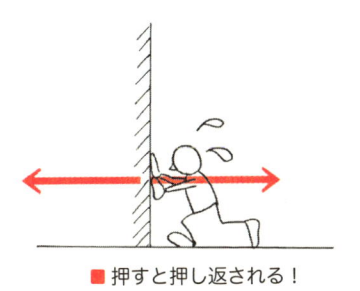

Part 1 力学分野

■ 押すと押し返される！

★ つりあい

物体にいくつかの力が働き，それらの合力がゼロとなっているとき，「力はつりあっている」という。

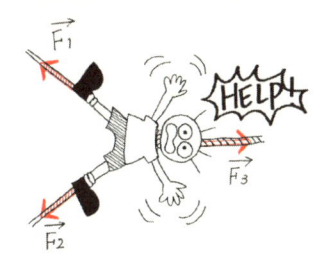

■ 力のつりあい　苦しい〜！

@IMAGE つりあいのキーワード！

つりあっているときは力（合力）がゼロ！　つまりその物体は止まっているor等速度で運動を続けているハズです。というので「静止して…」＆「等速で…」などは大キーワード！　すぐ力のつりあいを考えるのだ〜！

@IMAGE つりあいと作用反作用をしっかり区別だ〜！

まず確認です。…つりあいとは"1つのもの"にかかる力の話ですね。例えば上の図のやまぐち君は，ある美人女優A（$\vec{F_1}$）のファンです。しかし最近アイドルタレントのかわいいB嬢（$\vec{F_2}$）とミニスカートの歌手Cちゃん（$\vec{F_3}$）にも目が移って，みんなに引かれて身動きがとれなくなってし

057

まった〜。これがつりあいですね。つまり，やまぐち君という"1つの物体"にかかる力がつりあうのです。

それに対して作用・反作用の関係は，別々の物体に掛かる力，前ページの図で言うと壁が受ける力と人が受ける力…違うものにかかる力ですね。つりあいとは別物だよ。

@IMAGE つりあいを式で書こう！

つりあっている力の関係をベクトルを使って $\vec{F_1} + \vec{F_2} + \vec{F_3} = \vec{0}$ と書くのもいいのですが，これは非常にミスしやすいのでボツ！　いっそのこと

$$\begin{cases} (右向きの力) = (左向きの力) \\ (上向きの力) = (下向きの力) \end{cases}$$

あるいは $\begin{cases} (斜面方向上向きの力) = (斜面方向下向きの力) \\ (斜面垂直上向きの力) = (斜面垂直下向きの力) \end{cases}$

というように，ズバリ，成分で書いてしまおう。つりあってさえいれば，どんな方向でも大丈夫です。分かりやすい方向を選ぶのですよ。

Q 3-1 問題 【あれ〜，飛んでいく！】

やまぐち君が大きな風船を持っていると，浮かんで飛んでいきそうになった。窓からA子さんが手を伸ばして水平方向に引っ張ってくれたので図のように何とか止まった。やまぐち君にかかっている全ての力を書いて，それぞれの力の大きさを求めよ。ただし，重力の大きさを $10\,[\mathrm{N}]$（ニュートン）とせよ。

■ 行かないで〜！

第1章 3講 運動の法則

解答

Answer 3-1

Part 1 力学分野

図を見れば一発！ $1:2:\sqrt{3}$ の直角三角形です。

重力 mg : 10[N]

A子さんからの手の力 $F_手$: $\dfrac{10}{\sqrt{3}}$[N]

風船からの張力 T : $\dfrac{20}{\sqrt{3}}$[N]

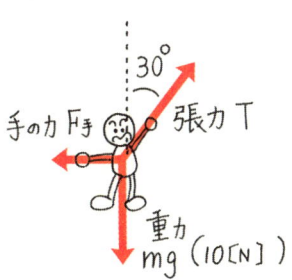

■力，全部！

解説

図を見ながらつりあいを式で書くと

 水平方向のつりあい $F_手 = T\sin30°$ ……①
 鉛直方向 $mg = T\cos30°$ ……②

式②より $T = \dfrac{mg}{\cos30°} = \dfrac{20}{\sqrt{3}}$[N]

式①に代入して $F_手 = \dfrac{20}{\sqrt{3}} \dfrac{1}{2} = \dfrac{10}{\sqrt{3}}$[N]

図が描ければチョロイ！

★ 運動方程式（超〜大切だ！！）

物体の質量 m，加速度 $\vec{a}$，その物体に働く合力 $\vec{F}$ [N]の関係は

$$m\vec{a} = \vec{F}$$

超〜大切だ〜！

@IMAGE 式の意味を考えよ〜！

トーゼン，式はみんな知ってると思います。高校物理で空前絶後，最重要なやつですからね。運動の第2法則ともいわれています。でも単に知ってるだけ，知識があるだけなんていうのはボクは興味ありません。大切なのは分かっていること！ 式のいってることが見えることだ〜！

というので運動方程式の意味は…物体にかかる力を知ることができれば（右辺のこと），その物体の運動（加速度）が完璧に分かってしまうぞ〜（左辺のこと）！ つまり物体にかかる力さえ分かれば，その物体の運動，3秒後の位置や速さなど…未来の様子が分かるんだ。これこそがニュートンの考えなんですよ！

さあ，この考え（力が運動を決めるんだ！）を頭に刻み込んで，式をどう使っていくか，完璧にマスターするぞ！

@IMAGE まずは力の単位をチェックだ！

力の単位…単位は式で作りましたね。

$$\begin{cases} 式：ma = F \\ 単位：[\text{kg}][\text{m/s}^2] = [\text{kgm/s}^2] = [\text{N}] \end{cases}$$

最後の[N]は，長く書くのが面倒なので偉大な物理学者の名前を取って［ヤマグチ］…でなく，ニュートンといい，その頭文字を使って[N]と書いているのです。さあ，力の単位といえば[N]：ニュートンだぞ！

@IMAGE "実際の"力

運動方程式を使うとき，最大の注目は…右辺の力Fです！

第1章 3講 運動の法則

この F は，その物体に"実際にかかる力"のことでしたね。実際にかかる力というのは…「理由（わけ）がある」，つまり，さわってることでしたね。さわっていない力は重力，電気，磁気の力の3つだぞ〜！（恋愛力はないぞ〜！…多分）

POINT　運動方程式 $ma = F$ の書き方

先の，運動方程式やつりあいは，ともかく物体にかかる力の関係なんですから，力をちゃんと図に描くことができれば，式もイッパツで書けます。具体的には…以下をチェック！

―――書き方を具体的にいくぞ！―――

【1】 まず，図をできるだけ丁寧に描く。…ほとんど勝負はここで決まります。
【2】 上で描いた図に力を描き込んでいく。…実際の力（理由があるやつ）だぞ！
　その際に次のことに特に注意！
　(a) 大きく描く。……（角度や方向がはっきり分かるでしょう）
　(b) どれにかかる力かを，図の上ではっきり描く。
　（下図のように，ちょっとずらして描けば分かりやすいぞ！）

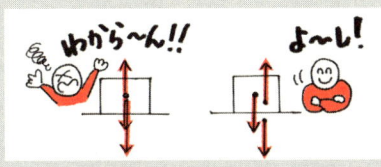

■ ずらして描こう！

【3】 さあ，いよいよ方程式を書きます。
　まずプラスの向きを決める。そしてその向きをすぐに図に描き入れること！　普通は加速度の向きにプラスをとりますが，好きな方向でかまいません。プラスの向きで運動の結果が変わるわけないからね。ただし，決めたからには，式では全てその方向に従ってプラス，マイナスを付けていくのだぞ。
　（運動方程式は原則として，複数の物体があれば1つ1つについて書きます。つまり加速度や力などの未知数を含んだ連立方程式になるわけです。）
【4】 最後に，上の（連立）方程式を解く…これでOK！
　（一般には，加速度や力などを求めるわけです。実際に解くときには，

未知数や式の数をしっかりチェック！ 大切なのは目的意識…俺は何を求めたいのか？…これをとらえてやっていってくださいね！）

さあ，次の問題に直行！ ここで言ったことを確実にチェックするぞ～！

Q 3-2 問題

図のように質量 m，M の物体 A，B が滑車を通して糸でつながれて静止している。ここで静かに放すと，A が斜面を上る方向に動き出した。斜面の水平からの角度を 30° とし，摩擦や抵抗はないとしよう。また重力加速度の大きさを g として以下に答えよ。

(1) 糸の張力 T の大きさはいくらか？

(2) B の鉛直下向きの加速度の大きさ a はいくらか？

(3) このような運動が起こる質量 m，M の条件を求めよ。

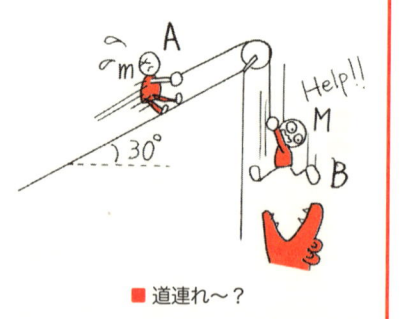

■ 道連れ～？

解答 Answer 3-2

(1) $T = \dfrac{3Mm}{2(M+m)}g$　　(2) $a = \dfrac{2M-m}{2(M+m)}g$　　(3) $M > \dfrac{m}{2}$

解説

図⇒力…しっかりと描いていくのですよ。
勝負の分かれ目だ！

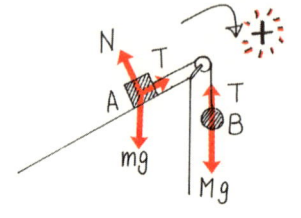

■ 力のようす全部

(1)(2) ここで張力 $T = mg$ と絶対にしないように！ 等しくなるのはつりあっているときだけの話。

ここでは張力 T は分からないから求めるのです。つまり未知数です。

さあ加速度は，2つがつながって一体で運動しているのでA，Bとも同じ a ですね。図のようにプラスを決めて運動方程式を書くと

A：$ma = T - mg\sin 30°$

B：$Ma = Mg - T$

2式を解いて a，T が求まります。（必ず各自やること！）

$$\therefore T = \frac{3Mm}{2(M+m)}g, \quad a = \frac{2M-m}{2(M+m)}g$$

注目は加速度 a が一定ですね。等加速運動です。ここではやりませんが等加速度の式（$v = v_0 + at$ など）から「何秒後の速さはいくらか？」というような運動の様子がすべて解けるようになります。実際の問題では運動まで聞いてくることが多いぞ。

(3) 問題文がきいているのは…図のプラス方向にすべる⇒つまり $a > 0$ ということですね。上の加速度より

$2M - m > 0 \quad \therefore M > \dfrac{m}{2}$ これが求める条件です。

参考 運動方程式 $ma = F$ を解いたらどういう解になるのか？
（ちょっと難しいかな？）

高校でやる物理では，運動方程式の解は，たった3種類しかありません。僕らはそれしか解けないのでこれしか出ないのです。その3つとは以下です。（〇は一定の量を表しています。）

(1) $a = $ 一定　　［等加速度運動タイプ］
(2) $a = -\bigcirc x$　　［単振動タイプ］
(3) $a = \bigcirc - \bigcirc v$　　［終端速度タイプ］

（最後の(3)式は，速さに比例する抵抗力を受けているという場合です。例えば雨滴が空気中を落ちてくるとき，空気抵抗によって最終的には等速運動になってしまうようなやつの運動を表します。）

等加速度　単振動　終端速度

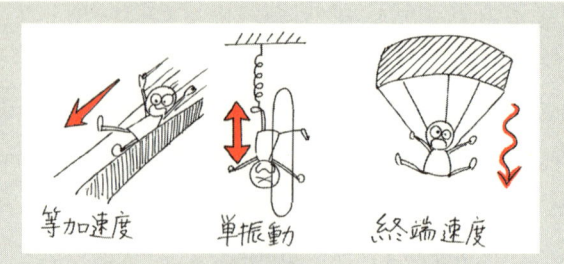

運動方程式の解は，ともかく先の3つのどれかです。

- 等加速度タイプなら，いつものように等加速度の3つの式を使ってバンバンやって下さい。
- 単振動なら，周期や振動の中心などに注目！　あとで詳しくやります。
- 終端速度タイプなら，加速度がゼロとなったときがポイントです。次の問いでチェックしよう！

運動が3つしかないことを知ってると，いままで解けなかったやつもけっこう見えてきますよ。加速度は①一定，②x，③vが入ってるやつ…この3つですよ～。

大学に入って数学のスキルが上がると3つ以外もバンバンできるようになります。つまり力学がもっともっと楽しくなるぞ～！　…多分ね。

Q3-3 問題 【速いぞ，ボーダー！】

水平面からθの斜面上を質量mのスノーボーダー（あれ，絵が違うような？…）が滑ってくる。ボーダーには速さに比例する空気抵抗がかかっている場合を考えよう。つまり速度がvのとき進行方向逆向きにkvの抵抗力を受けている場合です。滑り始めたボーダーは，十分時間がたつと"一定の速さ"で滑るようになります。さあ，この一定の速さ（終端速度といいます）v_∞を求めよ。

■ スノーボーダー？

第1章 3講 運動の法則

解答　Answer 3-3

$v_\infty = \dfrac{mg}{k}\sin\theta$

解説

"等速"…おや，こりゃ～，大ヒントだぞ！　当然"力のつりあい"です。すぐに図に力を描き込むんだ！

ここでは斜面方向のつりあいを考えて

$mg\sin\theta = kv_\infty \quad \therefore v_\infty = \dfrac{mg}{k}\sin\theta$

"等速"は，いつも大切なキーワードですよ。絶対見逃すな～！

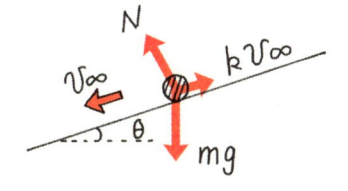

■ 全部の力だ～！

@IMAGE　$v-t$グラフだ～！

ここで，上の問題の運動のようすを$v-t$グラフで描いてみるぞ～！といっても分かっているのは$t=0$で初速がゼロ，時間が十分たったら一定の$v=v_\infty\left(=\dfrac{mg}{k}\sin\theta\right)$になるという2つだけです。途中の部分は分かりませんね。どうやってグラフを描くかというと…滑らかにつなぎましょう！　具体的には，右の図のような感じです。

このグラフの描き方は他のところでもよく出てきます。頭に残しておこうね。"なめらか"にです！

ちゃんとグラフの形も知りたい人は次の@ Advancedです！

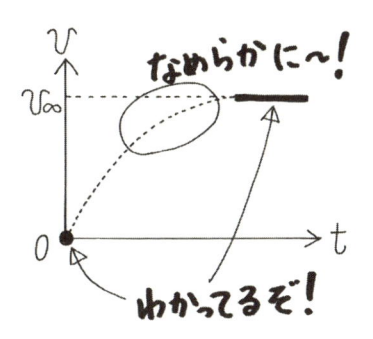

065

@Advanced 終端速度を出すぞ！

ここでは微分方程式を解くんだ～！…というので分からん人は，無視しても No Problem！

先のグラフの形を解析的に解いてみましょう。例題として鉛直方向，真下に落下する質量 m の雨粒を考えていきます。落下する雨粒には空気抵抗が運動反対向きにかかりますね。その大きさは速さに比例する（比例定数を k）としましょう。

さあ，時刻 $t=0$ で初速 v_0 がゼロで落下しはじめ，時刻 t で速さが v になっているときです。

雨粒にかかる力は図のように2つ，重力と空気抵抗！ すぐに運動方程式だ～！ 下を正の向きにとって

$$ma = m\frac{dv}{dt} = mg - kv$$
$$= -k\left(v - \frac{mg}{k}\right)$$

これは一階の微分方程式です。見えない人は $V = v - \frac{mg}{k}$ と置いて式を書き直すと $m\frac{dV}{dt} = -kV$ この形を変数分離型の微分方程式といいます。

V と t を右辺と左辺に分けると $\frac{1}{V}dV = -\frac{k}{m}dt$ ここで両辺を積分だ～！

$$\int \frac{1}{V}dV = -\frac{k}{m}\int dt + C \quad \therefore \log_e V = -\frac{k}{m}t + C$$

C は積分定数，対数の底は e です。この形では見難いので両辺を e の上に乗っけると

$$V = e^{-\frac{k}{m}t + C} = e^C e^{-\frac{k}{m}t} = C' e^{-\frac{k}{m}t}$$

求めたいのは v でしたね。 $v - \frac{mg}{k} = C' e^{-\frac{k}{m}t}$

ここで $t=0$ で $v=0$ より（初期条件といいます） $C' = -\frac{mg}{k}$

いよいよ目的の結果です！ $\therefore v = \frac{mg}{k}\left(1 - e^{-\frac{k}{m}t}\right)$

これで速度 v が時刻 t の関数で書けた…つまり運動が解けたわけだ～！これをグラフに描いたのが前のグラフだったわけです。

第1章 3講　運動の法則

どうでしたか？　えっ！　ぜんぜん分からんかったって〜!?　Don't Worry!
大切なのは微積の方法ではなく，物理の考え方，見方を広げることです。実際の問題を解くときは前に言ったように"なめらかに"描いていけ〜！

Part 1 力学分野

★ いろいろな力… まとめてListUpしておくぞ〜！

$ma = F$の意味は「物体の運動を決めるのは力だ！」ということでしたね。つまり力が分かれば運動が分かるわけですから，今からいろんな力を見ていくぞ。

運動のようすは……
$ma = F$
力がきめるんだ〜！

式の右辺は"実際に物体にかかる力"です。これにはいろいろな原因のものがあります。以下で，これらをしっかりチェックしていきましょう。1つ1つを覚えるだけではダメです。理由，意味を考えながら自分で式に書けるように見ていくんだ！

これができるようになると，後は$ma = F$に入れていろいろな場合の運動を自在に解けるようになるぞ！　ガンバ〜！

【1】重力

地表にある物体にかかる地球からの引力など（一般に地球の自転による影響なども含む）。物体の質量をm，重力加速度をgとして
　　$W = mg$

@IMAGE　"重さ"のことだ〜！

日常的に僕らが重さといってるやつです。つまり"重さ"とは力のことなんです。同じ物体でも地球上と月面上では下に引っ張られる重力（重さ）が違っていますね。この力の原因は万有引力という考えですが，詳し

067

くは惑星の運動のところでやります。

　ポイントは地表付近ではだいたい一定の力となっていること！　つまり，力一定→いつもの等加速度運動（加速度がg）になるんだ～！

【2】静止摩擦力 …（最大静止摩擦力）

> 静止摩擦係数をμ_0，面から受ける垂直抗力をNとして，最大静止摩擦力F_0は
> 　　$F_0 = \mu_0 N$

@IMAGE いつも使える式ではないぞ！

　摩擦力とは，物体が面を滑っているときなどに面からうける運動をジャマする力ですね。ここで大切な注意！

　"最大静止摩擦力"とは…この大きさの力までは動くのを**"耐える"**ことができるんだ…という意味なのです。つまり摩擦力そのものではないのだ。1[N]で押して動かないときの摩擦力は1[N]です。押す力を徐々に大きくしていき，10[N]を超える力で押してはじめて動き始めたなら最大静止摩擦力が10[N]ということです。そう！最大静止摩擦力の式は…ギリギリのときだけしか使えないんだ～！

【2'】動摩擦力

> 動摩擦係数をμ'，面から受ける垂直抗力をNとして運動している物体にかかる動摩擦力は
> 　　$F' = \mu' N$

第1章 3講 運動の法則

Part 1 力学分野

@IMAGE こっちはいつでもOK！

運動してるときにかかる摩擦力です。動摩擦力は速さに関係なく一定となります。物体が速くても遅くても，物体にかかる動摩擦力は同じなんですね。条件が難しかった最大静止摩擦力と違って，滑っているときはいつでもこの式が使えます。

@IMAGE 向きを決めろ〜！

摩擦力の向きにも大注目！　向きがわからんと方程式を書けんぞ〜。

基本的には，動いている，あるいは動き出そうとするのを"ジャマする"向きに働きます。

もっと直感的に言うと…考えている物体の"気持ち"になれば分かります。うん？　分からんだと。次の例に行くぞ〜！

■ シャツが〜！

図の下の物体に外力を加えて引っ張りましょう。そのときの上の物体にかかる摩擦力の向きを考えるぞ。さあ，君が上の物体になりきるんだ！下のベッドが右に引っ張られるから"君"はベッドで右に引っ張られてシャツが脱げそうになりますね。つまり，上の物体にかかる摩擦力は右向きだ〜！　…感じ，分かりましたか？

次に，下の物体にかかる摩擦力も"君"が下の物体（の気持ち）になりきって決めてみよう（作用・反作用の法則でも決められますね）。

069

Q 3-4 問題 【亀の親子が…すべる】

親亀（質量 M）の上に子亀（質量 m）が乗っている。親亀を一定の力 F で x 軸正方向に引っ張った。2匹の亀の間には摩擦があるが、親亀と床との間はなめらかとする。

■ 亀の親子？

まず、2つが一体となって運動している場合を考えよう。外力の大きさを F_0 とする。

(1) 亀の間に働く摩擦力の大きさはいくらか？

ここで外力を大きくしていって F_1 を超えると、小亀が親亀の上で滑りはじめた。

(2) 亀の間の静止摩擦係数 μ_0 を求めよ。

さらに力を大きくして $F_2 (> F_1)$ とすると2匹の亀はバラバラに動いた。

(3) 子亀の加速度を求めよ。動摩擦係数を μ' としよう。

解答 Answer 3-4

(1) $F_{マサツ} = \dfrac{m}{M+m} F_0$ (2) $\mu_0 = \dfrac{F_1}{(M+m)g}$ (3) $a' = \mu' g$

解説

(1) 亀間には静止摩擦が働きますがギリギリではないので最大静止摩擦の式は使えません。摩擦力を $F_{マサツ}$、2つの加速度を a（一体で運動ですから2つに同じ加速度です）として運動方程式は

$$\begin{cases} Ma = F_0 - F_{マサツ} \\ ma = F_{マサツ} \end{cases}$$

未知数は a と $F_{マサツ}$ の2つ！

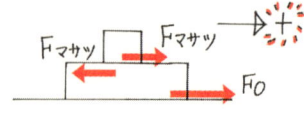

■ 一体のときの力

第1章 3講 運動の法則

2式よりaを消して $\Rightarrow F_{マサツ} = \dfrac{m}{M+m} F_0$

(2) 滑り出す…これはギリギリの話です。ということは，$F_0 = F_1$ のときの摩擦力 $F_{マサツ}$ が最大静止摩擦力（耐える力）になってるハズ！ (1)を使って

$$\dfrac{m}{M+m} F_1 = \mu_0 mg \quad \therefore \mu_0 = \dfrac{F_1}{(M+m)g}$$

(3) 子亀に注目。加速度を a' として運動方程式は

$$ma' = \mu' mg \quad \therefore a' = \mu' g$$

上の小亀の運動は外力 F_2 に関係ないんですね。なんか不思議ですけど，動摩擦力は速さによらず一定だからです。

ついでに親亀の運動は，加速度を A' として

$$MA' = F_2 - \mu' mg \quad \therefore A' = \dfrac{F_2 - \mu' mg}{M}$$

a', A' ともに一定の加速度ですね。これで2つとも何秒後には…というように運動がすべて分かります。

■別々のときの力

【3】弾性力

> バネ定数（弾性定数）を k，自然長からの伸び（縮み）を x とするとバネの力（弾性力）の大きさは
>
> $\quad F = kx \quad x$：自然長からの伸び（縮み）
>
> $\quad\quad\quad\quad\quad k$：$[\text{N/m}]$
>
> 力の方向は自然長に戻そうとする向きに働く。

@IMAGE フックの法則

ここでの x は**自然長からの**伸び（縮み）です。バネ全体の長さではないぞ！

071

ところで，この式はフック（Hooke）の法則と呼ばれています。このフックさん，実は生物の細胞（cell）を最初にみつけた，あのフックさんなのです。すごい人ですね。

しかし…フック船長とは関係な〜い……（^^;

@IMAGE kの意味は？

$F = kx$で$x = 1$とすると$F = k$となります。つまり，バネを1[m]伸ばすのにいる力がバネ定数，kだということです。kが大きいと，必要な力も大きい…分かったかな？ バネ定数kは**バネの強さ**を表しているんだ〜！

すぐ次の問いをやって上の意味をもっともっと深くしよう。

Q3-5 問題 【合成バネ定数を求めよう！】

じゃあ，バネ定数kのバネを2本，図のA,Bのようにつなぐと，全体のバネ定数（合成バネ定数といいます）はいくらだ？ さらに図Cでは，バネ定数kのバネを真ん中で切ってしまうぞ。残った部分（半分）のバネ定数はいくらか？

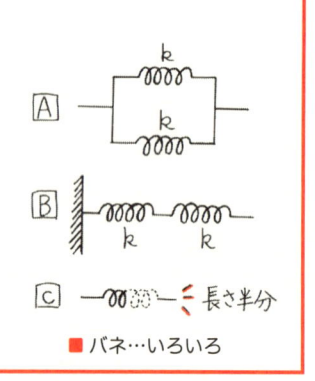

■ バネ…いろいろ

解答　Answer 3-5

図A…$2k$　　図B…$\dfrac{k}{2}$　　図C…$2k$

● 解説

次ページの図を見ながらチェックだ〜！

第1章 3講 運動の法則

- 図A…全体を1[m]のばしたとすると，1つのバネからkの力で引っ張られますね。バネ2本で力は$2k$だ〜！ バネ定数は1[m]伸ばす力…$2k$そのもの！
- 図B…これも全体で1[m]伸びたときを考えるのです。右の1つのバネに注目。こいつは$\frac{1}{2}$[m]伸びてるハズ。ということは$\frac{1}{2}k$の力で引っ張っているのです。この力は左のバネにも加わりますから，左も同じこと。全体でも$\frac{1}{2}k$の力！
- 図C…半分を1[m]伸ばすということは，もし全体ならば2[m]伸ばすことだ〜！ 力は$2k$が必要です。バネは短いほど"強い"バネになるんだね。

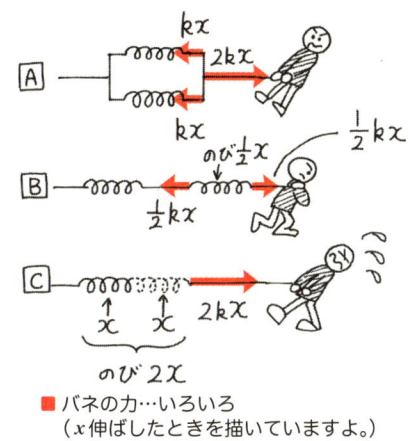

■ バネの力…いろいろ
（x伸ばしたときを描いていますよ。）

(Cの図は，半分になったバネをx伸ばすには元のバネを$2x$伸ばすことになりますね。よく図の意味を考えるんだ〜！)

【4】圧力

気体や液体が接する面の単位面積（1[m^2]）を垂直に押す力のこと。

$$P = \frac{F}{S} \ :\ [\text{N/m}^2] = [\text{Pa}]（パスカル）$$

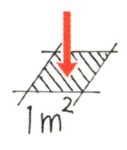

@IMAGE 圧力は力ではない！

圧力を英語で言うとPressure。記号はPで書きます。単位は上の文章

073

をしっかり読めば書けますね。1[m²]あたりの力[N]…つまりP[N/m²]です。これを，偉人の学者さんパスカルの名前を取って[N/m²]＝[Pa]とも書きます。

さあ，ここで大切なことは…圧力は力ではないんだ～！　圧力Pは1[m²]だけを押す力！　つまり面の面積をSとすると面全体を押す"本当の力"Fは$F=PS$ですね。2つの違いをはっきりさせておこう！

@IMAGE　圧力の原因は何だ？

　圧力がどうやって生じるのかというと，基本的には，例えば気圧では空気中の多数の分子が面に当たってはね返る…これが面を押す力を生んでいるのです。このことを詳しく分析していくと，実は次の図のように，ある面積の上にある"空気の重さ"が面にかかるのと同じことになるのです。

　地表では気圧（空気による圧力）はだいたい1[気圧]＝1[atm]＝1013[hPa]（ヘクトパスカル）。hecto（ヘクト）は10^2のことですから1[atm]＝101300[Pa]≒10^5[N/m²]。つまり1[m²]あたり質量約10000[kg]の空気が上にあるんだ～！　気体でも量があると結構重いのですね。

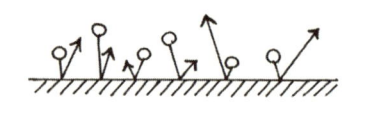

@IMAGE　圧力のかかる方向は？

　圧力は面に垂直にかかります！　上にある重さだから下向きにかかるとはならないのです。不思議な感じですが，これは液体，気体は"圧力を全

第1章 3講 運動の法則

ての方向に伝える"という性質からくるんです。

気体や液体はものすごい数の粒子が動き回っているのでしたね。というので下方向にも横方向にも上方向にさえも同じように力を与えるのです。だから図のような形の長靴に水を入れて穴を開けると、上にも水が飛び出してきますね。圧力が上向きにかかっているからですね。

圧力はいろいろな方向に伝わっていき、面を"垂直方向"に押すのだ～！

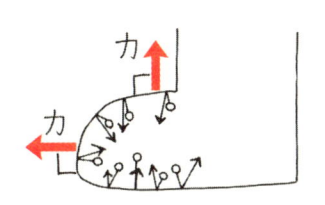

@IMAGE 圧力のつりあい？？？

よくミスする点として「圧力のつりあいより…」とやってるのがありますが、圧力はつりあったりしません！ つりあうのは力でしたね。間違いやすいので注意！ 圧力は力ではないんだ～！

実際、図のような左右に気体の入ったシリンダー（断面積 S_1, S_2）を考えましょう。外は真空だとします。ここで間にある2つのピストンは止まっています。さあ、つりあっているのは"力"！ 式で書くと $P_1 S_1 = P_2 S_2$ つまり面積が2倍なら圧力は1/2でいいわけです。

つりあうのは圧力ではないぞ～！
力だ～！

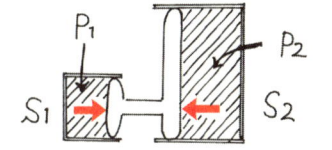

@IMAGE 負の圧力？？？

負の圧力はない点にも注意しよう。多数の分子があたって力を生み出す

075

のだから"押す"力はあっても"引く"のは無いのはあたりまえ〜！ ストローでジュースを飲むときは負の圧力で吸うのではなく，吸うことでストローの中の圧力が減る。そこで外の圧力の方が大きくなりジュースを"押して"上に上がってくるのです。つまり，外が真空（空気がない）ではストローでは飲めないのだ〜！

地表の大気圧の下では，水なら10[m]ぐらいまで押してくれます。だからこの高さまではOK！ 高さ10[m]以上のストローは使わないように！（そんなやつはいない〜）

【5】浮力

液体（気体）の密度をρ，液体（気体）中に入っている物体の体積をVとすると，物体が押しのけた体積の液体（気体）の重さに等しい浮力を受ける。

$$F_{浮力} = \rho V g$$

■ 浮くかな？

@IMAGE 浮力は押しのけた液体（気体）の"重さ"と同じだ〜！

深いほうが受ける圧力が大きいので，トータルで上向きの浮力を受けま

す（先の図を見よう）。それがちょうど，「押しのけた液体（気体）の"重さ"と同じ大きさの力」になるということ…ρV は液体の質量ですね。g をかけて液体の重さ（重力）になります。

この浮力が自分の重さ（重力）より大きいと浮かぶのですね。

式を丸暗記するのでなく，しっかりと意味をとらえておこう。

@IMAGE 浮力の式を圧力から出すぞ〜！

では実際に浮力を導き出してみましょう。水面の上は真空として（つまり大気圧は考えない場合です）図のようにやまぐち君が水中に潜っています。簡単のためにやまぐち君は円柱型の体型で（本当は違うぞ〜！），水の密度 ρ は深さによらず一定だとしよう。

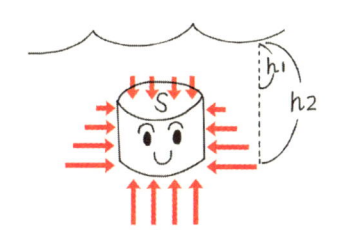

まず頭の上には深さ h_1 の水圧 P_1 による下向きの力 $P_1 S$ がかかりますね。次に彼の下面には深さ h_2 の水圧 P_2 による上向きの力 $P_2 S$ がかかります（真上に水が無くともかかるぞ〜）。上向きですよ。

さあ，この水圧は彼の上にある水の重さが原因でしたね。つまり下向きの力は $P_1 S = \rho h_1 S g$。下面にかかる圧力もその上にある（ハズ）の水の重さがかかります。上向きに $P_2 S = \rho h_2 S g$ の力。

あと，円柱（やまぐち）の側面にかかる力は，深くなる（下半身？のところ）ほど大きい力が内側向きにかかりますが，ある深さの位置ではみんな打ち消しあい，キャンセルして無くなってしまいますね。

というので，浮力…圧力による力の合力は上下面の２つだけを考えればOK！ 上向きを正にとって

$$F = P_2 S - P_1 S = \rho S(h_2 - h_1)g = \rho V g \qquad V はボクの体積ですね。$$

というので物体（やまぐち）が押しのけた体積の液体の重さに等しい浮

力を受ける…ことになるのです！

　ちなみに物体の形がボクのように円柱でなく，もっと複雑な形でも同じ結果になります。表面積分というのを使うのですが，詳しくは大学へ行け〜！

【6】慣性力

> 加速度 a で運動している観測者から見ると，質量 m の物体には加速度と逆向きに力 ma が働いているように見える。この見かけの力を慣性力という。

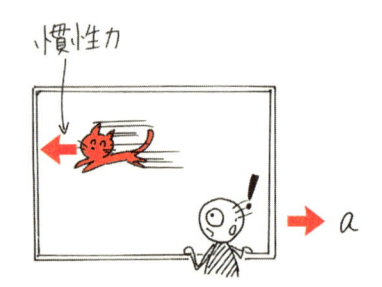

@IMAGE　慣性力は"相対力"

　加速度運動しているものから見ると，その人が見るすべての物体にかかる見かけの力です。つまり実際の力ではありません。いってみれば"相対"力のことですね。
（ちなみに後にアインシュタインが出てきてこの力を"本物"といって考えたのが一般相対性理論なのです。さすが天才は違うね。物理学科希望の人はチョコッと頭に残しておこう！　でも，ここ高校物理では"見かけの力"の見方で行くぞ〜！）

Q3-6 問題　【電車の中で吊り革にぶら下がれ〜！（絶対まねをしないこと！）】

電車が駅を発車して右向きで大きさが一定の加速度で運動を始めた。電車の中では糸で吊った質量 m のおもりが鉛直方向から30°傾いたままになった。重力加速度の大きさを g とする。

第1章 3講　運動の法則

(1) 糸の張力 T の大きさを求めよ。
(2) 突然，糸が切れたとする。電車の中の人が見ると，おもりはどのような運動をしていくか？
(3) はじめのおもりの床からの高さを h とすると，糸が切れてからおもりが床に落ちるまでの時間 t はいくらか？

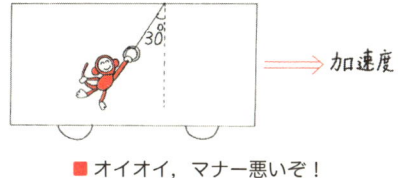

■ オイオイ，マナー悪いぞ！

解答　Answer 3-6

(1) $T = \dfrac{2mg}{\sqrt{3}}$　　(2) 解説を見よ！　　(3) $t = \sqrt{\dfrac{2h}{g}}$

解説

(1) 内から見ると慣性力も含めた力のつりあいですね。糸方向の式を書くと

$$T = \dfrac{mg}{\cos 30°} = \dfrac{2mg}{\sqrt{3}}$$

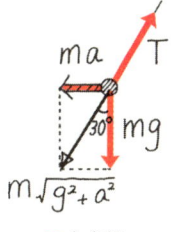

■ 力全部

(2) 電車の加速度を a とすると $a = \dfrac{g}{\sqrt{3}}$ です（図を見りゃ分かるね）。

さあ"下方向"に注目！　下というのは…中の人から見ると物体にはまず鉛直下向きに重力 mg，そして左向きには慣性力 ma，この2つがいつもかかっていますね。物体には力 $m\sqrt{g^2+a^2}$ が鉛直から30°の方向に常にかかっている … ということは，この方向が"下"になってるのと同じだ〜！　物体は見かけの重力加速度が $g' = \sqrt{g^2+a^2} = \dfrac{2g}{\sqrt{3}}$ となって"下"に向かって落下運動をするのですね。

まとめると『鉛直から30°の方向に，$g' = \dfrac{2g}{\sqrt{3}}$ の等加速度直線運動する』…まっすぐ直線上を落ちていきます。

(3) 鉛直方向に注目！　この方向は加速度 g ですから，高さ h を自由落下するのと同じです。前にやったのと同じ！

$$h = \frac{1}{2}gt^2 \quad \therefore t = \sqrt{\frac{2h}{g}}$$

もちろん，左方向に注目してもOKです。

距離 $\dfrac{h}{\sqrt{3}}$ を a の加速度で運動しています。

$$\frac{h}{\sqrt{3}} = \frac{1}{2}at^2 \quad \therefore t = \sqrt{\frac{2h}{\sqrt{3}\,a}} = \sqrt{\frac{2h}{g}}$$

さらに，糸方向に注目してもできるぞ。距離 $\dfrac{2h}{\sqrt{3}}$ を $g' = \dfrac{2g}{\sqrt{3}}$ の見かけの加速度で進むんだ〜！

$$\frac{2h}{\sqrt{3}} = \frac{1}{2}g't^2 \quad \therefore t = \sqrt{\frac{4h}{\sqrt{3}\,g'}} = \sqrt{\frac{2h}{g}}$$

どんな見方をしてもOK！　自分に分かりやすい方法でドバッドバッとやっていこう！

剛体にかかる力のつりあい

　ここから話が変わって，大きさのある剛体（力がかかっても変形しない物体のこと…思いっ切り固いのだ〜！）に力がかかって，その剛体が静止している場合を考えていきます。
　今までの質点（大きさが無いと考えてきたのです）は，つりあいといえば"動かない"だけで式を書けばよかったのですが，今度は大きさと形がある剛体です。これは"動かない"といえば"回転しない"ということも必要に

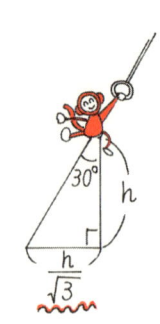

第1章 3講 運動の法則

なってくるのですね。

では回転しないということをどう式で書くか？　以下にLet's go!

★ 力のモーメント

点Oから，力F[N]の作用線に垂線を引き，その長さをℓ[m]とすると，点Oの回りの力F[N]のモーメントM[N·m]を次のように書く。

$$M = \ell F$$

(モーメントの向きを反時計回り（左回り）を正，時計回り（右回り）を負と決めることもある）

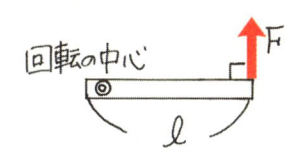

@IMAGE　モーメントって何かな？

まずℓは"うでの長さ"です。モーメントMはℓが長いほど大きい，力Fが大きいほど大きい。ということは… Mは「回そうとする力」みたいなものですね。うでが長いと簡単に回せます。短いとなかなか回せない…感じ，分かるでしょう。

モーメントを考えるときは回転の"中心"が大切！　中心の取り方によって「うでの長さが変わる」→「モーメントの大きさも変わってしまう～！」というので，どこを中心に考えているのかを必ず描くこと！

興味がある人は知っていると思いますが，自動車の"トルク"がこのモーメントのことなんです。トルクが大きい車は車輪を「回そうとする力」が大きいんですね。ちなみに"馬力"は仕事率…パワーのことです。あ！　興味ない人はゴメンナサイでした……(^^;

⭐ 力のモーメント（斜めversion！）

図のように力が斜めに加わる場合，点Oの回りの力FのモーメントMは

$$M = \ell F \sin\theta$$

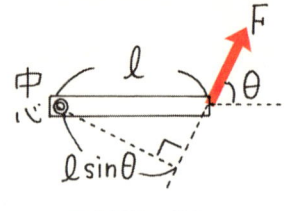

■ 作用線の考え

@IMAGE　力が斜めのときのモーメント【2つの見方】

斜めに力が加わった場合は次の2つのとらえ方でモーメントが書けます。

- 上図のように作用線に下ろした点Oからの垂線の長さ…つまりうでの長さが$\ell\sin\theta$になったのと同じですね。よって$M=(\ell\sin\theta)F$　これが"まわそうとする"力のモーメントです。

- 力を分解して考えてもOK！　図の力の成分のF_xは引っ張ってるだけで回そうとしていませんね。無視しよう！　回そうとしているのは$F_y(=F\sin\theta)$だけ。よってモーメントは$M=\ell F_y=\ell F\sin\theta$…上のと同じになります。

どっちの考えでもかまいません。自分の分かりやすい方法でドンドンいこう〜！

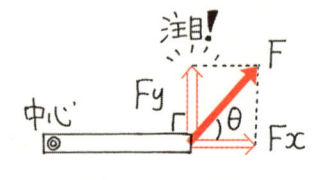

■ 役に立っている力

⭐ 力のモーメントのつりあい

@IMAGE　止まるのはやっぱり"つり合い"

さあ，今までやってきた力のモーメントを，どういう場合に，どう使っていくか？…そのポイントがここのつりあいなんだ！　Go Go Go！

第1章 3講 運動の法則

> 剛体が静止しているときは，任意の点の回りのモーメントの和はゼロになる。これを力のモーメントのつりあいという。
> $M_1+M_2+\cdots=0$

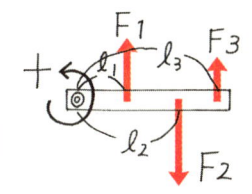

Part 1 力学分野

@IMAGE 力のつりあいと…似てないか？

$\vec{F_1}+\vec{F_2}+\vec{F_3}=\vec{0}$　これは力のつりあいの式でしたね。力のモーメントのつりあいは

$M_1+M_2+\cdots=0$　…どうです，よく似ているでしょう。

実はいままでやった質点の運動の式と，回転の運動の式はいろいろな点で対応関係があるんです。ただ，高校物理では回転運動は静止している場合だけ…つりあってる場合しかやらないのでここでは触れませんが，面白いことがいっぱいありますよ。詳しくは…早く大学へ！

@IMAGE シーソーで考えよう！

力のモーメントのつりあいは，なんといってもシーソーを考えるのが一番！　というので次の場合を例に考えてみましょう。

シーソーの前に，上で書いたつりあいの式 $M_1+M_2+\cdots=0$ はモーメントの正負を考えた場合のです。しかし…
分かりにくい！　というのでモーメントのつりあいは
【右に回そうとするモーメント＝左に回そうとするモーメント】
この形でいくぞ～！

さあ，シーソーの例では，点Oを中心

■シーソー

083

に F_1 は左に回そうとしていますね。その回そうとする大きさ（モーメント）は $\ell_1 F_1$。

一方，F_2 は右に回そうとして，モーメントは $\ell_2 F_2$。

回らないというのは"左回り"&"右回り"に回そうとする力（モーメント）が同じなんだ～！ 式で書くと

$\ell_1 F_1 = \ell_2 F_2$ 【左回りのモーメント＝右回りのモーメント】

先に書いたモーメントの和がゼロという式より『左回りのモーメントと右回りのモーメントが等しい…だから，回らない』という方がずっと分かりやすいでしょう。これでいこう～！

Q 3-7 問題　【中心をチェンジ！】
先のシーソーがつりあっている場合で，力のモーメントの中心を変えてみましょう。

(1) 左端の点を中心にするとモーメントのつりあいの式はどう書けるかな？
(2) つぎに，右端から距離 x のところの点 O' を中心にすると，式はどうなるかな？

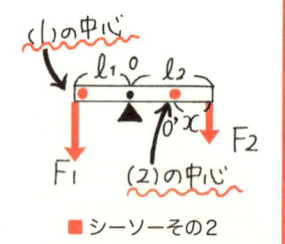

■シーソーその2

解答　Answer 3-7

(1) $\ell_1 F_1 = \ell_2 F_2$　　(2) $\ell_1 F_1 = \ell_2 F_2$

解説

(1) 全ての力を描く←基本でしたね。そう，垂直抗力 N を忘れるな～。前のシーソーの例では垂直抗力 N を考えていなかったけどその理由，分かってるよね。

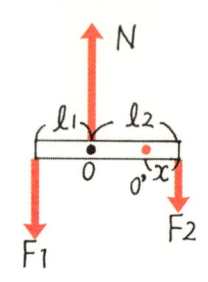

第1章 3講 運動の法則

（NはOを中心に考えて回そうとしていません…モーメントはゼロですね）

"普通の"力のつりあいより $N = F_1 + F_2$

さあ，左端を中心にモーメントのつりあいの式は $\ell_1 N = (\ell_1 + \ell_2) F_2$

これにNを代入してまとめると…$\ell_1 F_1 = \ell_2 F_2$ となります。

あれ？ 点Oを中心にしたときと同じですね！ 次のもやってみましょう。

(2) 点O'を中心にする！ 力のモーメントのつりあいの式は

$$(\ell_1 + \ell_2 - x) F_1 = (\ell_2 - x) N + x F_2$$

これにNを入れてまとめると，やっぱり $\ell_1 F_1 = \ell_2 F_2$ だ〜！

もう分かりましたか？ つりあっていれば，回る中心はどこをとってもいいのです。自分の好きなところ（棒の外でもOK！）を中心にとってバリバリやっていこう！ 基本的には力がたくさん集まっている点を中心にとると式がカンタンになるぞ。

Q 3-8 問題

【今までのモーメントのまとめです。頑張れ〜！】

滑らかで摩擦のない鉛直の壁に，長さL，質量mのはしごを立てかけよう。はしごと水平な床とは摩擦があり，その静止摩擦係数はμ_0である。ここで水平面とはしごのなす角度を小さくしていくと，ある角度θ_0より小さくなると…滑った！ このときの角度θ_0を$\tan\theta_0$の形で求めよ。

■ はしご

解答　Answer 3-8

$$\tan\theta_0 = \frac{1}{2\mu_0}$$

● 解説

いつものように力を全部描きます。基本ですね。

まず，はしごにかかる重力 mg は重心→真ん中にかかります。壁，床からは垂直抗力を受けます。それぞれ N_A，N_B としましょう。一方，滑り出す直前（ギリギリ〜）ですから，最大静止摩擦力 $F = \mu_0 N$ の登場だ〜！

まずは静止しているので（普通の）つりあいです。上下＆左右方向の２つ

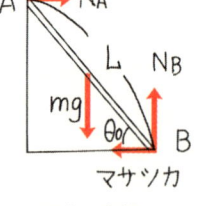

$$\begin{cases} N_A = \mu_0 N_B \\ N_B = mg \end{cases}$$

ところで図を見て未知数がいくつか？　チェックしてみましょうね。決まってないのは N_A と N_B，そして θ_0 の３つです。つりあいの式は２つ，よって，あと１つ式を書けば求まるハズです。

ここでモーメントのつりあいの登場です。

まず中心！　点Bにとりましょう。『左回り＝右回り』ですから

$$\left(\frac{L}{2}\cos\theta_0\right)mg = L\sin\theta_0 N_A$$

さあ，３式で N_A，N_B を消して θ_0 を出そう！　∴ $\tan\theta_0 = \dfrac{1}{2\mu_0}$

もちろん残りの未知数 N_A，N_B も求められるね！

未知数の数を考えて，なぜ普通のつりあいの式を２つ書いて，モーメントのつりあいの式を１つだけ書いたのか！　しっかりとらえておいて下さい。我々は目的意識を持って式を書くのだぞ〜！

第1章 3講 運動の法則

⭐ 重心

物体に働く重力の作用点を重心という。大きさのある物体の場合も、各微小部分に働く重力の合力の作用点が重心となる。

■一点だ〜！

Part 1 力学分野

@IMAGE 重心とは？

上の言い方はちょっと難しいですね。分かりやすく一言でいうと『この一点で物を支えられる点！』ということ。

求め方は2つあります。

① 図形から出す！
② 式で求める！

- ① **図形**からの方法は、一様で均一な物体では、その対称中心（真ん中のこと）が重心です。棒なら真ん中が、円ならその中心、正方形なら対角線の交わる点が…という感じです。

■重心いろいろ

- ② 式からの方法は、数学でやった次の式です。…長いぞ〜！

質点が多数集まった系では、各質点の質量を m_1, m_2, m_3 …、それぞれの座標を x_1, x_2, x_3 …とすると、全体の重心の座標は次式で与えられる。

$$x_G = \frac{m_1 x_1 + m_2 x_2 + \cdots}{m_1 + m_2 + \cdots} \qquad y_G = \frac{m_1 y_1 + m_2 y_2 + \cdots}{m_1 + m_2 + \cdots}$$

087

式だけ見ていても話になりません。さあ，すぐに簡単な例でやってみましょう。

Q 3-9 問題

【重心の例】

次の重心を求めよ。②は一様な棒を折り曲げたもの，③④は板（正方形，円板）の面積が1/4の部分を中心を通るように切りぬいたものである。

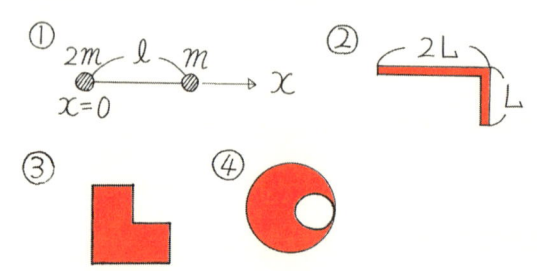

① $2m$ — ℓ — m → x, $x=0$

② $2L$, L

③ （L字型正方形）

④ （円板から小円を切り抜いたもの）

解答　　　　　　　　　　　　　　　　Answer 3-9

解説を参照。

解説

① 重心の式に入れて $x_G = \dfrac{2m \times 0 + m\ell}{2m + m} = \dfrac{\ell}{3}$　これは数学でやった1：2に内分する点Gのことですね。式は恐ろしい形をしてますけど，結局"内分する点"…これだけ分かればOK！　後は図でチェックしておこう。問題に座標があればそれに合わせて答えて下さいね。ここでは考え方が分かればOKです。

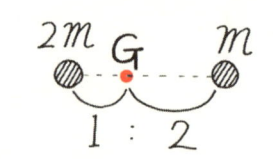

② 上の応用です。棒を2つに分けると質量は2：1ですね。重心は図の1：2の点Gです。

③ これも同じく応用。切り取った $\dfrac{1}{4}$ の正方形（質量 m）の重心 G_1 は，その小さい正方形の"真ん中"ですね。切り取る

第1章 3講 運動の法則

前の大きい正方形（質量$4m$）の重心G_2は，全体の真ん中。よって求める図形（質量$3m$）の重心Gは図の通り！（つまり質量mのG_1と質量$3m$のGをあわせると元の重心G_2になるということ！）

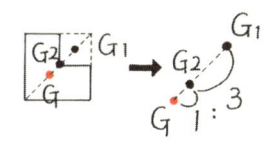

④ 求める円と切り取った円の質量は3：1，図をチェック！　③と同じ考えだ〜！

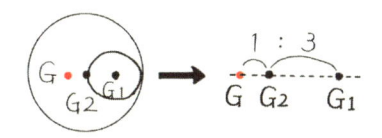

重心を求める問題は，高校物理では少ないのですが…その"気持ち"分かったかな？

✓ この講はこれでendです。次の問題で実力をチェックだ〜！

Q まとめの問題　No.1

質量m，長さLの台車Bの左端に質量mの物体Aをのせた。Bには糸と滑車を介して質量mの物体Cがつながれている。AB間には摩擦力が働き，動摩擦係数はμ'である。Bと床の間には摩擦はないとしよう。時刻$t=0$で台車Bの左端から図のようにAを初速度v_0で滑らせると同時に，Cを静かに放した。重力加速度の大きさをg，図の右方向を正方向として以下の問いに答えよ。Aの大きさは無視してよい。

(1) Aの加速度をa_Aとして，Aの運動方程式を書こう。
(2) B，Cの加速度をa，糸の張力をTとして，BとCの運動方程式を書こう。
(3) a_A, aを求めよう。
(4) AがBに対して静止する時刻t_0はいくらか？
(5) AがB上から落ちてしまうv_0の条件を求めよう。

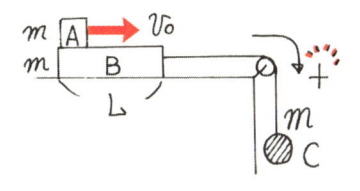

解答　　　　　　　　　　　　　　　　　Answer No.1

(1) $ma_A = -\mu' mg$　　(2) $\begin{cases} B: ma = \mu' mg + T \\ C: ma = mg - T \end{cases}$

(3) $\begin{cases} a_A = -\mu' g \\ a = \dfrac{\mu' + 1}{2}g \end{cases}$　　(4) $t_0 = \dfrac{2v_0}{(3\mu' + 1)g}$　　(5) $v_0 > \sqrt{(3\mu' + 1)gL}$

解説

(1) いつものように力を描き出せ〜！
and 状況をしっかりつかもう！　AはB上を右向きに動いているね。Aにかかる摩擦力は左向きです。よって物体Aの方程式は

$ma_A = -\mu' mg$

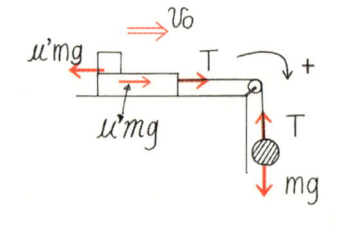

(2) 上の力の図を見ながらGo!　BとCは一体で動くので加速度は同じ a です。Bを右に引く力は糸からの張力 T です（mg としないように）。さあ、式は

$\begin{cases} B: ma = \mu' mg + T \\ C: ma = mg - T \end{cases}$

(3) 上の3式を解けばOK!　未知数が a, a_A, T の3つですね。T を消せばチョロイ！　必ず自分でやること！　$\begin{cases} a_A = -\mu' g \\ a = \dfrac{\mu' + 1}{2}g \end{cases}$ です！

(4) どうやってもいいのですが、ここは相対運動で考えてみましょう。
B上の人から見るとAの初速度は $+v_0$ ですね。加速度は『相手－自分』$\Rightarrow a_A - a$ の等加速度運動に見えるハズ。求めるのは止まる時刻ですから、v と t の関係式 $v = v_0 + at$ の相対バージョンですね。

$$0 = v_0 + \left(-\mu' - \frac{\mu'+1}{2}\right)gt_0 \quad \therefore t_0 = \frac{2v_0}{(3\mu'+1)g}$$

(5) これも相対でGo！

B上の人から見て，Aが時間t_0で進む距離がLより大なら落ちてしまいますね。

落ちるのを式で書くと $L < v_0 t_0 + \frac{1}{2}(a_A - a)t_0^2$

これにt_0や加速度gを入れてまとめると

$$\therefore v_0 > \sqrt{(3\mu'+1)gL}$$

状況が見えてれば楽勝だね！

Q まとめの問題　No.2

図のように，水平から角度θの斜面を持つ台Pの上に質量mの物体Qを置いた。台Pを左方向に加速度aで運動させるとQはPから見て静止したままだった。重力加速度の大きさをg，摩擦はないとして答えよ。

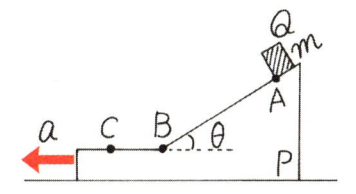

(1) 加速度aを求めよ！

以下はすべて台Pから見たようすを書いてある。

(2) 台Pから見てQを点Aから左下方に向かって初速度v_0を与えたとき，点Bを通過するときの速さV_1はいくらか？
(3) 物体は点Bをなめらかに速さV_1で通過し，水平面上を進んでいき点Cで静止した。BC間の距離xを求めよ（V_1を用いて表せ）。
(4) その後Qは静止点から右方向に戻って行く。点Bに戻ったときの速さV_2はいくらか？　V_1を用いて表せ。
(5) Qが点Bをなめらかに通過し斜面上方向に運動するとき，点Aを通過するときの速さV_Aはいくらか？　V_1を用いて表せ。

解答　　　　　　　　　　　　　　　Answer No.2

(1) $a = g\tan\theta$　　(2) $V_1 = v_0$　　(3) $x = \dfrac{V_1^2}{2g\tan\theta}$

(4) $V_2 = V_1$　　(5) $V_A = V_1$

解説

(1) 台から見る…慣性力が右方向ににかかりますね。台の加速度をaとしてmaです。後は静止している→つりあいだ～！　斜面方向を式で書くと
$$mg\sin\theta = ma\cos\theta \quad \therefore a = g\tan\theta$$

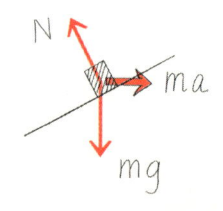

(2) 斜面上にあるときは力は上の場合と全く同じですね。つりあったままです。よって等速だ～！　$V_1 = v_0$のまんま！

(3) 水平面上を進むときは，運動方向の力は慣性力が後ろ向きにあるだけです。

台から見た加速度を$a_{相対}$として運動方程式は
$$ma_{相対} = -ma \quad \therefore a_{相対} = -a$$
これは等加速度運動！　止まる位置を聞いているのでvとxの式です。

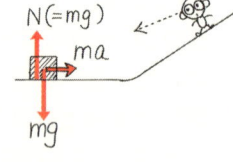

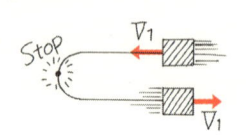

$$0^2 - V_1^2 = 2(-a)x \quad \therefore x = \dfrac{V_1^2}{2a} = \dfrac{V_1^2}{2g\tan\theta}$$

(4) 戻ってくるときも同じ加速度ですから逆向きにV_1です。

　さあ，ここでは，ちょっと見方を変えて考えてみましょう。台の上の人から見ると，物体には重力mgと慣性力maの合力が"常に"かかっています。

　ということは，この合力の方向にいつも引っ張られている…この方向が見かけの"下"なんですね。

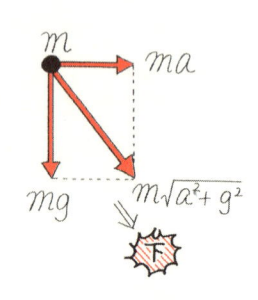

第1章 3講 運動の法則

さあ，首をやや左に傾けてみましょう。どうです，簡単でしょう。図のように平らなところを $V_1 = v_0$ で進んできて斜面をのぼり最高点に達する。それから戻ってきて同じ速さ v_0 になりますね。

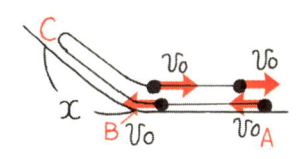

(5) 上の考えで一発！ 当然， $V_1(=v_0)$ のままです。

見方を変えるとパッと見えてくるでしょう。状況をアタマの中でしっかり描いて想像力豊かに見ていこう！

Q まとめの問題　No.3

図のように，水平面と θ の角度をなす摩擦のある斜面上に質量 m の物体Pを置き，Pと物体Qが滑車を経て糸でつながれている。Pと斜面の間の静止摩擦係数を μ_0 ，動摩擦係数を μ ，重力加速度は g とする。Qは床からの高さ h の位置にある。
はじめQの質量を m として静かに放すと，PとQは静止したままだった。

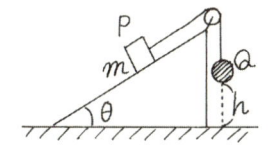

(1) Pに働く摩擦力の大きさ f マサツを求めよ。

次にQの質量を m から徐々に増やしていくと， m_0 を越えたときに動きはじめた。

(2) μ_0 を求めよ。

Qの質量を $M(M > m_0)$ として放した。以下は μ_0 を用いずに答えよ。

(3) Pの加速度の大きさ a を求めよ。
(4) Qが床に衝突する直前の速さ v はいくらか？
(5) そのままQは床で動かなくなったとし，Pが斜面をさらに上昇する距離 L はいくらか？

解答　Answer No.3

(1) $f_{マサツ} = mg(1-\sin\theta)$ (2) $\mu_0 = \dfrac{m_0 - m\sin\theta}{m\cos\theta}$

(3) $a = \dfrac{M - m(\sin\theta + \mu\cos\theta)}{M + m} g$

(4) $v = \sqrt{\dfrac{2gh\{M - m(\sin\theta + \mu\cos\theta)\}}{M + m}}$

(5) $L = \dfrac{M - m(\sin\theta + \mu\cos\theta)}{(M + m)(\sin\theta + \mu\cos\theta)} h$

解説

(1) いつものつりあいです。図が決め手だ！ Pの斜面方向のつりあいより

$$f_{マサツ} = T - mg\sin\theta = mg(1-\sin\theta)$$

（Qのつりあいから $T = mg$ ですね）

ついでに斜面垂直方向のつりあいで $N = mg\cos\theta$ と垂直抗力 N も分かりますね。次に使うぞ！

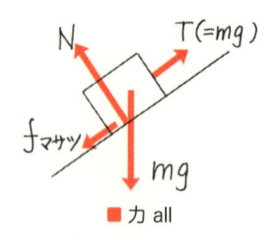

■力 all

(2) 動きはじめる⇒ギリギリ⇒最大摩擦力 $F_{\max} = \mu_0 N$ の出番だ〜！
質量が m_0 のときに上の摩擦力 $f_{マサツ}$ が最大摩擦力になるんですね。

$$\mu_0 N = m_0 g - mg\sin\theta \quad \therefore \mu_0 = \dfrac{m_0 - m\sin\theta}{m\cos\theta} \quad (\because N = mg\cos\theta)$$

ギリギリといえば最大摩擦力でしたね。

(3) 加速度といえば運動方程式です。図のように正の向きを決めて式を書くぞ！今度は $T = mg$ でない（つりあっていない！）ことに注意！

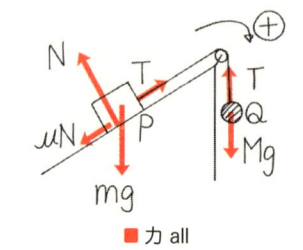

■力 all

第1章 3講 運動の法則

$$\begin{cases} P: ma = T - mg\sin\theta - \mu mg\cos\theta \\ Q: Ma = Mg - T \end{cases}$$

2式を解くと $a = \dfrac{M - m(\sin\theta + \mu\cos\theta)}{M + m} g$　一定の加速度ですね。

(4) さあ加速度一定より等加速度運動。ここでは速さと距離の関係ですよ。

$$v^2 - 0^2 = 2ah \quad \therefore v = \sqrt{\dfrac{2gh\{M - m(\sin\theta + \mu\cos\theta)\}}{M + m}}$$

計算が面倒なだけだぞ！　負けるな～！

(5) 衝突後，糸がたるんで張力が無くなりますね。つまりPが初速度 v（上のやつ）で摩擦を受けながら L 進んで止まるのだ！　さあPの運動方程式です（図＆力を描いていますか？）。加速度を a' として

$$ma' = -mg\sin\theta - \mu mg\cos\theta \quad \therefore a' = -g(\sin\theta + \mu\cos\theta) \quad 一定！$$

さあ，また等加速度運動で距離と速さ！

$$0^2 - v^2 = 2a'L \quad \therefore L = \dfrac{-v^2}{2a'} = \dfrac{M - m(\sin\theta + \mu\cos\theta)}{(M + m)(\sin\theta + \mu\cos\theta)} h$$

いや～，面倒でしたね。でも，面倒なだけでカンタンだったでしょう。

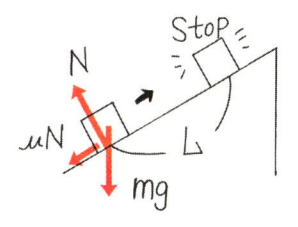

Q まとめの問題   No.4

【難問だ〜！ じっくりやろう！】

図のように質量Mで水平面から角度θの斜面を持つ台Qがある。その斜面上に質量mの小さい物体Pを置こう。Pから床までの斜面の長さはLです。床，台Q，物体Pの間の摩擦は全て無いとしよう。

はじめ静止させておいた物体Pを静かに放して斜面上を落下させると，台Qも大きさAの加速度で左に動いていった。物体Pの水平右方向の加速度の大きさをa_x，鉛直下方向の加速度の大きさをa_yとしよう。重力加速度の大きさはgです。

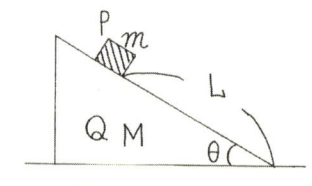

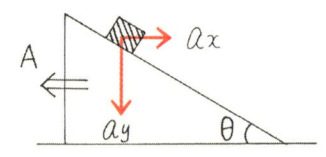

(1) 台Qが物体Pに及ぼす垂直抗力の大きさをNとして，台Qの水平方向の運動方程式を書こう！
(2) 物体Pの水平方向，鉛直方向の運動方程式をそれぞれ書け。
(3) 垂直抗力Nをm, M, g, θを用いて表そう。
(4) 放してから物体Pが床に達する時間tをm, M, g, θ, Lで書こう。

解答   Answer No.4

(1) $MA = N\sin\theta$

(2) $\begin{cases} ma_x = N\sin\theta \\ ma_y = mg - N\cos\theta \end{cases}$

(3) $N = \dfrac{Mmg\cos\theta}{M + m\sin^2\theta}$

(4) $t = \sqrt{\dfrac{2(M + m\sin^2\theta)}{(M+m)g\sin\theta}L}$

第1章 3講 運動の法則

解説

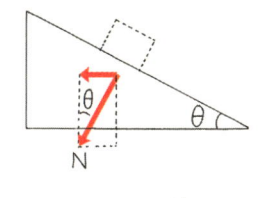

(1) 台を左に押す力は垂直抗力 N の成分だけです。∴ $MA = N\sin\theta$ …①

(2) 力を描いていればカンタン！
$\begin{cases} 水平方向：ma_x = N\sin\theta\cdots② \\ 鉛直方向：ma_y = mg - N\cos\theta\cdots③ \end{cases}$

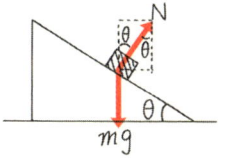

(3) 今まで書いた式①〜③に注目！ この中に未知数は A, N, a_x, a_y の4つあります。しかし式は3つだけ…解けない！ もう1つ必要です（未知数と式の数はいつもチェックするように。ハイレベルになるほど大切だよ！）。

よくあるミスは，物体Pの運動は θ の角度になってる… $\tan\theta = \dfrac{a_y}{a_x}$ だ〜，と書くやつです。でもね〜 a_x，a_y は外から見た加速度。でも外から見ると物体Pは θ では滑っていかないでしょう。図でしっかりチェック！

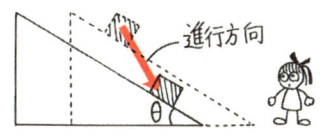

もう分かったかな？ そう，θ の角度に見えるのは台Qに乗ってる人から見てです。というので"相対運動"…『相手－自分』の登場！

台から見た物体の加速度は，x 方向は $a_x - (-A)$，y 方向は台は動きませんから a_y そのもの。これで角度の式が書けます。

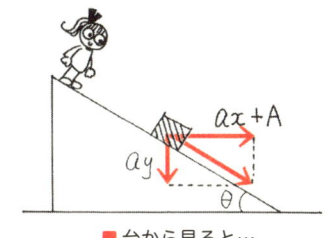

$\tan\theta = \dfrac{a_y}{a_x + A}$ …④

これで式も出そろいましたね。いよいよ解けるぞ〜！ あとは根性だけです。①〜③式の A, a_x, a_y を④式に代入します。自分でやるんだぞ〜。根性，根性…！

$$N = \frac{Mmg\cos\theta}{M + m\sin^2\theta}$$

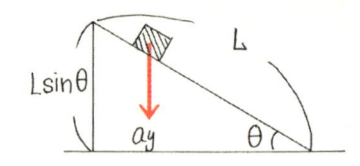

(4) ここは y 方向だけに注目しましょう。距離 $L\sin\theta$ を a_y の加速度で落下するのです。つまり a_y を求めればOK！ 上の N を③式に代入！ a_y が一定で等加速度の時間と距離だ〜！ あとは自分でやってみること。根性，根性…！

$$t = \sqrt{\frac{2(M + m\sin^2\theta)}{(M + m)g\sin\theta}L}$$

これは，かなり難しかったですね。自分でできなくても『未知数と式の数』，『見方を変えて考える（相対運動と角度の関係）』ことを学んでくださいね。でも，やっぱり できろ〜！←（命令形）

Q まとめの問題　No.5

【モーメントです！】

質量 M，長さ L の一様な棒の一端を鉛直な摩擦のある壁に垂直にあてる。他端Bには糸をつけて壁の点Cに固定する。また，B点にはバネ定数 k のバネをつけ，下の端に質量 m のおもりPをつける。
今，おもりPはつりあいの位置にあり，棒も静止しているとする。重力加速度を g，$\angle \mathrm{ABC} = \theta$ として以下に答えよ。

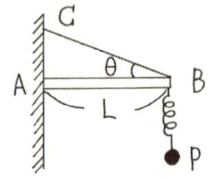

(1) バネの自然長からの伸び d を求めよ。
(2) 糸の張力 T を求めよ。
(3) A点で壁が棒に及ぼす摩擦力 F（鉛直上向きを正とせよ）を求めよ。

第1章 3講 運動の法則

(4) 同じく垂直抗力 N（右向きを正）を求めよ。
ここでおもり P を持ち上げ，自然長からの伸びを $\dfrac{d}{2}$ にして静かに放すと，おもりはつりあいの位置を中心に振幅 $\dfrac{d}{2}$ で上下に振動した。この場合も棒は点 A ですべらなかった。
(5) 棒と壁の静止摩擦係数 μ が満たしている条件を書け。

解答　Answer No.5

(1) $d = \dfrac{mg}{k}$　　(2) $T = \dfrac{M+2m}{2\sin\theta} g$　　(3) $F = \dfrac{1}{2} Mg$

(4) $N = \dfrac{M+2m}{2\tan\theta} g$　　(5) $\mu \geqq \dfrac{M}{M+m} \tan\theta$

解説

(1) これは簡単，いつものつりあいです。
$kd = mg$　∴　$d = \dfrac{mg}{k}$

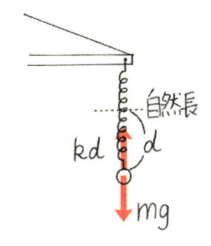

(2)(3)(4) 棒にかかる力を全部描いておきましょう。

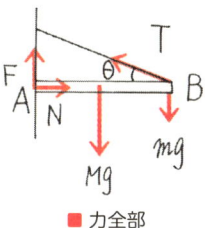

まずは力のつりあいから
$\begin{cases} 水平方向：N = T\cos\theta & \cdots ① \\ 鉛直方向：F + T\sin\theta = (M+m)g & \cdots ② \end{cases}$

未知数は N, F, T の3つ，式がもう1つ必要ですね。棒は回転しない

…そう！　モーメントのつりあいです。モーメントの中心を点Bにとりましょう。

$$\left(\frac{1}{2}L\right)Mg = LF \cdots ③$$

さあ，③式より $F = \frac{1}{2}Mg \cdots$ (3) の答

Fを②式に代入して $T = \frac{M+2m}{2\sin\theta}g \cdots$ (2) の答

あとは①式より $N = \frac{M+2m}{2\tan\theta}g \cdots$ (4) の答

未知数の数と式の数をいつもチェックしながらいこう。大切なのは方針だぞ〜！

(5) バネの振動で，点Bにかかる力がmgでなくバネの長さによって変化します（mgとなるのはつりあってるときだけ）。当然，張力なども変化するハズ…だから難しい！

求めたい条件は，滑らない→最大摩擦力（耐える力ですよ）が棒を上に引っ張る力より大きいということ。条件を式で書くと

$$F \leqq \mu N \cdots ④$$

つまり，この問題はまずFとNを求めろということなんだ！

まず，モーメントのつりあいの式は点Bを中心に考えて

$$\left(\frac{1}{2}L\right)Mg = LF$$

あれ!?　これ見たことありますね。そう，③式と同じです。ということは，Fはさっきのと変わらずそのままなのだ〜！

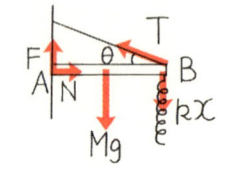

　　$F = \frac{1}{2}Mg$　Fは一定ですね。

力のつりあいの2式は，バネの自然長からの伸びをxとして，バネの力kxを考えて

$$\begin{cases} N = T\cos\theta \\ F + T\sin\theta = Mg + kx \end{cases}$$

F はすでに分かっていますね。$F = \dfrac{1}{2}Mg$

さあ，3式よりFを代入，Tを消してNを求めると

$$N = \left(\dfrac{Mg}{2} + kx\right)\dfrac{\cos\theta}{\sin\theta}$$

ごちゃごちゃしてきたのでちょっと方針を確認！ やりたいことは④の$F \leq \mu N$を書くことですよ。FとNを求めたのはそこです。

Fは一定ですがNはxの関数です。

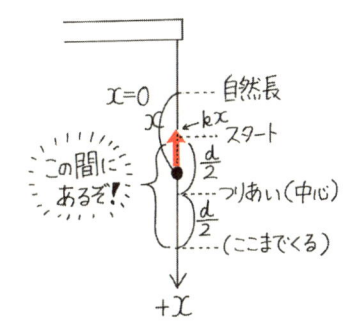

xの範囲は $\dfrac{d}{2} \leq x \leq \dfrac{3d}{2}$ であることに注意して……④のすべらない条件を満たすのは，一番滑りやすいときでも滑らなければOK！ 一番滑りやすいのは，Fが一定ですから垂直抗力が最小のとき → xが最小のとき → おもりが一番上にあるとき → $x = \dfrac{d}{2}$ のときでも滑らなければいいんだ〜！ というので，そのときのバネが棒を引く力は$k\left(\dfrac{1}{2}d\right) = \dfrac{1}{2}mg$ですね（$x = \dfrac{d}{2}$のときです。アンド$kd = mg$でしたね）。代入して$N$を求めると

$$N = \dfrac{g}{2}(M+m)\dfrac{\cos\theta}{\sin\theta} = \dfrac{M+m}{2\tan\theta}g$$

さあいよいよ最後です！ ④式にF, Nを入れてまとめると

$$\mu \geq \dfrac{M\tan\theta}{M+m}$$

大変でしたね。でも，(5) のストーリーの流れ…何を知りたい，だから何を求める…これをしっかり感じとって，しっかりつかむんだ！ そうすればこのくらいは決して難問でもなんでもなくなるぞ〜！ 感じてつかめ〜!!

第1章 4講 仕事とエネルギー

　今までは時間とともに物体がどういうように運動していくか（$x(t)$や$v(t)$のこと）を調べていったのですが，ここではちょっと見方を変えてみましょう。運動の"前"と"後"で変わっていないもの（保存量）に注目するのです！この保存の考えを知っていれば，運動の途中経過がよく分からないものでも最終結果は予測できるようになるんだね。やっぱ未来が分かるんだ〜！

　さあ，ここでは偉大な保存則の第1弾！ エネルギーの考えを完璧にマスターするぞ〜！

　エネルギーの考えに行く前に，まずその元となる概念，"仕事（Work）"からスタートです。仕事とは何かをしっかりとらえるんだ！

★ 仕事

物体に大きさ F の一定の力が働いて力の方向に距離 x だけ移動したとき，その力がした仕事 W [J] は
$W = Fx$ 　［まっすぐ動く場合］

一定の力のみ

仕事の単位
[N][m] = [Nm] = [J]ジュール

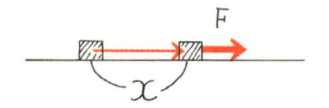

第1章 4講 仕事とエネルギー

@IMAGE 動いてはじめて仕事をするんだ〜！

仕事って言葉は日常の生活でもよく使うけど物理の仕事は全く意味が違うぞ！ 式を見ると，いくら力をかけても（Fが大でも）動いてなけりゃ（$x=0$）仕事なんかしないね。物理では動いてはじめて力が仕事をするんだ〜！

@IMAGE 注意！ ここでの力Fは一定！

さらにこの式は，何と力Fが一定のときだけしか使えません！ 例えばバネを伸ばしたときのように力の大きさが変わる場合にはアウト！ 重力mgのように一定の力のときだけしか使えないのです。

では力が一定でない場合の仕事はどうするか？…後の"弾性エネルギー"のところでやりますね。

★ 仕事…（斜めの場合）

力Fと変位xのなす角がθの場合の仕事は
$$W = Fx\cos\theta \quad [斜めに引く場合]$$

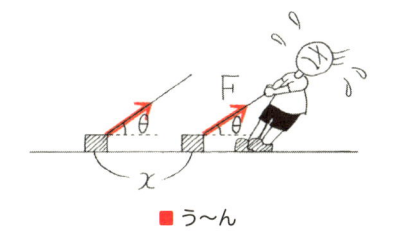

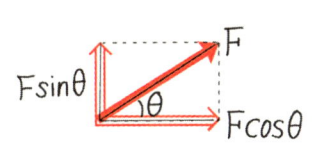

■ う〜ん

@IMAGE　"役にたつ"力だけが仕事をするんだ！

　斜めに引く場合です。ここでは力 F を水平方向，鉛直方向に分けて考えましょう。先の図の上に引いている力の成分 $F\sin\theta$ は物体の動き（右に動いている）に全く役にたってない…というので無視！　仕事を求めるには物体の動きに"役にたっている成分"の $F\cos\theta$ だけに注目するのです。つまり $W = Fx$ の力 F のところを $F\cos\theta$ にすればOK!　$W = Fx\cos\theta$ です。

　ここでの $\cos\theta$ …これは力のうち"役にたっている"成分をきちっと考えれば，かってに出てきますね。というので $\cos\theta$ が入っている $W = Fx\cos\theta$ を公式とか言って覚えたりしないこと！　図の角度 θ を上の方にとると式は $\sin\theta$ になるでしょう。角度の取り方で $\sin\theta$，$\cos\theta$ なんてすぐ変わるんだ。

　叩き込むのは『$W = Fx$（F は"役にたってる"力だ〜！）』…これだね！

　実は上の式の形は見たことあるでしょう。そう，ベクトルの内積です！ $W = Fx$ は内積を使って　$W = \vec{F} \cdot \vec{x}$ という具合に書けます。内積の意味がしっかり分かってる人には上で言った"役に立つ"という意味はあたりまえのことですね。分かってなかった人は，逆に数学でやった内積の物理的な意味が分かったでしょう！　"役に立つ"や，下の"正負"をしっかり見てつかんでいこうね。こうやって数学や物理の概念を君自身で拡げていくことがこれからも大切になってくるよ！

@IMAGE　仕事の正負

　ところで仕事には正，負があります。先の式でいうと $\cos\theta$ で決まるのですが…ここでちゃんと正負の違いを頭の中で描けるようにまとめておきましょう。式の $\cos\theta$ にこだわってばかりいると大切な仕事のイメージができませんよ。

　さあ，次の図を順に見ながらいくぞ〜！　図の x が物の動く方向だよ。

第1章 4講 仕事とエネルギー

- 力を加えた方向に，斜めでもいいから動けば $W>0$
  　　　　　　（つまり役にたっている）
- 加えた力と動いた方向が垂直なら $W=0$
  　　　　　　（つまり何の役にもたっていな〜い）
- 力の方向とは逆に，斜めでもいいから動けば $W<0$
  　　　　　　（こりゃ〜，ジャマしているんだ）

という感じです。仕事のプラス，ゼロ，マイナス…役にたっている，いない，ジャマしてる〜！…しっかりイメージを膨らまそう。

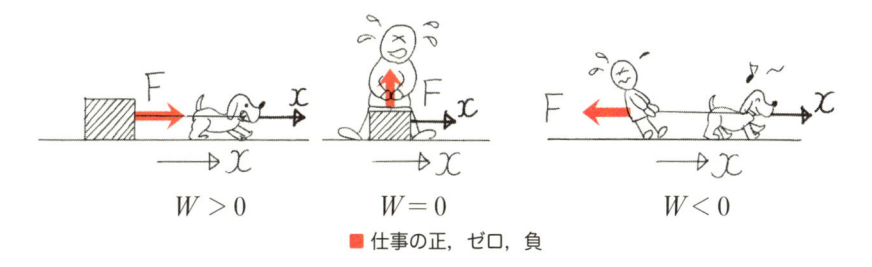

■ 仕事の正，ゼロ，負

@IMAGE　仕事をするのは …"力"だ〜！

$W=Fx$ をもう一度見て下さい！　この式が言っているのは，仕事をするのは，お父さんでもやまぐち君でもありません。仕事をするのは…"力"なんだ〜！ということです。例えば質量 m のものを高さ h 持ち上げる場合を考えてみましょう。このとき力は2つありますね。"手の力"と"重力"！

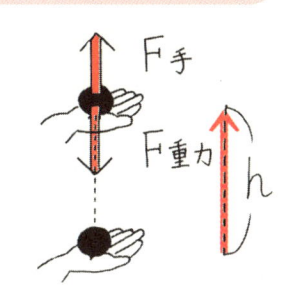

まず"手の力"がやった仕事 $W_\text{手}$ は $W_\text{手}=+mgh$ です（役に立っている…プラス！）。今の問題でもう一つの力"重力"に注目すると，やった仕事は $W_\text{重力}=-mgh$ になります（重力は上に動くのをジャマ！）。

つまり同じ1つの現象でも，どの力に注目するかで仕事は違います。前

に出てきた式 $W = Fx\cos\theta$ も図の"力" F がやった仕事を書いているのです。他の力（摩擦力など）もそれぞれ違う仕事をやってますからね。

次の問題でどの力に注目するのかをチェックしておこう！

Q 4-1 問題 図の物体にかかっている力を全て図示し，物体が右に x 動いたときそれらの力のやった仕事をそれぞれ求めよ。物体の質量を m，ひもの張力を T，動摩擦力の大きさを f' とする。

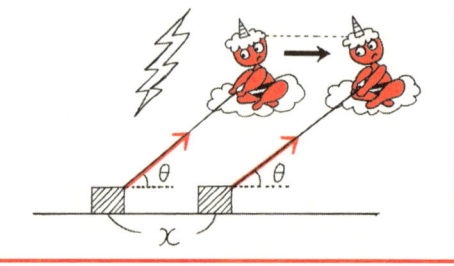

解答 **Answer 4-1**

解説を参照。

○ 解説

まず力は下の図のようにかかりますね。重力や垂直抗力は，右に動くという物体の動きに"役にたって"いませんね。摩擦力はジャマしてるぞ〜。

というので，まず正，負，ゼロをジャッジして，次は役に立っている成分を取り出すんだね。次のようになります。

重力　：0　　　垂直抗力：0
張力　：$Tx\cos\theta$ …役にたっているやつ（成分）だけ！
摩擦力：$-f'x$ ……じゃましている〜！

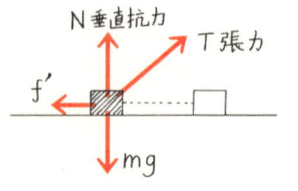

次に仕事に関してもう1つの概念…仕事率もやっておきましょう。これは後で電気分野の"電力"などにも使う大切な考えです！ 仕事と仕事率…よく似ている2つの違いを完璧にしておこう！

第1章 4講 仕事とエネルギー

⭐ 仕事率

単位時間当たりの仕事のこと。$t\,[\mathrm{s}]$ の間にやった仕事を $W\,[\mathrm{J}]$ とすると，仕事率 $P\,[\mathrm{W}]$ は

$$P = \frac{W}{t} = Fv \quad 単位：[\mathrm{J/s}] = [\mathrm{W}]\,ワット$$

@IMAGE 仕事率とは"効率（こうりつ）"だ～！

同じ仕事でも（短い時間で）パッとやる人は仕事率が大きい（分母の t が小さい）。ダラダラと時間がかかる人は仕事率も小さい（t が大きい）。…つまり，仕事率とは"効率"みたいなものですね。仕事率を英語で言うと Power（パワー）です！ 力（Force）と間違わないように！

@IMAGE 式の出し方&使い方！

式の最後の部分は $P = \dfrac{W}{t} = \dfrac{Fx}{t} = F\dfrac{x}{t} = Fv$ と求められますが…使うときは注意がいっぱい！

まず $W = Fx$ は力 F が一定のときだけしか使えない式でしたね。また $v = \dfrac{x}{t}$ は等速運動の式です。

つまり $P = Fv$ は，力 F が一定，かつ $v =$ 一定（等速）のときしか使えないという制限のきつい式です。

ただし，ある時刻の"瞬間の仕事率"を求めるときは $P = Fv$ を使って OK！ 問題ではこっちを求めることの方が多いですね。

さあ，仕事や仕事率の概念が見えてきたところで，ここからはエネルギーの考えです。日常生活でもよく使うエネルギーは，ここでやった仕事によっ

てきちんと定義されています。今まで漠然と使っていたエネルギーの正しい世界に突入するぞ〜！

★ エネルギー

物体がそれにかかる力によって仕事をすることができる潜在的な能力があるとき，エネルギーを持つという。
例えば物体が高い位置にあるときや速度を持って運動しているとき，またバネが伸びている場合などは，将来仕事ができる…つまりエネルギーを持っている。

@IMAGE 過去&未来

エネルギーと仕事の違いとは何か？…厳密には難しいところですが，仕事は「力が3[J]の仕事をした」というように，すでにやってしまったこと…"過去形"なんですね。それに対して「やまぐちは6[J]のエネルギーを持っている」というのはこれからやるぞ〜！ つまり…"未来形"。
　エネルギーとは将来やることができる仕事ということなんだ〜！

★ 力学的エネルギー

エネルギー（仕事をする能力）のうち，特に質量や力の作用に関係している次の3つのエネルギーの和を力学的エネルギーという。

　　位置エネルギー ……$U = mgh$

　　運動エネルギー ……$K = \dfrac{1}{2}mv^2$

　　弾性エネルギー ……$U = \dfrac{1}{2}kx^2$　　単位：[J]ジュール

第1章 4講 仕事とエネルギー

では，3つの力学的エネルギーを1つ1つチェックしていこう！

@IMAGE 位置エネルギー $U = mgh$

高さhにある物体を放すと，この物体に働く重力mgが距離h下に引っ張っていって$+mgh$の仕事をすることができますね。つまり，そこに位置しているだけで重力が仕事をする能力があるぞ！ というので，重力の位置エネルギーといってるわけです。

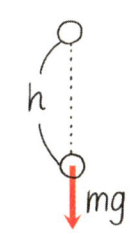

位置エネルギーは負にもなります。

位置エネルギーには基準（ここがゼロで，ここから測るぞという点）が必要です。基準の取り方によっては値も変わるし，負になることもあります（図を見りゃ～すぐに分かるね！）。必ず基準をかいて使うように！

■基準で変わるぞ！ 位置エネルギー

@IMAGE 弾性エネルギー（一定でない力の仕事…大切だ～！）

（$F-x$グラフの面積で$U = \dfrac{1}{2}kx^2$を導くぞ～！）

伸びている（縮んでいる）バネは縮もうとして（伸びようとして）物体に

力を及ぼして仕事をします。このバネが仕事をする能力を弾性エネルギーといいます。

ところで仕事の定義式の $W=Fx$ は，力 F が一定のときしか使えない式でしたね。バネの場合は伸ばしていくと力が大きくなる … 力が一定でない→よって上の式はアウトなのだ〜！

…それでは力が一定でないときはどうするか？

ここで $F-x$ グラフに注目です！ F が一定のとき，仕事は式では $W=Fx$ ですが，グラフを見ると…どうです！ 図で表した"面積"になっているでしょう。そう！ 仕事は $F-x$ グラフの面積に対応しているんだ！

F が一定のときは長方形の面積〜（左図）！ バネの場合は（右図）三角形ですね。面積は $W=\dfrac{1}{2}Fx=\dfrac{1}{2}kx^2$ …どうです！ バネに $\dfrac{1}{2}$ が付く理由，分かりましたね。

■ $F-x$ グラフ

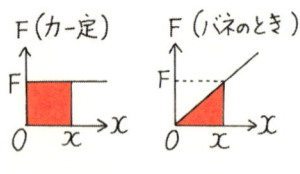

@Advanced 仕事を積分で書く！

ところで面積といえば…数学のできる人はパッとくるでしょう！ そう，積分で書けるんですね。というので仕事の定義式を定積分を使って書くと
$W=\displaystyle\int_{x_1}^{x_2}Fdx$ です。

以下，バネの弾性エネルギーを積分を使って導いていきますが，積分が分からん人は…完全無視で OK (^^; 俺は分かるぞ〜と思ってる人も，積分範囲や正負に注意して見ていってくださいね！

x 伸びたバネの力が自然長に戻るときやる仕事（これが弾性エネルギーです）は

$$U=W(バネがやる仕事)=\int_{x}^{0}(-kx)dx=\left[-\dfrac{1}{2}kx^2\right]_{x}^{0}=\dfrac{1}{2}kx^2$$

第1章 4講　仕事とエネルギー

バネの力の向きは負の向きなので$-kx$，バネの伸びの変化はxから0なので積分範囲も$\int_x^0 dx$としています。

伸びでなく縮みがxのときも同じ結果になります。正負に気をつけて自分でチェックしておこう！

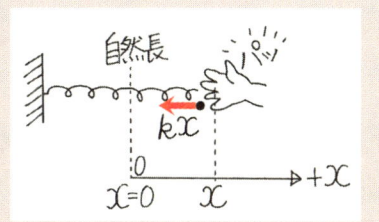

@IMAGE　運動エネルギー $K = \frac{1}{2}mv^2$

最後の力学的エネルギーは運動エネルギーです。

質量を持った物体が運動してると，衝突して物を破壊したり動かしたりして仕事をすることができますね。というので運動してるだけで物体が持ってる仕事をする能力を運動エネルギーといいます。

この式も導いてみるぞ～！　次のような状況を考えてみましょう。

運転の下手なやまぐち君のフェラーリが物体にぶつかって押しながら右に距離x移動して止まったとします。衝突中のやまぐちフェラーリが物体を押す力を一定の力Fとしましょう。当然，作用反作用の考えでフェラーリは左向きに同じ大きさの力Fを受けますね。

さあ，フェラーリの運動方程式は$ma = -F$　∴　$a = -\dfrac{F}{m}$　今Fが一定ですから等加速度運動しますね。等加速度といえば3つの式！　その中で，距離x動いて速度が$v \to 0$…3つ目の時間tが入ってないやつに注目すると

$$0^2 - v^2 = 2\left(-\frac{F}{m}\right)x \quad \therefore \quad \frac{1}{2}mv^2 = Fx$$

右辺の Fx は力 F がやる仕事です。つまり運動してるフェラーリが将来やる仕事 (Fx) は $\frac{1}{2}mv^2$ になるんだ〜！…これが運動エネルギーです！

ここでは力が一定，つまり等加速度の場合で導きましたが，積分の考えを使えば一般の場合も同じです。興味と力がある人はやってみようね！
But! 微積が分からん人は完璧無視だ〜！

では，ここからいよいよ一番大切な考え…エネルギー保存則に入っていきます！

ホゾンということは，変わらないものに注目することで未来のことを予測していこうということなのです。どのように現象を見て，どのように保存則を使っていくか！　…これを完璧に自分のものにするぞぉ〜！　ではGo Go Go〜！

★ エネルギー保存

運動エネルギー K と重力の位置エネルギー $U_{重力}$，弾性エネルギー $U_{バネ}$ の和を力学的エネルギーという。

- 空気の抵抗や摩擦力など（非保存力）が働いていないとき，物体の力学的エネルギー E は常に一定に保たれる（力学的エネルギーの保存）。

    $E = K + U_{重力} + U_{バネ} =$ 一定

- 空気の抵抗や摩擦力などの非保存力があるときは
    （非保存力のした仕事）＝（力学的エネルギーの変化）
    という関係が成り立つ。

第1章 4講　仕事とエネルギー

@IMAGE　保存力〜!??

　先の力学的エネルギーの保存のやり方は，非保存力の仕事がゼロならば力学的エネルギーは保存し，非保存力があるときはその仕事が力学的エネルギーの変化になるということです。

　しかし，"保存力"って何なんだ〜???　次をチェック！

★ 保存力&非保存力

　保存力とは…物体が動いた道筋（経路）によらず，始めと最後の位置だけで仕事が決まるという性質がある力のことです。具体的には重力やバネの力，点電荷による静電気力などがあります（位置エネルギーが定義できる力です）。

　例えば重力の場合，図の左のように鉛直にまっすぐ動かすと仕事はいつもの $W = mgh$。図の真ん中のように動いたときは…微小部分に分けて考えましょう。経路のうち水平に動いているときは重力は仕事をしませんね。結局，鉛直方向に動いているときだけ重力が仕事をする。鉛直に動く距離は全部で h ですね。よって重力のやる仕事は $W = mgh$ とまっすぐ動くのと同じになります。

　もう大丈夫ですね。どういう経路をとろうと重力のやる仕事は同じになります。つまり重力は保存力なのだ〜！

　一方，非保存力とは…その力のやる仕事が物体の動く経路（道筋）によって変わる力です。もうピンとくるでしょう。摩擦力がそうです！　次の図の左のように摩擦のある水平面をまっすぐ動かしたとき，摩擦力のやる仕事は負で摩擦力×距離（図は上から見ています）。右のようにぐにゃぐにゃの経路で行くと距離が長くなるので負の大きい仕事をすることになるでしょ

Part 1　力学分野

う。仕事が経路によって変わってしまう…摩擦力は非保存力です！

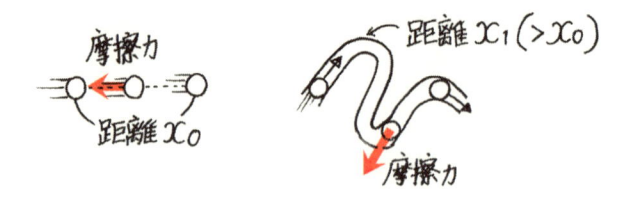

厳密には経路の取り方，つまり積分のやり方（経路積分といいます）で決まるのですが，高校では非保存力といえば"摩擦力"や空気などの"抵抗力"，そして手などのよる外力だけです！ とくに多いのは摩擦力！ 摩擦力といえばすぐ，非保存力だ〜！

Q 4-2 問題 【エネルギー保存の使い方】
（保存力だけ＆非保存力あり…2つの version）
具体的にエネルギー保存を書いてみましょう…。以下の3つをチェックだ！

[1] 物体を外力 $F_{外力}$ で高さ h 持ち上げるぞ〜！
[2] 物体が重力で h だけ自由落下するぞ〜！
[3] 水平に v の速度で運動している物体が摩擦で距離 L 進んで止まってしまったぞ〜！

いつものように物体の質量を m，重力加速度の大きさを g，また動摩擦係数を μ' としてエネルギー保存の式を書け〜！

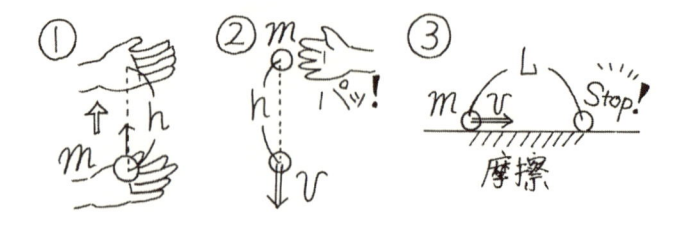

第1章 4講 仕事とエネルギー

解答 Answer 4-2

[1] 非保存力（外力）があるやつ！　外力で物を持ち上げる場合，外力（非保存力）のした仕事 $W_{外力}$ が力学的エネルギー（ここでは位置エネルギーだけ）の変化 mgh になる。変化はいつも「あと－まえ」に注意して
$$W_{外力} = mgh - 0 = mgh　です。$$

[2] ここは保存力だけ！　力学的エネルギーの和は変わりません（保存します）。始めの位置エネルギーと後の運動エネルギーが同じだ。
$$\therefore mgh = \frac{1}{2}mv^2$$

[3] 摩擦は非保存力ですから [1] と同じ考え。摩擦力のやった仕事は $-\mu'mgL$（ジャマしてるので負です！）。これが力学的エネルギー（ここでは運動エネルギー）の変化 $0 - \frac{1}{2}mv^2$ になる（変化は…後－前）。
$$\therefore -\mu'mgL = 0 - \frac{1}{2}mv^2$$

保存力だけ＆非保存力もあり…どっちのversionもカンタンだ～！
え!?　やっぱり保存力とかよく分からんだと～！　という人はすぐ以下を読もう！

@IMAGE　"エネルギーの流れ"をつかめ～

上のがカンタンには思えない，意味不明だ～！　という人は『**エネルギーの流れ**』を式で書いていきましょう。例えば『位置エネルギーが運動エネルギーになった』というようにエネルギーが流れていく感じです。具体的に上の [1] ～ [3] を "流れ" で見ていくと…

　[1] 手のやった仕事が位置エネルギーになった！　という流れで $W_{外力} = mgh$ です！

[2] 位置エネルギーが運動エネルギーに変わっていった！

$$\therefore mgh = \frac{1}{2}mv^2 \text{だ～！}$$

[3] 初めに持っていた運動エネルギーが摩擦による仕事で（熱エネルギーとなって）失われる。

$$\frac{1}{2}mv^2 = \mu' mgL \quad \text{どうだ！}$$

@IMAGE　エネルギー保存のやり方をまとめておくぞ～！

　今までエネルギー保存のやり方をいろいろやってきて，逆にゴチャゴチャしてきた人もいるでしょう。ここで考え方をまとめておきましょう。
　まず"やり方その①"…「流れをつかめ～！」
　位置エネルギーが運動エネルギーになった！…運動エネルギーが摩擦によって失われた！…エネルギーが変化していくのをとらえるんだね。
　"やり方その②"…「非保存力を見つけろ～！」
　非保存力（摩擦力や外力ですね）のやった仕事が力学的エネルギーの変化になるんですね。変化は（あと－まえ）！
　実はもう1つ大切な考え方があります。
　"やり方その③"…「物体にかかる全ての力のやる仕事の和が運動エネルギーの変化になる！」です。
　式で書くと $\sum_{\text{全て}} W = \varDelta\left(\frac{1}{2}mv^2\right)$ …上の文章を読みながら式を見ておこう。
　君達の中にも，このやり方を自分で勉強したり教わったりした人もいると思います。というので確認のためにやり方③で問題4-2を，以下でやっておきますね。

第1章 4講 仕事とエネルギー

■問題4-2：やり方③を練習するぞ～！　さあ，問題のところをもう一度見るべし！

[1] まず「全ての力」…重力と手の外力の2つです。運動エネルギーの変化は，はじめも終わりも止まってるのでゼロ！　式で書くと

$$W_{重力} + W_{外力} = 0 \quad \therefore (-mgh) + W_{外力} = 0$$

さっきのと同じになります！

[2] 力は重力のみ！　$+mgh = \frac{1}{2}mv^2 - 0$　やはり同じ！

[3] 力は重力，垂直抗力と摩擦力です。運動エネルギーの変化は（あと－まえ）に注意して

$$W_{重力} + W_{垂直抗力} + W_{摩擦力} = 0 - \frac{1}{2}mv^2$$

$$\therefore 0 + 0 + (-\mu' mgL) = -\frac{1}{2}mv^2$$

これも同じになりましたね。

　実際やってみて気付いたと思うけど，このやり方③の特徴は…"位置エネルギー"という考え方がありません。実際に力がやった仕事だけで未来の様子が分かってしまうのです。

@IMAGE　自分がしっかり納得できるやり方でいけ～！

　エネルギー保存の考え方は"流れ"のやり方でも，保存力＆非保存力を考えても，全てに力がやった仕事を考えても…自分できちんと頭の中でイメージできるやり方でやっていけばOK！　この本では基本的に"流れ"でとらえていきますが，どっちにせよ，自分自身でしっかりと理解できる言葉でストーリーをつかんでいくんだ。自分がつかんでさえいればどんなものでもクリエイティブにアイデアが出てきます。自信を持ってどんどんいこう～！

@Advanced エネルギー保存をもっと体系的に理解しよう！

（ここはムズいです！　微積もボカスカ使っていきますから，自信がない人はすぐに問題4-3へワープせよ！）

エネルギー保存を運動方程式から導いてみよう！

質量 m の物体に力 F がはたらくとき，運動方程式は $ma = m\dfrac{dv}{dt} = F$ ですね。

ここで両辺に $v = \dfrac{dx}{dt}$ をかけて時刻 t で積分してやります。積分範囲は $t_0 \to t$ として，時刻 t_0，t のときの速度をそれぞれ v_0，v としておくと

$$\int_{t_0}^{t} mv\dfrac{dv}{dt}dt = \int_{t_0}^{t} vF dt$$

まず左辺…積分変数を $v_0 \to v$ と置き換えると次のようになります。

$$左辺 = \int_{t_0}^{t} mv\dfrac{dv}{dt}dt = \int_{v_0}^{v} mv\,dv = \left[\dfrac{1}{2}mv^2\right]_{v_0}^{v} = \dfrac{1}{2}mv^2 - \dfrac{1}{2}mv_0^2$$

つまり運動エネルギーの変化のことですね。

次は右辺は

$$右辺 = \int_{t_0}^{t} vF dt = \int_{t_0}^{t} F\dfrac{dx}{dt}dt = \int_{x_0}^{x} F dx$$

ここで時刻 t_0，t のときの位置をそれぞれ x_0，x としています。この最後のは力 F のやった仕事を積分で書いたやつだね！　ちなみに力 F は物体にかかる全ての力です。

さあ，右辺&左辺あわせると　$\underset{全ての力の仕事}{\sum W} = \Delta\left(\dfrac{1}{2}mv^2\right)$

この式の言ってることは，力（すべて）のやった仕事が，運動エネルギーの変化（後−前）になるぞ〜！…つまり，やり方③のことじゃないか〜！やり方③は運動方程式から直接，導かれるものなんですね。ここではまだ位置エネルギー（一般にはポテンシャルエネルギーといいます）という概念はありません。

さて次は左辺の仕事を保存力によるものと非保存力によるものに分けてやりましょう。

$$\underset{全ての力の仕事}{\sum W} = \underset{保存力の仕事}{\sum W} + \underset{非保存力の仕事}{\sum W}$$

第1章 4講 仕事とエネルギー

保存力として重力とバネの弾性力の2つを考えると

$$\sum_{\text{全ての力の仕事}} W = W_{\text{重力}} + W_{\text{バネ}} + \sum_{\text{非保存力の仕事}} W$$

となります。

ここでいよいよ保存力による位置エネルギー U を導入しましょう。このとき $W_{\text{重力}} = -\Delta U_{\text{重力}}$, $W_{\text{バネ}} = -\Delta U_{\text{バネ}}$。位置エネルギーは将来できる仕事, Δ 変化は (後 − 前) ということに注意するとあたりまえだね！

以上のことを移項してまとめると

$$\sum_{\text{非保存力の仕事}} W = \Delta\left(\frac{1}{2}mv^2 + U_{\text{重力}} + U_{\text{バネ}}\right)$$

ここの右辺は力学的エネルギーの変化だね。そう！　これがやり方②なんだ！

さらに非保存力 (摩擦力などですよ) がない場合は左辺がゼロで

$$0 = \Delta(\text{力学的エネルギー})$$

力学的エネルギーの変化がゼロ…保存するんだね！　これがやり方①の基礎になっている考え方です！

どうでしたか！　エネルギー保存則全体の考えが展望できたかな？
　まず運動方程式から直接やり方③「全ての力の仕事が運動エネルギーの変化に！」が導かれ, さらに位置エネルギーを導入することで「非保存力の仕事が力学的エネルギーの変化！」…やり方②とまとめられ, 特別に非保存力が無いときは「力学的エネルギーは変わらないぞ〜！」となっていくんだね！
　こういった全体像, 法則の位置関係が見えていると, より深く＆楽しく現象や問題を見ていけますよ。これで君も"エネ保存男 (女)"だ〜!?

ちょっとムズい話が続いたので, 基本にかえってエネルギー保存の具体的なやつを次のでチェックしておこう〜！　"流れ"の方法 (やり方①) で説明していきますが, 君がよく見えている, 分かっているやり方でOK! どんどんいこう!!

Q 4-3 問題 【離れて，ジャンプだ〜！】

一端が床に固定され，他端に質量 m の板が取り付けられたバネがある。板の上に同じ質量 m のやまぐち君が乗ったところ，バネは自然長から x_0 縮んで静止した。
バネは鉛直方向のみに運動するものとする。重力加速度の大きさを g とし以下の問いに答えよ。

(1) このバネのバネ定数 k を求めよ。

さらに板を $2x_0$ 押し下げて静かに放した。その後，バネが自然長になったときにやまぐち君は板から離れて飛び出した。

(2) バネが自然長になったときの板とやまぐち君の速さ v_0 はいくらか？

(3) やまぐち君がジャンプした後の自然長から測った彼の達する最高点の高さ y_m を求めよ。

(4) 離れてから最高点に達するまでの時間 t_m はいくらになるか？

解答 Answer 4-3

(1) $k = \dfrac{2mg}{x_0}$ (2) $v_0 = \sqrt{3gx_0}$

(3) $y_m = \dfrac{3}{2}x_0$ (4) $t_m = \sqrt{\dfrac{3x_0}{g}}$

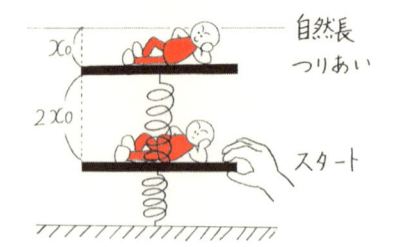

解説

(1) いつものつりあいですね。図にはバネの自然長を必ず描くこと！

$$(2m)g = kx_0 \quad \therefore k = \dfrac{2mg}{x_0}$$

第1章 4講 仕事とエネルギー

(2) エネルギー保存だ～！　位置エネルギーの基準を一番下に取りましょう。図を見ながらエネルギーの流れを書くんですよ。バネの持ってたエネルギーが運動エネルギーと位置エネルギーになったんだ～…という流れです。

$$\frac{1}{2}k(x_0+2x_0)^2 = \frac{1}{2}(2m)v_0^2 + (2m)g(x_0+2x_0) \quad \therefore v_0 = \sqrt{3gx_0}$$

(3) 最高点ですね。いつもの式（忘れてないだろうな！）。

$$y_m = \frac{v_0^2}{2g} = \frac{3}{2}x_0$$

(4) これも最高点で一発！　　$t_m = \dfrac{v_0}{g} = \sqrt{\dfrac{3x_0}{g}}$

どうです，みんな簡単だったでしょう。君もかなり力がついてきてるんだ～！

Q 4-4 問題　【摩擦があるときのエネルギー保存】

図のようにバネ定数 k のバネの左端を壁に固定して，他端に質量 m の物体Pを押しつけて自然長より a だけ縮めた状態にしておく。バネの自然長の位置Aより左側は摩擦が無く，右側では摩擦がかかる。物体Pと床との動摩擦係数を μ としておこう。

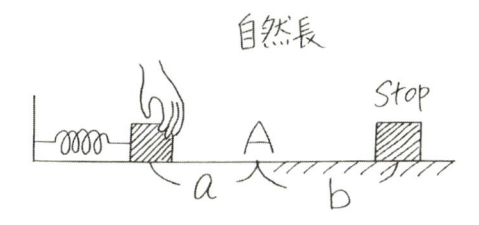

(1) 物体Pを静かに放すと自然長の位置AでPはバネから離れた。このときのPの速さ v はいくらか？
(2) Pは摩擦のある床上を距離 b だけ滑って止まった。b を求めよ。

解答

Answer 4-4

(1) $v = a\sqrt{\dfrac{k}{m}}$ (2) $b = \dfrac{ka^2}{2\mu mg}$

解説

(1) バネのエネルギーが運動エネルギーになるんだね。

$$\frac{1}{2}ka^2 = \frac{1}{2}mv^2 \quad \therefore v = a\sqrt{\frac{k}{m}}$$

(2) 今度は運動エネルギーが摩擦による仕事で失われます（熱に変わるのです）…という流れを書くと

$$\frac{1}{2}mv^2 = \mu mgb \quad \text{これに}v\text{を代入して} \quad b = \frac{ka^2}{2\mu mg}$$

エネルギーが移り変わっていく⇒"流れ"をつかむのですよ。弾性エネルギーが運動エネルギーに，さらに摩擦の熱エネルギーに…大切なのは流れです！

★ おまけ……保存則と時間

@IMAGE ウォーター・スライダーで競争だ〜！

問題です。図のようにウォーター・スライダーのコースが2つ並んでいます。コースAとBから同時に滑り始めましょう。さあ，A君，B君のどちらが早く下に着くかな？

例によって摩擦や抵抗などは無いとして考えてくださいね。

第1章 4講 仕事とエネルギー

解答　A君が短い距離を行くので早く着く！…と思った君！　アサイアサイ。

　確かにAが短い距離を行きます。でも，B君はパッと下に降りるのでエネルギー保存で，あっと言う間に速くなるでしょう。距離は長いが速いB…短い距離だが遅いA…結局これだけではどっちが先に着くかは今の段階では分かりません。

　"どういう道筋を通っていくと一番早いか？"というのは，昔，懸賞問題として世界の学者が考えた問題なのです。難しいわけだ！　大学で解けるようになろう～！

　でも君たちにも分かってほしいのは…エネルギー保存を用いると下に着いたときの速さは決められますね。でもエネルギー保存では"時間"は決められないのです。保存則は"はじめ"と"あと"しか見てなくて途中のことは全く知らないので当然ですね。

結論：「時間を求めろ！」があったら→「保存則はダメ」なんだ！
(時間を求めることができるのは，当然，時間 t が入っている式を使うときだけです。具体的にはすでにやった等速や等加速度の運動，後でやる円運動や単振動などに時間 t の式がありますね。「時間を求めろ！」はこいつらでやっつけろ～！)

☑ **この講はこれで end です。次の問題で実力をチェックだ～！**

Q まとめの問題　No.1

図のように質量が m, M の物体 P, Q が軽い糸でつながれて滑車にかけられている。摩擦や抵抗などはないとしよう。また重力加速度の大きさを g とする。

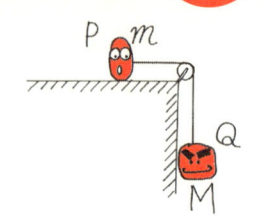

(1) P, Q を静かに放そう。Q が鉛直下向きに距離 L だけ落下したときの速さ v はいくらか？

(2) P に図の左向きの初速度 v_0 を与えた。糸はたるまずに運動したとすると、はじめの位置から静止するまでに P が移動した距離 x_0 はいくらか？

(3) P が動きはじめてから静止するまでの時間 t はいくらか？

解答　Answer No.1

(1) $v = \sqrt{\dfrac{2MgL}{M+m}}$　　(2) $x_0 = \dfrac{M+m}{2Mg} v_0^2$　　(3) $t = \dfrac{(M+m)v_0}{Mg}$

解説

(1) 力学的エネルギー保存でやってみましょう（運動方程式から等加速度運動としてもできますよ）。Q の位置エネルギーが P ＆ Q（一体です）の運動エネルギーになります。

$$MgL = \frac{1}{2}(M+m)v^2 \quad \therefore v = \sqrt{\frac{2MgL}{M+m}}$$

第1章 4講 仕事とエネルギー

(2) 今度は一体の運動エネルギーが位置エネルギーになりますね。

$$\frac{1}{2}(M+m)v_0^2 = Mgx_0 \quad \therefore x_0 = \frac{M+m}{2Mg}v_0^2$$

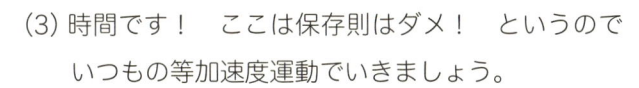

(3) 時間です！　ここは保存則はダメ！　というのでいつもの等加速度運動でいきましょう。

運動の向きを正にとって，加速度をa，張力をTとして，運動方程式は

$$\begin{cases} P : ma = -T \\ Q : Ma = T - Mg \end{cases}$$

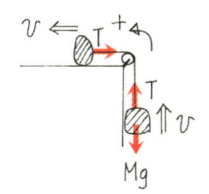

未知数はaとT。Tを消して（2式をたせばOK！）

$$\therefore a = -\frac{M}{M+m}g \quad \text{一定ですね。等加速度運動です。}$$

止まる時間を求めるので$v = v_0 + at$より（式を選んでいるか〜？）

$$0 = v_0 - \frac{M}{M+m}gt \quad \therefore t = \frac{(M+m)v_0}{Mg}$$

簡単でしょう〜！

Q まとめの問題　No.2

図のように摩擦のない水平面と斜面を接続し，左端にバネ定数kのバネを固定し，質量mの小球Pを押しつけてaだけ縮めておく。小球Pを静かに放すと，バネの自然長の位置でバネから離れて，点Bをなめらかに通過して斜面を上がり，点Cから飛び出した。重力加速度の大きさをg，点Cの地表からの高さをh，斜面の傾きを45°として以下の問いに答えよ。

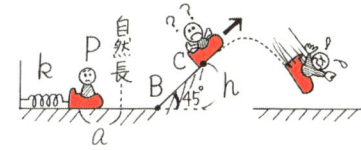

(1) 小球がバネから離れたときの速さ v_0 を求めよ。

(2) 小球が点Cに達したときの速さ v_c を v_0 を用いて書け。

(3) 小球が点Cから飛び出すための，はじめのバネの縮み a の条件を求めよ。

(4) 小球の達する最高点の地表からの高さ y_m を求めよ。

解答　　　　　　　　　　　　　　　Answer No.2

(1) $v_0 = a\sqrt{\dfrac{k}{m}}$　　(2) $v_c = \sqrt{v_0^2 - 2gh}$

(3) $a > \sqrt{\dfrac{2mgh}{k}}$　　(4) $y_m = \dfrac{h}{2} + \dfrac{v_0^2}{4g}$

解説

(1) エネルギー保存…バネの弾性エネルギーが運動エネルギーになります。

$$\frac{1}{2}ka^2 = \frac{1}{2}mv_0^2 \quad \therefore v_0 = a\sqrt{\frac{k}{m}}$$

(2) またエネルギー保存！ （運動エネルギー）⇒（点Cの運動エネルギー＋位置エネルギー）という流れです。

$$\frac{1}{2}mv_0^2 = \frac{1}{2}mv_c^2 + mgh \quad \therefore v_c = \sqrt{v_0^2 - 2gh}$$

(3) エネルギー保存は $\dfrac{1}{2}ka^2 = \dfrac{1}{2}mv_c^2 + mgh$　ここで点Cから飛び出すためには $\dfrac{1}{2}mv_c^2 > 0$ のハズ！

$$\therefore \frac{1}{2}ka^2 - mgh > 0 \quad よって \quad a > \sqrt{\frac{2mgh}{k}} \text{です。}$$

(4) 斜め投げ上げの最高点！　投げ上げの初速は $v_c \sin 45°$，点Cからの最

高点の高さ y_0 は $y_0 = \dfrac{(v_c \sin 45°)^2}{2g} = \dfrac{v_0{}^2 - 2gh}{4g}$ ですが…求めるのは地表からです！

$$\therefore y_m = h + y_0 = \dfrac{h}{2} + \dfrac{v_0{}^2}{4g}$$ ですね！

Q まとめの問題　No.3

角度 θ の斜面の上端にある支点に，バネ定数 k のバネの一端を取り付け，他端に質量 m の物体をつないでおく。自然長の位置を点Oとしよう。

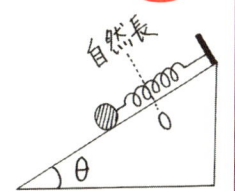

【A】斜面と物体の間に摩擦がない場合。

(1) 物体のつりあいの位置を，点Oから距離 x_1 で求めよ。

(2) 点Oから静かに物体を放したとき，物体が達する最下点の位置を点Oから距離 x_2 で求めよ。

【B】斜面と物体の間に摩擦がある場合。静止摩擦係数を μ，動摩擦係数を μ' とせよ。

(3) 点Oから静かに物体を放したとき，物体が滑り出すための斜面の角度 θ の条件を書け。

(4) 上の条件を満たしているとして，物体が斜面を滑り落ちているときに，物体の加速度がゼロとなる位置がある。その位置を点Oから距離 x_3 で求めよ。

(5) 同じく条件を満たしているとき，点Oから静かに物体を放して，物体が達する最下点の位置を点Oから距離 x_4 で求めよ。

解答　Answer No.3

(1) $x_1 = \dfrac{mg\sin\theta}{k}$　　(2) $x_2 = \dfrac{2mg\sin\theta}{k}$　　(3) $\mu < \tan\theta$

(4) $x_3 = \dfrac{mg(\sin\theta - \mu'\cos\theta)}{k}$　　(5) $x_4 = \dfrac{2mg(\sin\theta - \mu'\cos\theta)}{k}$

解説

(1) いつもの斜面方向の力のつりあいです。

$$kx_1 = mg\sin\theta \quad \therefore x_1 = \dfrac{mg\sin\theta}{k}$$

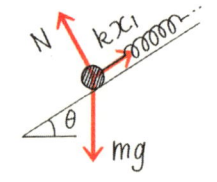

(2) エネルギー保存です。$mgx_2\sin\theta = \dfrac{1}{2}kx_2{}^2$ ですから　$\therefore x_2 = \dfrac{2mg\sin\theta}{k}$

…(1)のつりあいのときの x_1 の2倍ですね。

(3) 滑り出す…といえばギリギリのこと！ ⇒ 最大静止摩擦力 $F_{\max}$（耐える力）よりも下向きに引っ張る力の方が大きいことです。図にきちんと力を描き込んで，それを見ながら式は

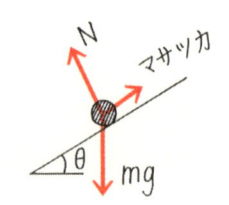

$$mg\sin\theta > F_{\max} = \mu mg\cos\theta \quad \therefore \mu < \tan\theta$$

(4) 加速度がゼロ⇒合力がゼロのこと（つりあいです）！

$$mg\sin\theta = kx_3 + \mu' mg\cos\theta \quad \therefore x_3 = \dfrac{mg(\sin\theta - \mu'\cos\theta)}{k}$$

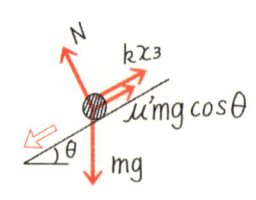

(5) エネルギー保存の摩擦（非保存力）の入ったやつですね。

位置エネルギー⇒バネの弾性エネルギー＋摩擦による仕事（熱）…この流れです。

$$mgx_4 \sin\theta = \frac{1}{2}kx_4^2 + \mu' mg\cos\theta \cdot x_4$$

ここで $x_4 \neq 0$ に気をつけて解くと

$$\therefore x_4 = \frac{2mg(\sin\theta - \mu'\cos\theta)}{k}$$

どうでしたか？　ちなみにこれは東大の過去問からです＼(◎o◎)／！！でもちょっと複雑になってきただけで，今までやったことだけで完璧にできるでしょう。さあ，君もいよいよ本物の"戦闘民族"になってきたぞ～！

第1章 5講 運動量と衝突

　エネルギーに続く保存則の第2弾…運動量versionです。エネルギー保存に対して，物体の衝突に関する現象で威力を発揮します。物体が衝突したり分裂するときに変わらない，保存するものをチェックすると，その前後の様子がわかるんだ！　未来が予測できるんだ！　でも保存則ですから時間は決められません…。

　では，運動量とは何か？　からスタートです！　Let's Go!

★ 運動量

質量 m の物体が速度 $\vec{v}$ で運動するとき，この物体の持つ運動量 $\vec{p}$ [kgm/s] は
$$\vec{p} = m\vec{v}$$
単位：$mv \rightarrow$ [kg][m/s] = [kgm/s]

@IMAGE　運動量って何だろう？

　重いものほど大きい，速いものほど大きい…つまり，物体が運動しているときの"破壊力"を表したものの1つが運動量なんです。

　運動エネルギーも"破壊力"を表す違う量です。2つとも保存するということで非常に役にたつのですね。

　運動量が保存量であることを示す前に，力積という考えからスタートだ！

第1章 5講　運動量と衝突

★ 力積

一定の力 $\vec{F}$ が時間 Δt の間，物体に働いたとき，物体の受ける力積 $\vec{I}$ は

$$\vec{I} = \vec{F}\Delta t \qquad 単位：F\Delta t \to [\mathrm{N}][\mathrm{s}] = [\mathrm{Ns}]$$

@IMAGE　力積と運動量の単位

運動量の単位は[kgm/s]，力積は[Ns]と普通は書きますが，力積の単位を詳しく見ると[Ns]＝[(kg m/s²)・s]＝[kgm/s]…同じですね！単位が同じということはこの2つ，何かあるぞと思った人はすごい！次だ〜！

★ 力積と運動量の関係

物体の受ける力積 $\vec{F}\Delta t$ [Ns] と，その物体の運動量変化には次の関係が成り立つ。

$$\vec{F}\Delta t = m\vec{v'} - m\vec{v}$$

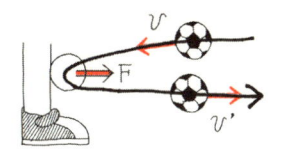

■シュートだ！

@IMAGE　式の意味は？

速度が変わるのは力がかかるからだ！　といってる式です。ちょっと変形すると

$$F = \frac{mv' - mv}{\Delta t} = m\frac{\Delta v}{\Delta t} = ma$$

131

うん!? 見たことあるような…そう，運動方程式ですね！ つまり先の関係式は運動方程式の別の表現法なんです。

運動方程式は"力が分かれば加速度（運動）が分かるぞ！"という意味でしたね。どうです，先の式と同じことを言っているでしょう。

というのでこの関係式は運動方程式から出せる人は覚える必要はありません。やまぐちも頭でぱっと出しています！

@IMAGE 符号に注目！

運動量，力積はベクトルです。というので注意は…正（プラス）の方向をきちんとすること！ 力と同じようにプラスの向きを決めて，それに合わせて正負を付けていくのですよ。さあ，次の例でチェック！

Q 5-1 問題

【蹴れ〜！】
左向きに速さが $20[\text{m/s}]$ で飛んでくる質量が $1.0[\text{kg}]$ のボールを思いっ切り蹴ると，ボールは右向きに速さ $20[\text{m/s}]$ で飛んでいった。ここでサッカーボールの受けた力積はいくらか？ ただし先の図で右を正の方向にとろう。

解答 Answer 5-1

$+40[\text{Ns}]$

解説

$F\Delta t = mv' - mv = 1.0 \times 20 - 1.0 \times (+20) = 0$ …とやってはダメ〜！

まず，プラスの向きを考えるんだ！ 右を正にとっているので，ボールは蹴られる前は $-20[\text{m/s}]$ で飛んでくるぞ！《ボールの受ける力積＝ボールの運動量変化》より，ボールの受ける力積は

第1章 5講 運動量と衝突

$F\Delta t = 1.0 \times 20 - 1.0 \times (-20) = +40 [\text{Ns}]$

ついでに，足の受ける力積といえば，作用・反作用の法則により反対の左向きです。$-40[\text{Ns}]$となります。

"正の向き" & "どの物体が受けるのか"…に特に注意していくんだ！

@IMAGE 車に乗ったらシートベルトを！

力積は運動量変化だという $\vec{F}\Delta t = m\vec{v'} - m\vec{v}$ の関係式では，同じ運動量変化（速度変化）でも変化している時間 Δt が大きいとき…つまり，ゆっくりと速さが変われば受ける力は小さくなりますね。車にシートベルトやエアーバッグがあるのは，このためなんです。Δt を大きくして命を守ってくれているのです。みんなも必ず締めようね。

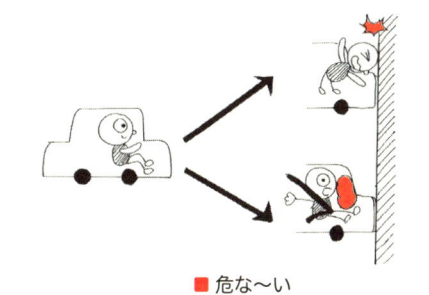

■ 危な〜い

★ 運動量保存

物体系に他から外力が働かないとき，全体の運動量の和は一定に保たれる。これを運動量保存の法則という

$m\vec{v}_1 + m\vec{v}_2 = m\vec{v}_1' + m\vec{v}_2'$

（衝突前）＝（衝突後）

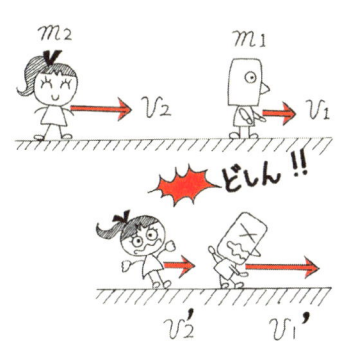

■ ガツーン！（運動量保存）

@IMAGE いよいよ運動量保存の法則を導いてみるぞ！

2つの物体が衝突している最中は，作用反作用で同じ大きさ，逆向きの力がかかります。この力が一定であるとして，その大きさをF，衝突時間をΔtとすると，2つの物体での力積と運動量変化の関係 $\vec{F}\Delta t = m\vec{v}' - m\vec{v}$ を書くと次のようになりますね。

　左の物体では $m_2 v_2' - m_2 v_2 = -F\Delta t$　　力は左向きなのでマイナスです。

　右の物体では $m_1 v_1' - m_1 v_1 = F\Delta t$

というので　　$m_2 v_2' - m_2 v_2 = -(m_1 v_1' - m_1 v_1)$

∴ $m\vec{v_1} + m\vec{v_2} = m\vec{v_1}' + m\vec{v_2}'$

これで運動量保存則が導かれました。

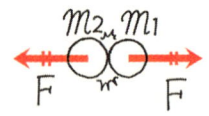

つまり作用反作用の関係を2つの運動に組み込んでいれば，必ず運動量が保存！となるわけです。

上のことの言い方を変えると…「物体系で外力がかからない場合は全運動量は変化しない」…よく教科書なんかで見られる表現になるわけです。

ポイントは作用反作用をちゃんと考えてるかどうか！…これで運動量が保存するかどうか決まるんだ〜！

@IMAGE ベクトルの式です！

ところで運動量保存の式もベクトル（vector）です。ここでベクトル式の意味をはっきりさせておこう。

ベクトル方程式というのはx, y, z方向全ての状況を表しているんだ！つまり

第1章 5講 運動量と衝突

$$\begin{cases} mv_{1x} + mv_{2x} = mv'_{1x} + mv'_{2x} \\ mv_{1y} + mv_{2y} = mv'_{1y} + mv'_{2y} \\ mv_{1z} + mv_{2z} = mv'_{1z} + mv'_{2z} \end{cases}$$

この3式がそれぞれ成り立っているぞ，ということです。面倒なので3式を $\vec{mv_1} + \vec{mv_2} = \vec{mv_1}' + \vec{mv_2}'$ と1個のベクトルの式で書いたのです。つまり，平面上の運動では x, y 方向ともに，保存式が書けます。

例えば x 方向に注目するならその方向の成分の式をバンバン書いていけばOK！　そのときいつものように向きとプラス，マイナスに気をつけるんだ〜！

Q5-2 問題 【アイススケートだ〜！】

スケートリンクを質量 $50\,[\mathrm{kg}]$ のやまぐち君が右向きに $10\,[\mathrm{m/s}]$ の速さでさっそうと滑ってきます。前方からミニスカートの質量 $30\,[\mathrm{kg}]$ の可愛い女の子が左向きに速さ $20\,[\mathrm{m/s}]$ で滑ってきました。危ない！　2人は衝突してしまった。とっさにやまぐち君は女の子に飛び乗った結果，2人は一体となって滑っていった〜！　さあ，衝突後の2人の運動はどうなるかな？

■スケートリンクで

135

解答

Answer 5-2

左向きに 1.25[m/s] の速さ

解説

衝突，合体，分裂…といえば，すぐ運動量保存〜！

プラスの向きを右にとって，一体となった速度 v（どっちに行くのか分からないので正の方向にとりましょう…先の図参照）として

$$50 \times 10 + 30 \times (-20) = (50+30)v \quad \therefore v = -\frac{5}{4}[\text{m/s}]$$

マイナスですから左向きに 1.25[m/s] の速さで仲良く（？）滑っていきます。しかし，女の子のパワーはすごい！

★ はねかえり係数（反発係数）

直線上を2物体が衝突するとき，前後の速度をそれぞれ v_1, v_2, v_1', v_2' とすると，衝突におけるはねかえり係数（反発係数）は

$$e = -\frac{v_1' - v_2'}{v_1 - v_2} \quad (0 \leq e \leq 1)$$

$e=1$ ：（完全）弾性衝突…力学的エネルギーは保存
$0 \leq e < 1$ ：非弾性衝突
$e=0$ ：完全非弾性衝突…一体となって運動

@IMAGE はねかえり係数の意味？

複雑な式ですね。なんか覚えるのも大変そう…。というので式の分子＆

第1章 5講 運動量と衝突

分母をよく見て下さい。

　分母は衝突前，分子は衝突後のようすです。両方とも『(物体1の速さ)－(物体2の速さ)』…こりゃ〜相対速度のことじゃないか？　そう！　はねかえり係数とは，衝突の前後での相対速度の比を使って2物体がどのようにはね返るかを表している式なのです。つまり，一方から見て相手のぶつかった後の速さがぶつかる前の何倍になったか…ということだ〜！

　e が大きいと勢いよくはねかえる。小さいとボソッとはねかえる…こんな感じですね。$e=0$ では一体となっていく…のももう見えるでしょう！

　さらに式にマイナスがついているのはなぜだか分かりますか？　相対運動では，ぶつかる前は近づき（左向き），ぶつかった後は遠ざかる（右向き）…符号が反対になってしまいます（上の図を見よ）。はねかえる勢いをあらわす e が負では気持ち悪い〜！　だからマイナスを付けて正の値にしてるのですね。

　「式が複雑だから覚えるのが大変だ〜！」と言ってた人，どうです？　意味さえ分かっていれば覚えるとかいうレベルではないでしょう。簡単なのだ〜！

■ "見る人"から見たはねかえり

Q 5-3 問題

長さが 20[m] のなめらかな床を持った静止しているバスの中を，20[m/s] の速さで左に滑ってくるやつがいる。左の壁に弾性衝突（$e=1$）してはね返って行った。バスの質量を 200[kg]，"すべり男"の質量を 50[kg] とする。また"すべり男"，バス，道路の間は摩擦は無くなめらかだとしよう。さあ，"すべり男"が左の壁にはね返ってから右の壁にあたるまでの時間はいくらか？

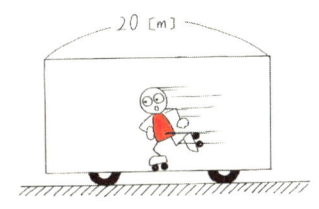

解答

Answer 5-3

1.0[s]

解説

衝突後，バスも動き出します。2つとも動くのでややこしそうですが，はねかえり係数の意味が分かってるなら一発ですよ。$e=1$ということは，ぶつかる前の相対速度と後の相対速度の大きさが同じということでしょう。衝突前のバスから見た"すべり男"の速さは20[m/s]。衝突後も…同じです。バスから見ると20[m]を20[m/s]で運動するのだ〜！　よって

$$t = \frac{20}{20} = 1.0[\text{s}]$$

どうです。見方を変えると一発でしょう！　意味をしっかりとらえて，大きく見ていこう，考えを大きくふくらませていこう〜！　物理がずっと面白くなるよ！

Q 5-4 問題

質量mの小球Aが速さv_0で右方向に運動してくる。静止していた質量Mの小球Bにはねかえり係数eで衝突した。右方向を正の向きとしよう。

(1) 衝突後のA，Bの速度v, Vをそれぞれ求めよ。

(2) 衝突が弾性衝突である場合，衝突後のA，Bの速度v', V'を求めよ。

(3) さらにA，Bが同じ質量とすると衝突後のA，Bの速度v'', V''はいくらか？

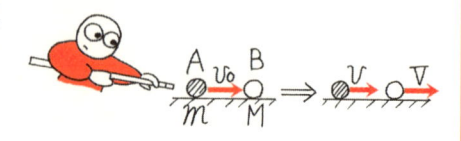

■ビリヤードだ！

第1章 5講 運動量と衝突

解答

Answer 5-4

(1) $v = \dfrac{m-eM}{M+m}v_0$, $V = \dfrac{(1+e)m}{M+m}v_0$

(2) $v' = \dfrac{m-M}{M+m}v_0$, $V' = \dfrac{2m}{M+m}v_0$ (3) $v'' = 0$, $V'' = v_0$

解説

(1) 衝突→トーゼン！ 運動量保存です。衝突後はどっちに進むか分からないので v, V とも正の向きにとっておこう。

$$mv_0 = mv + MV$$

もう一つの式は，はねかえりの式ですね。

$$e = -\dfrac{v-V}{v_0 - 0}$$

2式より $v = \dfrac{m-eM}{M+m}v_0$, $V = \dfrac{(1+e)m}{M+m}v_0$

さあ，結果にも注目！

V はいつも正 ($V > 0$)。つまりぶつけられた M は必ず右方向に飛んでいきます。

それに対してぶつかった方の v は…分子に注目！ ($m-eM$) より，質量によって正負（右左方向）が決まりますね。eM が大きければ後ろに跳ね返され，m が大なら M をぶっ飛ばして進んでいきます。つまり衝突後の運動は，条件による場合分けになりますね。よくつかれるところです。結論！ 式にマイナスがあればいつも注目なんだ～！

(2) 上の結果に $e=1$ を代入だ～！　∴ $v' = \dfrac{m-M}{M+m}v_0$, $V' = \dfrac{2m}{M+m}v_0$

ところで，ここで衝突におけるエネルギーの変化（というか，減少です）ΔE を求めておきましょう。

139

まず(1)のはねかえり係数がeの場合です。減少は(まえ)−(あと)ですね。

$$\Delta E = \frac{1}{2}mv_0^2 - \left(\frac{1}{2}mv^2 + \frac{1}{2}MV^2\right) = \frac{1}{2}mv_0^2\left(\frac{M}{M+m}(1-e^2)\right)$$

計算は面倒だけど頑張って最後の結果までやっておこう！　さあ式を見ると$e=0$のときエネルギーのロスが最も大きく，$e=1$でロスがminimumとなります。minimumのときのΔEは((2)の場合です) 上のに$e=1$を入れればOKですね。∴ $\Delta E = 0$

つまり$e=1$での衝突ではエネルギーの損失が無い！　エネルギーが保存しているのです。上の導き方は一般的ですので，いつでも使えるぞ〜！

(3) (2)の結果に$m=M$として$v''=0, V''=v_0$

$m=M$，$e=1$では衝突で2物体の速度が入れ替わるんですね。これははじめに一方が静止していなくとも一般に成り立ちます。ビリヤードをやったことがある人は体験的に知っているんじゃないかな？　よくあるパターンです。ちょっと頭に残しておくと結構，役に立つぞ〜！

★ 床，壁との衝突

物体が床や壁と衝突する場合は，床や壁は動かないとして考える。
衝突の前後の物体の速さをv, v'とすると，はねかえり係数は

$$e = \frac{v'}{v}$$

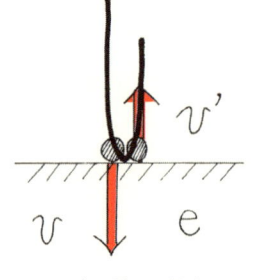

■ 床，壁との衝突

第1章 5講 運動量と衝突

@IMAGE 運動量は保存しないの？

この考えは，当然，近似です。床や壁もほんの少しは動きますからね。でも測れないぐらい小さいので無視します。…だから本当は"正しい運動量保存"は，床，壁との衝突では成り立っていません。使わないように！

@IMAGE マイナスはいらないの？

ところで $e = -\dfrac{v'}{v}$ と書く場合もあります。どう違うのか，分かりますか？ はねかえり係数のマイナスの意味が分かってる人には簡単！ v, v' が速度か，速さか…の違いですね。つまり"向き"と"正負"の問題です。

$e = \dfrac{v'}{v}, e = -\dfrac{v'}{v}$，どっちの式でもかまいません。自分の分かりやすいやり方でいこう。

Q5-5 問題

地表からの高さ h の位置から物体を静かに放した。地表と物体のはねかえり係数を e とする。

(1) 地表に落下する直前の速さ v_0，衝突直後の速さ v_1 はいくらか？ また1回目のバウンドの後，物体が達する最高点の高さ h_1 はいくらか？
(2) 2回目のバウンドで物体が達する最高点の高さ h_2 はいくらか？
(3) n 回目のバウンドの後，物体が達する地表からの高さ h_n を求めよ。

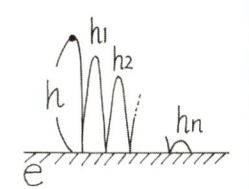

Answer 5-5

(1) $v_0 = \sqrt{2gh}$　　$v_1 = e\sqrt{2gh}$　　$h_1 = e^2 h$　　(2) $h_2 = e^4 h$　　(3) $h_n = e^{2n} h$

解説

(1) 落下直前の速さは，単なる自由落下だ～！　$v_0^2 = 2gh$　∴ $v_0 = \sqrt{2gh}$
　　衝突直後の速さはe倍ですね。よって$v_1 = e\sqrt{2gh}$

　　さあ最高点は$h_1 = \dfrac{v_1^2}{2g} = e^2 h$　e^2倍なんだ。

(2) 2回目に地表と衝突する直前の速さは当然v_1ですね。衝突直後はそのe倍のev_1です。というので最高点h_2は　$h_2 = \dfrac{(ev_1)^2}{2g} = e^4 h$

　　このようにまともにやってもいいですが，よく見るとここはh_1からの自由落下と同じですね。(1)を参考にすると跳ね上がる高さはe^2倍だ。よって$h_2 = e^2 h_1 = e^4 h$　チョロイ！

(3) もう100回目でも10000回目でもカンタン！　1回のバウンドで高さはe^2倍になっていくのだからn回目では$h_n = e^{2n} h$

　ここで無限回バウンドすると$(n \to \infty)$　$0 < e < 1$では$h_\infty = 0$と地表に静止してしまいますね。ただしそれにかかる時間はバウンドは無限回でも無限にはなりませんよ。え!?　っと思った人は後ろのまとめの問題をやるときにチェックだ～！

摩擦のない床に対して，物体が斜めに衝突する場合を考える。はねかえり係数をeとする。
衝突直前の水平，鉛直方向の速度をv_x, v_yとすると，衝突直後の水平，鉛直方向の速度v_x', v_y'は
$$\begin{cases} v_x' = v_x \\ v_y' = ev_y \end{cases}$$

第1章 5講 運動量と衝突

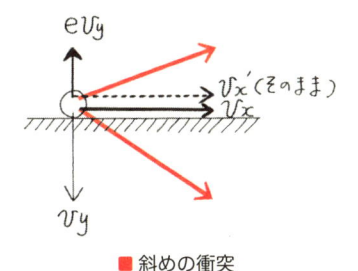

■ 斜めの衝突

@IMAGE 斜め衝突は垂直方向のみ効く！

前の式は「はねかえり係数は垂直方向のみ関係してるぞ〜」と言ってるんですね。

右図を見ればすぐ分かりますね。ぶつかっているときは鉛直 y 方向のみ力を受けているので，y 方向のみ，速度が変わるわけです。

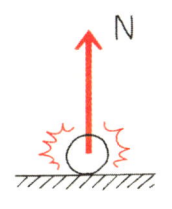

■ マサツ無し

● x（水平）方向

ぶつかっているときは物体に x 方向の力はありませんね。つまり x 方向は等速…速さはそのまんまです。

● y（鉛直）方向

ぶつかっている間，垂直抗力 N を受けるので，y 方向は運動量（速度）が変わります。$e = \dfrac{v_y'}{v_y}$　∴ $v_y' = ev_y$　e 倍になって，普通は（弾性衝突以外は）遅くなります。

まとめると，【摩擦がない】ときは，ボールがバウンドすると角度が小さくなっていくわけです。でも水平方向の速度はそのまま！ 野球の外野の人もゴロを捕るのが大変になってしまいますね〜！

@IMAGE 【摩擦がある】ときの斜め衝突

床との間に摩擦があるときはx方向も力を受けて遅くなります（この摩擦力は動摩擦力$\mu'N$で考えます）。だから，実際のテニスや野球ではバウンドするたびに遅くなっていくのですね。

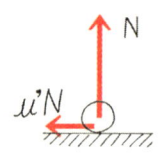

■ マサツあり

Q 5-6 問題

地表から高さhの位置から水平方向に物体を速さuで投げ出した。摩擦はないとしよう。

(1) 地表に落下するまでの時間t_0はいくらか？ また，水平到達距離x_1はいくらか？

(2) 物体と地表との衝突は弾性的だったとする。1回目の衝突直後の物体の水平方向，鉛直方向の速度成分v_{1x}，v_{1y}をそれぞれ求めよ。

(3) 1回目の衝突後，2回目の衝突までの間で，物体の地表からの最高の高さh_1を求めよ。

(4) 投げ出してから5回目に地表に衝突するときの水平到達距離x_5はいくらか？

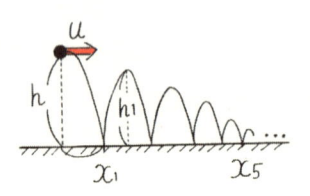

解答　　　　　　　　　　　Answer 5-6

(1) $t_0 = \sqrt{\dfrac{2h}{g}}$, $x_1 = u\sqrt{\dfrac{2h}{g}}$　　(2) $v_{1x} = u$, $v_{1y} = \sqrt{2gh}$

(3) $h_1 = h$　　(4) $x_5 = 9u\sqrt{\dfrac{2h}{g}}$

第1章 5講 運動量と衝突

◯ 解説

問題5-5の2次元versionです。おまけに$e=1$！ さあ，行くぞ！

(1) 時間t_0はy方向のみ注目！ これは単なる自由落下ですね。

$$h = \frac{1}{2}gt_0^2 \text{より} t_0 = \sqrt{\frac{2h}{g}}$$

一方，水平方向は等速です。∴ $x_1 = ut_0 = u\sqrt{\frac{2h}{g}}$ カンタンだ～！

(2) 床との衝突で水平x方向は速さはuのままです。

鉛直のy方向は，向きは上になりますが，弾性衝突で$e=1$→速さは変わりません。つまり，衝突直後のy方向の速さv_{1y}は落下直前のy方向の速さと同じです。

y方向は自由落下でしたね。

$$\therefore v_{1y} = gt_0 = \sqrt{2gh}$$

■ 衝突の直前＆直後

(3) 鉛直y方向はv_{1y}による投げ上げ！ よって最高点の高さは

$$h_1 = \frac{v_{1y}^2}{2g} = h$$

つまり元の高さhまで戻ってくるんですね。トーゼン2回目以降も戻ってきます。つまり運動は右図のようなバウンドになります。

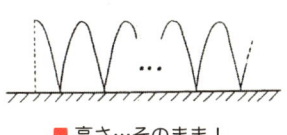

■ 高さ…そのまま！

(4) (3)によると，何回バウンドしても同じ高さまで戻ってくる！ というのでバウンドからバウンドまでにかかる時間は$2t_0$ですね。

$$\therefore x_5 = u(t_0 + 4 \times 2t_0) = u \times 9t_0 = 9u\sqrt{\frac{2h}{g}}$$

意外と簡単にできちゃいましたね。様子をちゃんととらえれば楽勝なんです！全体の状況をつかむ"眼"を鍛えよう～！

☑ **この講はこれでendです。次の問題で実力をチェックだ～！**

Part 1 力学分野

145

Q まとめの問題 No.1

質量1[kg]の台車Aが3[m/s]の速度でx軸上を進んでいる。その後方から質量2[kg]の台車Bが6[m/s]の速度で同じ向きに追いかけてきた。右方向を正の向きとして答えよ。

■ 追いつくぞ〜!

(1) 台車の衝突が弾性的であるとすると，衝突後のBの速度v_Bはいくらか？ また，衝突の際にBがAから受けた力積I_Bはいくらか？

次に2つの台車を糸でつなぎ，台車間には縮めたばねを入れておこう。静止している状態で糸を焼き切るとAは+6[m/s]の速度で運動していった。

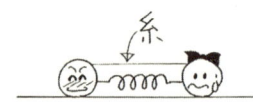

■ 固い絆？？

(2) Bの速度v_B'はいくらになったか？

(3) ばねはいくら縮んでいたか？ ばね定数kを600[N/m]としよう。

続いて，2つの台車をつないだまま左向きに速さ4[m/s]で走らせよう。さあ，糸を焼き切るとBは左向きに5[m/s]の速さで進んでいった。

(4) このときのAの速度v_A'はいくらになったか？

解答 Answer No.1

(1) +4[m/s], −4[Ns]　(2) −3[m/s]
(3) 0.3[m]　(4) −2[m/s]

解説

(1) 以下の図は全て，分かっていない速度は正方向，つまり右向きにとってあります。

さあ，衝突といえば運動量保存です。

第1章 5講 運動量と衝突

$$1 \times 3 + 2 \times 6 = 1 \times v_A + 2 \times v_B \quad \therefore 15 = v_A + 2v_B$$

■ 衝突後

一方，弾性衝突$(e=1)$，はねかえりの式は

$$1 = -\frac{v_B - v_A}{6 - 3} \quad \therefore 3 = v_A - v_B$$

さあ，2式より$v_B = 4[\text{m/s}]$

Bの受ける力積はBの運動量変化です。変化は（あと）−（まえ）！

$$\Delta(mv) = m(v' - v) = 2 \times (4 - 6) = -4[\text{Ns}]$$

マイナスは左向きに$4[\text{Ns}]$の力積を受けたということです。

(2) 右を正に取っているのでv_B'を右に取ります。つまりBは右に行くだろうと予測しておきます。

■ 焼き切り後

運動量保存は

$$0 = 1 \times 6 + 2v_B' \quad \therefore v_B' = -3[\text{m/s}] \cdots \text{マイナスは予測と違って左に}$$

$3[\text{m/s}]$ということです。

(3) これはエネルギー保存！ ばねのエネルギーが2つの運動エネルギーに…という流れです。ばねが$x_0[\text{m}]$縮んでいたとして，

$$\frac{1}{2} \times 600 \times x_0^2 = \frac{1}{2} \times 1 \times 6^2 + \frac{1}{2} \times 2 \times (-3)^2 \quad \therefore x_0 = 0.3[\text{m}]$$

(4) 速度v_A'を正の右に取ると，保存式は

$$(1+2) \times (-4) = 2 \times (-5) + 1 \times v_A' \quad \therefore v_A' = -2[\text{m/s}]$$

マイナスというので，左向きと分かります。A，Bともに左に運動していきます。

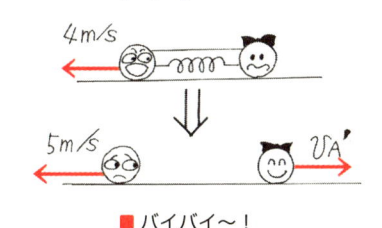

■ バイバイ〜！

Q まとめの問題 No.2

水平面上に質量 m の台車がある。同じ質量 m の小球を位置B（台の右側下の水平面から高さ h）に置いて静かに放す。小球と台の壁Aとのはねかえり係数は $\frac{1}{3}$ である。重力加速度を g とし、摩擦や抵抗はないとして、以下の問いに答えよ。図の右方向を正の向きとする。

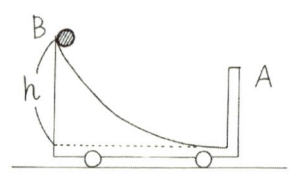

【A】台を固定した場合を考える。
　(1) 小球が壁Aと衝突する直前の速度 v_0 を求めよ。
　(2) 衝突後、小球の登る高さ h_0 を求めよ。

【B】台が自由に動けるようにした場合。
　(3) 壁Aと衝突する直前の小球の床に対する速度 v_1 を求めよ。
　(4) 小球が壁Aと衝突した直後、床に対する台車の速度 V_2 を求めよ。
　(5) 衝突後、小球の登る高さ H を求めよ。

解答 Answer No.2

(1) $v_0 = \sqrt{2gh}$　　(2) $h_0 = \dfrac{h}{9}$　　(3) $v_1 = \sqrt{gh}$

(4) $V_2 = \dfrac{1}{3}\sqrt{gh}$　　(5) $H = \dfrac{h}{9}$

解説

(1) はい、いつものエネルギー保存です！　　$mgh = \dfrac{1}{2}mv_0^2$　　∴ $v_0 = \sqrt{2gh}$

第1章 5講 運動量と衝突

(2) 壁にあたると，速さは e（はねかえり係数）倍になりましたね。

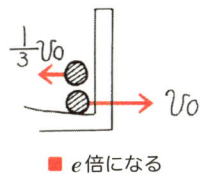

■ e 倍になる

さあ，この速度で高さ h_0 まで登ります。はね返った後のエネルギー保存は

$$\frac{1}{2}m\left(\frac{1}{3}\sqrt{2gh}\right)^2 = mgh_0 \quad \therefore\ h_0 = \frac{h}{9}$$

エネルギー保存は衝突では基本的に（弾性衝突以外は）成り立ちません。この例も衝突は運動量保存，それから後はエネルギー保存と，衝突前後で分けて考えているのですね。

(3) 運動量保存の式はベクトルでしたね。x, y 方向に分けて式を書こうというのです。ところで鉛直方向は重力がかかっています。これの作用反作用のもう一方の力（地球が受けるやつ）は考えていませんね。つまり鉛直方向の運動量保存はダメだ〜！　水平方向は内力だけ。よって運動量保存だ！
衝突直前の台車の速度を V_1 としましょう。

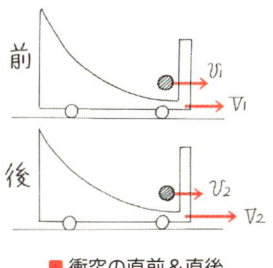

■ 衝突の直前＆直後

というので水平方向の運動量保存は（上の"前"図です）$0 = mv_1 + mV_1$
一方，エネルギーも保存しますね。$mgh = \frac{1}{2}mv_1^2 + \frac{1}{2}mV_1^2$

$$\therefore\ v_1 = \sqrt{gh},\quad V_1 = -\sqrt{gh}$$

2つは向きが反対になってるだけですね。同じ質量だからです。

(4) 以下は衝突後，小球の速度を v_2，台車の速度を V_2 としての，水平方向の運動量保存とはねかえりの式です（上の"後"図）。衝突後の速度は2つとも正方向としています。

$$0 = mv_1 + mV_1 = mv_2 + mV_2,\quad \frac{1}{3} = -\frac{v_2 - V_2}{v_1 - V_1}$$

2式より $v_2 = -\dfrac{1}{3}\sqrt{gh}$, $V_2 = \dfrac{1}{3}\sqrt{gh}$

$v_2 < 0$ より小球は左に跳ね返されます。

(5) 最高点に注目〜！　ここでは小球は台から見ると止まって見える→つまり同じ速度…一体になっているのだ〜！

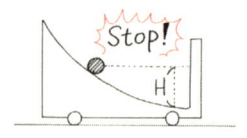

運動量保存より２つとも静止するハズです（一番はじめは２つとも止まっていましたね）。さあ，エネルギー保存は

$$\dfrac{1}{2}m{v_2}^2 + \dfrac{1}{2}m{V_2}^2 = mgH \quad \therefore H = \dfrac{h}{9}$$

さっきの(2)と比べてみると，最高点は台車が静止していても自由に動けても同じ $\dfrac{h}{9}$ です。

ところで高さ h から自由落下させて，はねかえり係数 $\dfrac{1}{3}$ のバウンドをすると，上がってくる高さは $\dfrac{h}{9}$ ですね。なぜ同じになるか？　分かるかな〜？

Q まとめの問題　No.3

図のように水平な床の上に，質量 m の小球と，質量 M の斜面を持つ台がある。ここで小球に速度 v_0 を与えると小球は斜面を登り，最高点Aに達した後，滑り落ちて床上に戻った。
重力加速度を g とし，抵抗や摩擦は考えない。右方向を正の向きとして答えよ。

(1) 最高点Aに達したときの，小球の床に対する速度 v_1 を求めよ。
(2) 点Aの床からの高さ h を求めよ。
(3) 小球が床に戻ってからの，床に対する小球の速度 v，台の速度 V はそれぞれいくらになるか？
(4) 小球が反対向きに進むための条件を書け。

第1章 5講 運動量と衝突

解答

Answer No.3

(1) $v_1 = \dfrac{m}{M+m}v_0$ (2) $h = \dfrac{Mv_0^2}{2(M+m)g}$

(3) $v = \dfrac{m-M}{M+m}v_0$, $V = \dfrac{2m}{M+m}v_0$ (4) $m < M$

解説

(1) 点Aは最高点→台から見て小球は止まる
→2つは同じ速度だ〜（一体）！ 重力の
影響のない水平方向は運動量が保存します。

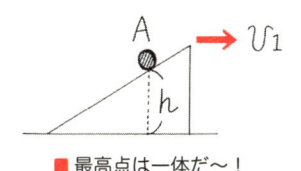

■ 最高点は一体だ〜！

$$mv_0 = (M+m)v_1 \quad \therefore v_1 = \dfrac{m}{M+m}v_0$$

(2) 点Aでは同じ速度でしたね。エネルギー保存は

$$\dfrac{1}{2}mv_0^2 = \dfrac{1}{2}(M+m)v_1^2 + mgh \quad \therefore h = \dfrac{Mv_0^2}{2(M+m)g}$$ ちょろいね！

(3) ここも運動量＆エネルギー保存！

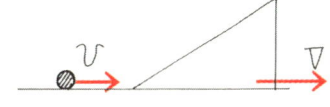

$$\begin{cases} mv_0 = mv + MV \\ \dfrac{1}{2}mv_0^2 = \dfrac{1}{2}mv^2 + \dfrac{1}{2}MV^2 \end{cases} \text{2式を解いて} \begin{cases} v = \dfrac{m-M}{M+m}v_0 \\ V = \dfrac{2m}{M+m}v_0 \end{cases}$$

(4) 反対向きに進むというのは右を正に取っているので $v<0$ ということ！
v の $(m-M)$ に注目！ 上の結果より $m<M$

　ところで(3)の結果の式ですが…見たことないかな？ 問題5-4でやった弾性衝突 ($e=1$) のときと同じでしょう。運動量保存というのは『前』と

151

『後』が同じだ！　つまり途中経過を見ていないのです。この問題でも，近づいてくる→（途中経過）→遠ざかる，途中は斜面を登り下りするだけなのでエネルギーはロスしません … と見れば問題5-4と同じでしょう。というので(3)を解くときも，エネルギー保存でなく，弾性衝突($e=1$)としてやってもかまいません。

つまり $\begin{cases} mv_0 = mv + MV \\ 1 = -\dfrac{v-V}{v_0 - 0} \end{cases}$

計算も大幅に楽になりますよ。

Q まとめの問題　No.4

質量Mのロケットが，宇宙空間を力を受けずに一定の速度V_0で進んでいる。図の右方向を正の向きとして，以下の問いを考えてみよう。

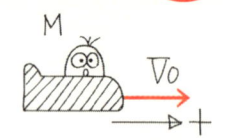

(1) 質量mの小物体Aをロケットの後方に打ち出そう。小物体はロケットから見てvの速さで後方に飛んでいった。ロケットの速度Vはいくらになったのだろう？

(2) 小物体をロケットから見て前方に打ち出す場合を考えよう。ロケットから見てvの速さで飛んでいくとき，ロケットの速度V'はいくらになったかな？

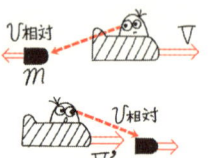

■ 前後へ発射！

解答　Answer No.4

(1) $V = \dfrac{MV_0 + mv}{M}$　　(2) $V' = \dfrac{MV_0 - mv}{M}$

第1章 5講 運動量と衝突

Part 1 力学分野

解説

(1) ポイントは"相対運動"です！【相対＝相手－自分】

小物体の外から見た速度を v_A として， $-v = v_A - V$ ∴ $v_A = V - v$

次は運動量保存です。運動量保存は相対でなく外から見て書いて下さいね。

$$MV_0 = (M-m)V + m(V-v) \quad \therefore V = \frac{MV_0 + mv}{M}$$

(2) 外から見た小物体の速度 v'_A は， $+v = v'_A - V'$ さあ，運動量保存！

$$MV_0 = (M-m)V' + m(V'+v) \quad \therefore V' = \frac{MV_0 - mv}{M}$$

(1) では，必ず，前方に速くなります。(2) は分子の形に注目！ 質量や速度によって正負が変わります。$V' < 0$ なら逆戻りもできるわけです。

Q まとめの問題 ちょっと難しいぞ～！ No.5

図を見てください。床からの高さ h の水平な台の上に静止している質量 m の物体 Q に，左側から質量 m の物体 P が速さ v_0 で衝突した。はねかえり係数（反発係数）を e，右方向を正として，以下の問題を考えてみましょう。

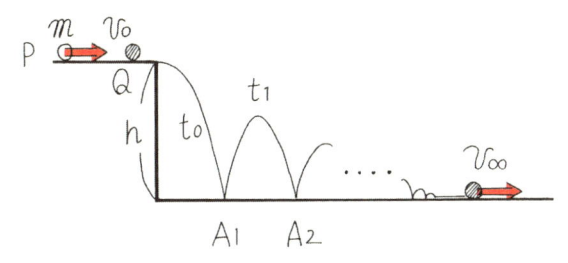

(1) 衝突後の P, Q の速度 v, V をそれぞれ求めよ。

衝突後 Q は速度 V で台から飛び出して床に落下した。以下は V を用いて答えよ。

(2) 台から飛び出して床に落下するまでの時間 t_0 はいくらか？ また，床に達する直前の水平，鉛直方向の速さ v_{1x}, v_{1y} はいくらか？

153

Qと床との間には摩擦は無く，はねかえり係数もeとしよう。

(3) 1回目のバウンドした点A_1から2回目の落下点A_2まで行くのにかかる時間t_1はいくらか？　先のt_0を用いて表せ。

(4) 2回目のA_2から3回目の落下点A_3までの時間t_2は，先のt_1の何倍か？

(5) 物体Qはバウンドを繰り返して，飛び出してからある時間t_∞たつと床を滑りはじめる。さあ，t_∞と，そのときの速さv_∞を求めよ。

(hint：等比数列の和$1+r+r^2+r^3+\cdots = \dfrac{1}{1-r}$ ($r<1$) は知っていますよね。これを使います。)

解答　Answer No.5

(1) $v = \dfrac{1-e}{2}v_0$, $V = \dfrac{1+e}{2}v_0$

(2) $t_0 = \sqrt{\dfrac{2h}{g}}$, $v_{1x} = V$, $v_{1y} = \sqrt{2gh}$　　(3) $t_1 = 2et_0$

(4) e倍　　(5) $v_\infty = V$, $t_\infty = \dfrac{1+e}{1-e}t_0$

解説

(1) 衝突⇒運動量保存！　$mv_0 = mv + mV$　一方，はねかえりは

$$e = -\dfrac{v-V}{v_0}$$

いつものように2式を解いて

$$v = \dfrac{1-e}{2}v_0, \quad V = \dfrac{1+e}{2}v_0 \quad \text{もう慣れましたね～。}$$

(2) 鉛直 y 方向に注目…自由落下です。　$h = \dfrac{1}{2}gt_0^2$　$\therefore t_0 = \sqrt{\dfrac{2h}{g}}$

水平 x 方向は等速！　$v_{1x} = V$

鉛直 y 方向は自由落下！　$v_{1y} = gt_0 = \sqrt{2gh}$

(3) 1回目のバウンド直後の鉛直 y 方向の速さは，e 倍でしたね。

$ev_{1y} = e\sqrt{2gh}$

初速度が e 倍になると，最高点までかかる時間も e 倍。落ちてくるのは2倍の時間。

$\therefore t_1 = 2et_0$

(4) 2回目のバウンド直後の鉛直 y 方向の速さは，$e \times e\sqrt{2gh} = e^2\sqrt{2gh}$

$\therefore t_2 = et_1 (= 2e^2 t_0)$　　e 倍

(5) 水平 x 方向はいつも等速　$\therefore v_\infty = V$

そこまでの時間は

$$t_\infty = t_0 + t_1 + t_2 + \cdots = t_0 + 2et_0(1 + e + e^2 + e^3 + \cdots) = \dfrac{1+e}{1-e}t_0$$

ごちゃごちゃしているけど，鉛直方向は"投げ上げ"そのものですね。初速度が次々と e 倍に変わっていくだけです。じっくりやるんだぞ〜！

第1章 6講 円運動と万有引力

　ここからは力学Part2…Advanced version，やや高度な内容となります。と言っても，運動を知りたいのですから $ma = F$ が基本！　今までの応用というだけです。様子をしっかりとらえられれば，ここまで頑張ってきた君達には，どうってことな〜い！　ではGo Go Go〜！

円運動

★ 円運動の特徴…T, f, ω（オメガと読みます）

半径 r[m] の円周上を一定の速さ v[m/s] で円運動しているとき，周期 T[s]，回転数 f[Hz]，角速度 ω[rad/s] の関係は

$$T = \frac{1}{f} \quad T = \frac{2\pi}{\omega} \quad T = \frac{2\pi r}{v}$$

f の単位：[1/s] = [Hz] ヘルツ

@IMAGE　T, f, ω の意味！

　ここは，何といっても周期 T，回転数 f，角速度 ω の意味がわかってるかどうかで決まります。

　周期は「一周するのにかかる時間」，**回転数**は「1秒で何回転するか」…

第1章 6講　円運動と万有引力

この2つは問題ないでしょう。さあ**角速度**です。単位に注目！ [rad/s]…「1秒で何ラジアン回るか」（ラジアンは角度のこと）。つまり，中心から見た"回る速さ"を表しているのですね。だから角速度というのです。

@IMAGE　ラジアン（弧度法）

ところでラジアン…大丈夫かな？　単に角度の測り方を"度"から変えただけです。

さあ，図を見てください。弧度法では，円弧（曲がってるところ）の長さが，半径の何倍になってるかで角度を決めているんです。つまり

$\theta = \dfrac{\overset{\frown}{AB}}{r}$ [rad]と書けます。

例えば，"ぐるっ"と回る一周の角度を決めてみましょう。

$\theta = \left(\dfrac{\text{円周の長さ}}{\text{半径}}\right) = \dfrac{2\pi r}{r} = 2\pi$ [rad]

…となりますね。

逆に，円弧の長さを求めるときは $\overset{\frown}{AB} = r\theta$ と簡単に決められます。これはよく使うぞ。

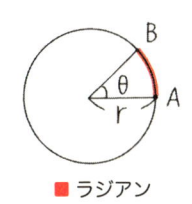

■ラジアン

@IMAGE　T, f, ω の関係式をチェックしておこう！

さあ，以上のことがしっかり分かってくると，T, f, ω のいろんな関係式…みんな見えてきたでしょう。

例えば $T = \dfrac{1}{f}$ ………… 1秒で回る回数 f が3なら，1周するのにかかる時間 T は $\dfrac{1}{3}$ 秒に決まっとる！

例えば $T = \dfrac{2\pi r}{v}$ ……… 1周回るのにかかる時間 T は，1周の長さ $2\pi r$ を速さ v で割りゃ〜OK!

では $T = \dfrac{2\pi}{\omega}$ はどうかな？ 角速度 ω は1秒で回る角度。1周（ 2π ）を1秒で回る角度で割れば，1周する時間 T に決まっとるだろ〜！

どうです！ もうこれらの関係式は覚えるとかいうレベルではないでしょう。あったりまえなんだ〜！ みんなもあたりまえと思えるように，しっかりと T , f , ω の意味を分かれ〜！…（←命令形！）

記号の意味が完璧になったところで，次は等速円運動に突入だ〜！

⭐ 等速円運動

質量 m [kg]の物体が半径 r [m]の円周上を一定の速さ v [m/s]，角速度 ω [rad/s]で等速円運動している。時刻 t での回転角を θ [rad]とすると

  位置　　：$\theta = \omega t$

  速さ　　：$v = r\omega \Rightarrow$ **接線方向**

  加速度　：$a = \dfrac{v^2}{r} = r\omega^2 \Rightarrow$ **円の中心方向**

  向心力　：$\begin{cases} F = ma \\ = m\dfrac{v^2}{r} = mr\omega^2 \end{cases} \Rightarrow$ **円の中心方向**

第1章 6講 円運動と万有引力

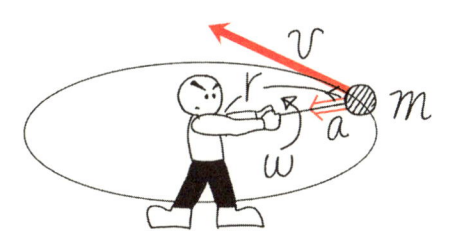

■ 等速円運動

@IMAGE 位置&速さ&加速度を導こう！

今から θ, v, a を求めますが，何でこの3つなのか分かるかな？　そう！　位置，速さ，加速度の3つが分かれば"運動"がはっきりと見えるからですね。

では，まず位置 θ です。$\theta = \omega t$ …これ，あたりまえですね！　と思えない人は ω の意味をすぐにチェックだ！

次は速さ，加速度です。

図のように時間 Δt の間に点Aから点Bに移動したときを考えましょう。

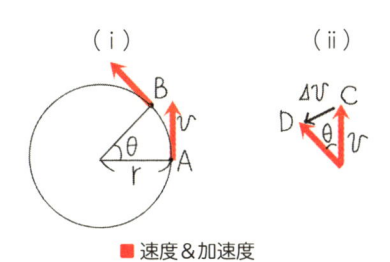

■ 速度&加速度

まず速さは，図（ⅰ）より $v = \dfrac{\overparen{AB}}{\Delta t} = \dfrac{r\theta}{\Delta t} = r\omega$ と簡単です（$\theta = \omega \Delta t$ ですよ）。向きは接線方向ですね。

加速度は図（ⅰ）の点A，Bの速度ベクトルを図（ⅱ）のように書くと

$$\Delta v = \overparen{CD} = v\theta = v\omega \, \Delta t \quad \therefore \quad a = \dfrac{\Delta v}{\Delta t} = v\omega = r\omega^2 = \dfrac{v^2}{r}$$

向きは Δt を小さくとるとわかるように円の中心方向です。

さあ，この加速度は頭でパッと出すのはちょっと…というので，ドバッと覚えてしまおう〜！ 円運動の加速度は $a = \dfrac{v^2}{r}$ だぁ！

@IMAGE 円の式は，結局 $ma = F$ そのもの！

円運動しているものは接線方向に速度を持っていますから，放っておくと飛んでいってしまいます。それを内側に引っ張って円運動させる力が向心力です。

といっても，向心力の式は $ma = F$ …運動方程式そのものだね！

つまり，いつものように"**実際**"の力 F を使って $ma = F$ を書く。そのとき円運動の加速度は知っているので a に $\dfrac{v^2}{r}$ を入れてしまえばOKということ！ 円運動といっても特別なことをやっているのでなく，運動を調べているのでいつもの $ma = F$ なんだ〜！

さあ，すぐに次の問題をやってみて，やり方をつかんでおこう！

Q 6-1 問題 【ばねが回る〜！】

摩擦のない円盤上で，自然長 ℓ，ばね定数 k のばねの一端を中心に固定し，他端に質量 m の物体を取り付ける。さあ，円盤が回転をはじめて角速度 ω_0 になったとき，ばねが自然長から x_0 伸びて等速円運動した。

そのときのばねの伸び x_0 を求めよう。また，このような運動ができる ω_0 の条件も求めてみよう。

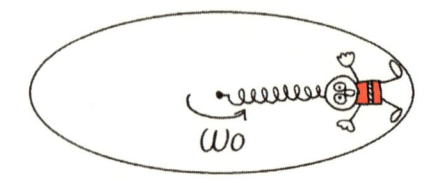

第1章 6講 円運動と万有引力

解答

Answer 6-1

$$x_0 = \frac{m\ell\omega_0^2}{k-m\omega_0^2}, \quad \omega_0 < \sqrt{\frac{k}{m}}$$

解説

さあ，円運動の式…$ma=F$ の円versionです。円運動の半径と力の正の向きは中心方向に注意して

$$m(\ell+x_0)\omega_0^2 = kx_0 \quad \therefore \quad x_0 = \frac{m\ell\omega_0^2}{k-m\omega_0^2}$$

もちろん $x_0 > 0$ のハズですね。よって $k-m\omega_0^2 > 0$ より，条件 $\omega_0 < \sqrt{\frac{k}{m}}$ が出ます。

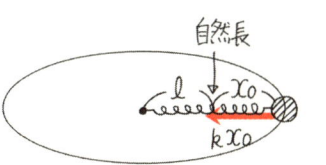

★ 遠心力

慣性力の一種で，円運動している観測者から見ると，円運動の外向きに働いているように見える力を遠心力という。

$$F_{遠心力} = m\frac{v^2}{r} = mr\omega^2$$

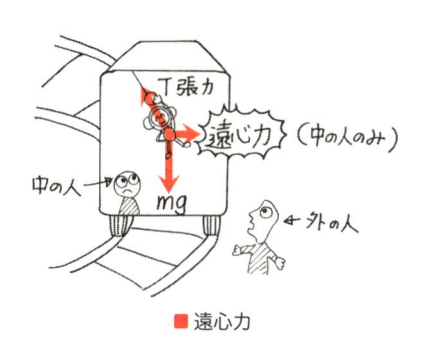

@IMAGE 向心力と遠心力…違いをしっかりとらえよう

ここでは等速円運動している電車の吊り革に，マナー知らずのサルがぶら下がっているのを考えましょう（君はサルにはならないように！）。

電車の**外から**見ている外の人（別に外人でなくともよい…）には遠心力は存在しません。実際にかかる力は張力と重力の2つだけです。その合力が向心力となって円運動できているのです。式も $ma = F$ の円Versionですね。

$$m\frac{v^2}{r} = T\sin\theta$$
$$= mg\tan\theta$$

電車の**中から**見ている人には，今度は向心力がありません（円運動しているように見えませんから…）。遠心力を外向きに描き入れ，遠心力を含んだ半径方向の力の**つりあいの式**を書けばOKです（前の電車の図を見よ）。式は上と同じになります！ 見方が違うだけですから。

結局，外からでも中からでも同じ結果になるので，自分の分かりやすい見方でやりましょう。

向心力で書くなら遠心力はないぞ！ 遠心力を使うのなら向心力はな〜し！

やまぐち君のお薦め！ カンタンな問題（等速円運動の場合など）では $ma = F$ の円versionで一発！ 複雑なのは（等速で無いやつなどです）は遠心力で半径方向のつりあいの式〜！…という感じです。

ただ，もう一度確認。どっちでもかまいません。大切なのは自分が分かっていること！ 自分の見えるやり方で行こう！

Q 6-2 問題

【がんばれ！円盤人】

回転する円盤の上に人が立っています。回転を次第に速くしていき，角速度が ω_0 を越えると人は外側に向かって滑りはじめました。人の質量を m，その人の円盤の中心からの距離を r，人と円盤の間の静止摩擦係数を μ_0 として，ω_0 を求めてみよう。重力加速度はいつものように g です。

■すべる〜

第1章 6講 円運動と万有引力

解答　Answer 6-2

$$\omega_0 = \sqrt{\frac{\mu_0 g}{r}}$$

解説

さあ，キーワードは「滑り出す」…ギリギリのこと，最大静止摩擦力の出番ですね。

回転が速くなってくると摩擦力が大きくなってきます。まず，円の運動方程式は（$a = r\omega^2$を使いましょう）

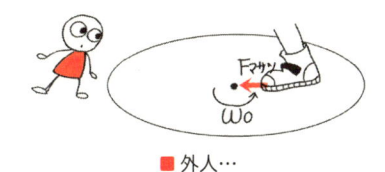

$$mr\omega^2 = F_{マサツ}$$

■ 外人…

$\omega \to$ 大で$F_{マサツ}$が大きくなってきますが，耐えることができるのは最大静止摩擦力$F_0 = \mu_0 mg$までです。というので滑らない条件は$mr\omega^2 \leqq \mu_0 mg$

$$\therefore \omega \leqq \sqrt{\frac{\mu_0 g}{r}} (= \omega_0)$$　このω_0を超えると滑りはじめるのですね。

もちろん，遠心力の考えでもOKです。遠心力とのつりあいの式は
$mr\omega_0^2 = \mu_0 mg$　同じになりましたね。

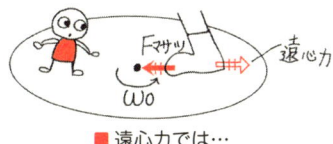

■ 遠心力では…

Q 6-3 問題

もう1つ，簡単な例をやっておきましょうね。等速円運動でないやつです。
天井から長さℓの糸で質量mの物体をつるしましょう。重力加速度の大きさはgです。

(1) 糸の張力T_1はいくらか？

(2) 次に糸を水平にして放してやります。物体が最下点に来たときの張力T_2はいくらか？

■ (1) ぶら下がり　　■ (2) ターザン？

解答

Answer 6-3

(1) $T_1 = mg$　　(2) $T_2 = 3mg$

解説

(1) 静止している…つりあいだ～！　∴ $T_1 = mg$

(2) 最下点では円運動しています。すぐに遠心力だ～！　ここでは下向きですね（円運動の外向き）。式は半径方向のつりあいですよ。

速さを v として $T_2 = mg + m\dfrac{v^2}{\ell}$

一方，エネルギー保存で $mg\ell = \dfrac{1}{2}mv^2$

∴ $v = \sqrt{2g\ell}$ です。

よって $T_2 = mg + 2mg = 3mg$

■ 力 all

かなり張力が大きくなりますね。ターザンするには体重の3倍に耐える握力がないとダメなんだ～！　体を鍛えよう。

第1章 6講 円運動と万有引力

Q 6-4 問題 【恐怖のローラーコースター…ちょっと本格的問題です】

図のように質量 m のローラーコースター（ジェットコースター）Pが地表から高さ $2r$ の点から静かにスタートした。重力加速度の大きさを g として摩擦や抵抗はないとしよう。

(1) Pが点Bの左側の水平な面上を走っているときの速さ v_B と，そのときうける垂直抗力 N_B はいくらか？

(2) Pが点Bを通りすぎた瞬間の垂直抗力 N'_B はいくらか？

(3) Pが水平面から角度 θ の点Cを通過しているときの速さ v_C，レールからうける垂直抗力 N_C はいくらか？

(4) ローラーコースターがレールから離れるときの水平方向から測った角度 θ_0 を $\sin\theta_0$ の形で求めてみよう…怖いぞ〜！

(5) レールを離れることなく円周の最高点に達するには，ローラーコースターの点Bでの速さはいくら以上でなければならないか？ また，そのときのスタートの位置の地表からの高さ h を求めよ。

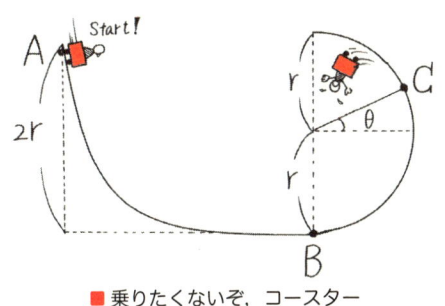

■乗りたくないぞ，コースター

解答　Answer 6-4

(1) $v_B = 2\sqrt{gr}$, $N_B = mg$　　(2) $N'_B = 5mg$

(3) $v_C = \sqrt{2gr(1-\sin\theta)}$, $N_C = mg(2-3\sin\theta)$

(4) $\sin\theta_0 = \dfrac{2}{3}$　　(5) $\sqrt{5gr}$, $h = \dfrac{5}{2}r$

解説

(1) さあ，いつものエネルギー保存です。

$$mg(2r) = \frac{1}{2}mv_B^2 \quad \therefore v_B = 2\sqrt{gr}$$

165

鉛直方向は力がつりあっていますね。よって $N_B = mg$

(2) 点Bを過ぎた瞬間に，円運動になります。というので外向きに遠心力を考えましょう。遠心力といえば…式は半径方向のつりあい！ 速さは v_B のままです。図をしっかり描こう！

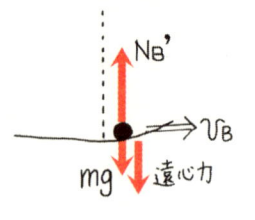

$$N'_B = mg + m\frac{v_B{}^2}{r} = 5mg$$

■力 all です

(3) v_C はエネルギー保存ですね。点Cの高さは $r(1+\sin\theta)$ ですから

$$\frac{1}{2}mv_B{}^2 = \frac{1}{2}mv_C{}^2 + mgr(1+\sin\theta) \quad \therefore v_C = \sqrt{2gr(1-\sin\theta)}$$

求めたい垂直抗力は"力"ですから力の関係といえば…図を描くのですね。遠心力を考えて半径方向のつりあいより

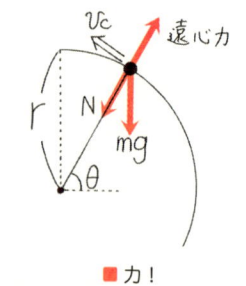

$$N + mg\sin\theta = m\frac{v_C{}^2}{r}$$

$$\therefore N = mg(2-3\sin\theta)$$

■力！

(4) 離れるギリギリでは $N=0$ です。上の式より

$$\therefore \sin\theta_0 = \frac{2}{3}$$

(5) 通過できるというのは，単に最高点で速さが $v>0$ だけではダメだよ。離れない→ $N \geq 0$：垂直抗力が正でないと落ちてしまうぞ〜。というので力の式だ〜！ 最高点での力のつりあいより（遠心力は当然描き込んでるね！），最高点での速さを v，垂直抗力を N として $m\frac{v^2}{r} = N + mg$
一方，エネルギー保存より速さが求まります。つまり，点Bでの速さを v'_B として

$$\frac{1}{2}mv'_B{}^2 = \frac{1}{2}mv^2 + mg(2r)$$

166

第1章 6講 円運動と万有引力

2式より $N = m\left(\dfrac{v'_B{}^2}{r} - 5g\right)$

$N \geqq 0$ となるのは $v'_B \geqq \sqrt{5gr}$ ですね。
点Bでこの最小の速さになるにはスタートの高さは，いつものエネルギー保存より

$mgh = \dfrac{1}{2}mv'_B{}^2{}_{\min} \quad (v'_{B\min} = \sqrt{5gr}) \quad \therefore h = \dfrac{5}{2}r$

■ てっぺんの力

どうです！　もうチョロいでしょ〜。

万有引力と惑星の運動

ここからは，等速円運動も含んで，非常に興味深い振る舞いをする太陽の周りを回る惑星（地球や火星などです）の運動をチェックしていきましょう。$\dfrac{1}{r^2}$ に比例する中心力と呼ばれる力が働くと面白いことがいろいろ起こりますよ！　さあ，わくわくの世界だ〜！

★ 万有引力

質量を持つ物体間に働く引力を万有引力という。2物体の質量をそれぞれ M[kg]，m[kg] とし，その距離を r[m]，万有引力定数を G[Nm^2/kg^2] とすると，万有引力は

$$F = G\dfrac{Mm}{r^2}$$

■ 万有引力？

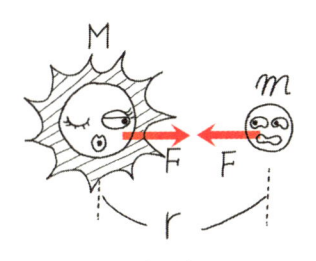

167

@IMAGE　ニュートンとリンゴ？

あのニュートンがリンゴが落ちるのを見て発見したと言われている法則です。でも，本当は地球の周りを回っている月が落ちてこないのを見て，円運動の方程式から考え付いたのでは？　と思うのですが…。

Q 6-5 問題 【地表の重力加速度 g の値を求めよう！】

地表では質量 m の物体には mg の重力がかかります。この力は，本当は万有引力なんですね。というので重力加速度 g の正体を出してみましょう。地球の半径を R，質量を M，万有引力定数を G としておきます。

■ 地表では

解答　Answer 6-5

$$g = G\frac{M}{R^2}$$

○ 解説

地球は大きいのですが，中心の一点に質量 M が全部集まっていると考えていきましょう。
（この証明は微小部分からの万有引力を全て加える→積分を使うのです。ちょっと難しいですが，興味がある人は調べてみよう！）

物体にかかる万有引力は $G\dfrac{Mm}{R^2}$ …僕たちはこれを mg としていたのですね。つまり両者は同じものを表してるんだ〜！

よって $mg = G\dfrac{Mm}{R^2}$　∴ $g = G\dfrac{M}{R^2}$　これが重力加速度 g の正体です！

第1章 6講 円運動と万有引力

実際の値を入れてみると $g = 9.8 [m/s^2]$ になるのです。僕らが暮らしている地表では，地球の半径に比べて高さの変化など無視できるので，"一定の加速度"としていたのですね。

Q 6-6 問題 【上空での重力は？】

地表から高さ h の上空での重力加速度 g' を求めてみよう。
G と M，R，h を用いること。$\dfrac{h}{R} \ll 1$ とします。
($A \ll B$ は A が B に比べてずーっと小さいという表現法です。)
計算には次の近似式を使ってください。一次近似といいます。

$$(1+x)^n \fallingdotseq 1+nx \quad (x \ll 1)$$

この近似はよく使うので頭に入れておこう！ 使い方も次でチェックだ。

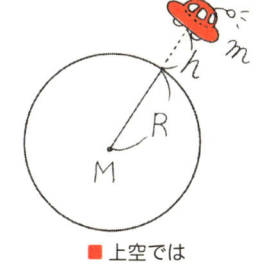

■ 上空では

Answer 6-6

$$g' \fallingdotseq G\dfrac{M}{R^2}\left(1-\dfrac{2h}{R}\right)$$

解説

地球との万有引力は $F = G\dfrac{Mm}{(R+h)^2}$ です。これを mg' と書くのですね。

よって $g' = G\dfrac{M}{(R+h)^2}$　このままでは分かりにくいので近似しましょう。

$\dfrac{h}{R} \ll 1$ です。(ここで注意。近似式は分母で使うな〜！)

$$g' = G\dfrac{M}{R^2\left(1+\dfrac{h}{R}\right)^2} = G\dfrac{M}{R^2}\left(1+\dfrac{h}{R}\right)^{-2} \fallingdotseq G\dfrac{M}{R^2}\left(1-\dfrac{2h}{R}\right)$$

169

地表では $g = G\dfrac{M}{R^2}$ でしたから，右辺第2項分だけ重力加速度が減ってしまうわけですね。一次近似のやり方は完璧にしておこう！

Q 6-7 問題

【第一宇宙速度（第一脱出速度）】

質量 m のボールを水平に投げるぞ〜。スピードが遅いと，あまり遠くに飛びませんね。もっと速く投げるともっと遠くに飛びます。さらに速く投げていくと…ついには地球を一周して戻ってくるようになります。さあ，このときの速さ v_1 を求めよう！　これを第一宇宙速度と言います。

ここでは地球の半径を R，質量を M，地表のデコボコや空気抵抗などは無いとし，ボールは地表ギリギリを飛んでいくとしましょう。

■ 後ろ，危ない！

解答　Answer 6-7

$$v_1 = \sqrt{G\dfrac{M}{R}}$$

解説

これは円運動そのものですね。というので，円の運動方程式だ〜！ $ma = F$ の円versionですよ！

$$m\dfrac{v_1^2}{R} = G\dfrac{mM}{R^2} \quad \therefore v_1 = \sqrt{G\dfrac{M}{R}}$$

実際に数値を入れると $v_1 = 7.9[\text{km/s}]$… かなり速い！　これで，もう地表には落ちてきません。

第1章 6講 円運動と万有引力

★ 万有引力による位置エネルギー

質量 M の物体と，そこから距離 r の位置にある質量 m の物体間に働く万有引力による位置エネルギーは，無限遠を位置エネルギーの基準にとると

$$U = -G\frac{Mm}{r}$$

@IMAGE 負のエネルギー？？

　上の式では，エネルギーが負になっていますね。位置エネルギーがマイナス…理解できるかな？　これは基準の取り方からきているんです。$U=mgh$ の位置エネルギーもそうだったでしょう。それと同じなのです。ここでは無限遠（$r=\infty$）…つまり一番高いところを基準（ゼロ）としてしまったので，近い（低い）ところはみんな負になったのだ～！

　大切なのは差ですね。負など気にせずに，いつものようにバンバン使っていこう（この式を導くのには…積分が必要です。興味がある人は次を見てやってみよう～！）。

@Advanced　$U=-G\dfrac{Mm}{r}$ を導くぞ～！

　ここは入試問題としては出ません。知的好奇心を満たしてみようというところです。

　まずは，地表での位置エネルギー $U=mgh$ をチェックしておきましょう。
　重力による位置エネルギーとは，将来，重力がやる仕事でしたね。仕事は力が一定でないような一般的な場合は $W=\int F dx$ です。さあ，ここでは＋の向きに気をつけて次のようにやります。

$$U = W_{重力} = \int_h^0 (-mg)dx = +mgh$$

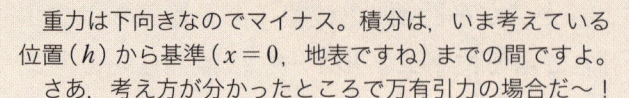

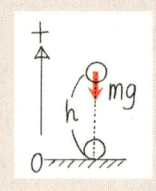

重力は下向きなのでマイナス。積分は，いま考えている位置（h）から基準（$x=0$，地表ですね）までの間ですよ。

さあ，考え方が分かったところで万有引力の場合だ〜！

地表と同じように，+の向きに気をつけて，考えている位置 r から基準（$x = \infty$）までの積分です。

$$U = W_{万有引力} = \int_r^\infty \left(-G\frac{Mm}{x^2}\right)dx = \left[G\frac{Mm}{x}\right]_r^\infty = -G\frac{Mm}{r}$$

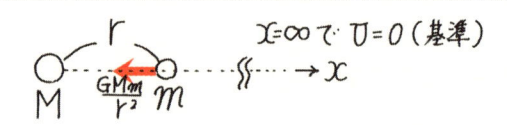

ちょっと難しかったかな？ でも微分・積分をなぜ使うのか？ どのようにやるのか？… その気持ち，ちょっとはつかめたかな？

Q 6-8 問題 【第二宇宙速度（第二脱出速度）】

半径 R，質量 M の地球の表面から速さ v_2 でロケットを投げ出したとしよう。このロケットが地球に戻ることなく宇宙のはるか彼方まで飛んで行くには，v_2 はいくら以上であればいいだろうか？ ただし，このロケットは途中では噴射しないとする…何かロケットとはいえないような気がしないでも……(^^;

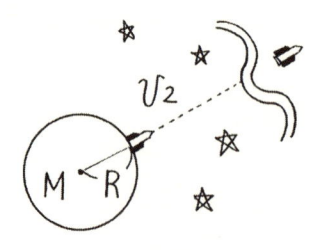

■ 宇宙の果て？

第1章 6講 円運動と万有引力

解答　Answer 6-8

$$v_2 = \sqrt{\dfrac{2GM}{R}}$$

解説

　発射されたロケットが無限遠に達しても速度（運動エネルギー）を持っていればOK！　もう戻ってきません。さあ，エネルギー保存より

$$\dfrac{1}{2}mv_2{}^2 + \left(-G\dfrac{Mm}{R}\right) = \dfrac{1}{2}mv_\infty{}^2 + \left(-G\dfrac{Mm}{\infty}\right)$$

これで$v_\infty \geqq 0$，つまり（左辺）$\geqq 0$が条件。

$$\therefore\ v_2 = \sqrt{\dfrac{2GM}{R}}\ (\doteqdot 11.2\,[\text{km/s}])$$

　この速さで，地球の重力から脱出して大宇宙への旅が可能になるのですね。この導き方でわかったと思うけど，発射する方向はどっち向きでも同じです！

★ ケプラーの法則

ケプラーが観測結果から導き出した，太陽系の惑星の運動に関する3つの法則。
　第1法則…惑星は太陽を1つの焦点とする円か楕円軌道を
　　　　　　描く。
　第2法則…惑星の面積速度は一定である。
　第3法則…惑星の公転周期Tの2乗は，太陽を焦点とした
　　　　　　軌道半径r（楕円の場合は長半径になる）の3乗
　　　　　　に比例する。

Part 1　力学分野

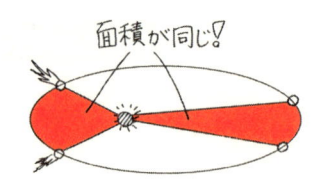

■第2法則(面積速度一定)

@IMAGE ケプラーの法則について

- まず,第1法則…これはパス！ 楕円の証明は,今はきつい〜！
- 第2法則…上の図のような楕円軌道(ハレー彗星などです)では,単位時間(例えば1年です)で回る面積(掃く面積といいます)が,どの場所にあるときでも同じになる…という法則です。つまり,太陽に近いときは速く,遠いときほど遅い！
- 第3法則… $\dfrac{T^2}{r^3} = $ 一定 の円運動の場合は自分で証明しよう。等速円運動のいい例題です。

　パッと思いつかなかった人はすぐ下の問題へGO!

Q 6-9 問題 【ケプラーの第3法則の証明】
さあ,等速円運動の場合のケプラー第3法則を証明しましょう。中心にある太陽の質量を M,惑星の質量 m,軌道半径を r,回転周期を T,万有引力定数はいつものように G としましょう。書くのは円の式だぞ〜！

解答　　　　　　　　　　　　　　　Answer 6-9

解説を参照。

第1章 6講 円運動と万有引力

解説

惑星の運動方程式は $mr\omega^2 = G\dfrac{Mm}{r^2}$

ここで $\omega = \dfrac{2\pi}{T}$ を使って周期 T と軌道半径 r の式にすると

$$mr\dfrac{4\pi^2}{T^2} = G\dfrac{Mm}{r^2} \quad \therefore \dfrac{T^2}{r^3} = \dfrac{4\pi^2}{GM}$$ この右辺は一定ですね。

どの惑星でも右辺は同じになるので，地球でも火星でも $\dfrac{T^2}{r^3}=$ 一定 …ケプラー第3法則の証明でした。カンタンだ〜！

@IMAGE ケプラー第2に注目！

ケプラーの法則で特に注目してほしいのが第2法則です。実はこの法則…運動量保存の回転版バリエーションなんです（角運動量保存則といいます）。だから非常に大切！

惑星の運動（楕円の場合）では，この**第2法則**（運動量保存もどき）と**エネルギー保存**を連立させるパターンで解きます。

つまり，図の点A，Bで第2法則は … 三角形の面積なので $\dfrac{1}{2}$ を付けた形にしましょう。

$$\dfrac{1}{2}r_1 v_1 = \dfrac{1}{2}r_2 v_2$$

一方，エネルギー保存の式は，位置エネルギーの形に気をつけて

$$\dfrac{1}{2}mv_1^2 - G\dfrac{Mm}{r_1} = \dfrac{1}{2}mv_2^2 - G\dfrac{Mm}{r_2}$$

ここで未知数が2つ，例えば r_2, v_2 なら，これで解けます。計算は面倒ですが…このパターンですよ。

点A，Bのように端でなく途

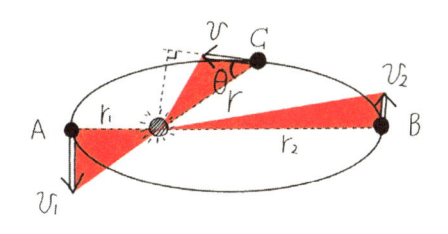

中の点Cの場合も書けます。動径方向と速度のなす角をθとして，これが単位時間に掃く面積は$\frac{1}{2}rv\sin\theta$

まとめると，$\frac{1}{2}r_1v_1 = \frac{1}{2}r_2v_2 = \frac{1}{2}rv\sin\theta$の関係式となります。

@IMAGE 惑星の運動をまとめるぞ～！

いろいろな法則や考え方が出てきましたが，問題を解く…という観点からまとめておきましょう。

まず，ともかく惑星の運動は2つだけしかありません。円と楕円の運動！　あと双曲線の運動もありますが，残念ながら高校ではパス！

(1) 円運動の場合…当然，いつもの円の式。つまり物体にかかる力が分かれば書けます。だから～，万有引力が必要だったのです。

(2) 楕円の場合……これは時間経過とともにどういう運動をするか…なんてのは全く解けません（運動方程式が書けませんね）。だから～，**保存則**を使うのです。2つありましたね。まず面積速度一定（角運動量保存則），そしてエネルギー保存…だから～，$U = -G\frac{Mm}{r}$を出したんです。未知数に気をつけながら，この2つを解けばOK！

さあ，円か楕円！　このことを意識しながら解いて行こうね！

✓ この講はこれでendです。次の問題で実力をチェックだ～！

第1章 6講 円運動と万有引力

Q まとめの問題　斜面のスキーヤー　　No.1

半径 r の摩擦のない半球の最高点Aに質量 m のスキーヤー（スノーボーダー…？）がたたずんでいる。やがて，静かに滑りはじめた。重力加速度の大きさを g とし，水平（x），鉛直（y）方向の正の向きを図のように取っておこう。

(1) このスキーヤーが点B（$\angle \mathrm{AOB}=\theta$）に達したときの速さ v_B はいくらか？

(2) (1)のとき，球面がスキーヤーを押す力の大きさ N はいくらか？

(3) スキーヤーが球面を離れるときの鉛直からの角度を θ_0 とすると $\cos\theta_0$ はいくらか？

(4) 離れるときのスキーヤーの速さ v_0 はいくらか？

(5) 離れたスキーヤーは水平面上の点Cに落ちる。そのときの速さ v_C はいくらか？

(6) (5)のときの速度の鉛直成分 v_y はいくらか？

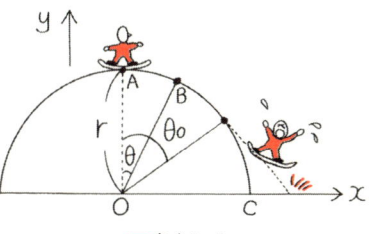

■危ない！

解答　　Answer No.1

(1) $v_\mathrm{B}=\sqrt{2gr(1-\cos\theta)}$　　(2) $N=mg(3\cos\theta-2)$　　(3) $\cos\theta_0=\dfrac{2}{3}$

(4) $v_0=\sqrt{\dfrac{2}{3}gr}$　　(5) $v_\mathrm{C}=\sqrt{2gr}$　　(6) $v_y=-\sqrt{\dfrac{46}{27}gr}$

解説

(1) さあ，摩擦＆抵抗無しですから，いつものエネルギー保存！

$$mgr(1-\cos\theta) = \frac{1}{2}mv_B{}^2 \quad \therefore v_B = \sqrt{2gr(1-\cos\theta)}$$

(2) 円運動といえば，すぐに遠心力＆半径方向の
つりあい！　図にしっかり描きこめ〜！

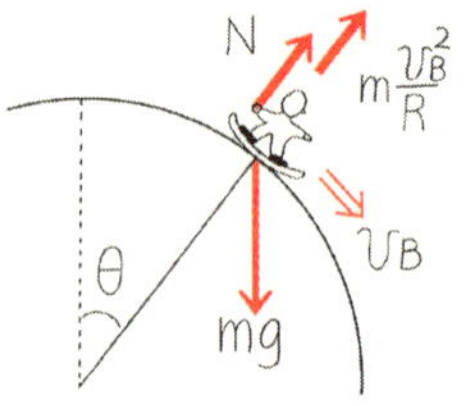

$$N + m\frac{v_B{}^2}{r} = mg\cos\theta$$

$$\therefore N = mg(3\cos\theta - 2)$$

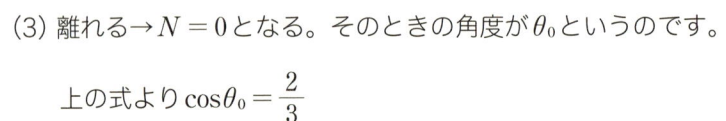

(3) 離れる→$N = 0$となる。そのときの角度がθ_0というのです。

上の式より $\cos\theta_0 = \dfrac{2}{3}$

(4) (1) より $v_0 = \sqrt{2gr(1-\cos\theta_0)} \quad \therefore v_0 = \sqrt{\dfrac{2}{3}gr}$

(5) ここでは摩擦，抵抗無し…エネルギー保存でいこう！　てっぺんから考えてやると一発です

$$mgr = \frac{1}{2}mv_C{}^2 \quad \therefore v_C = \sqrt{2gr}$$

(6) 飛び出してからは，いつもの落下運動（y方向はgの等加速度運動）ですね。点Cから初速 $v_0 = \sqrt{\dfrac{2}{3}gr}$ で飛び出します。

$$v_y{}^2 - (v_0\sin\theta_0)^2 = 2g(r\cos\theta_0) \quad \therefore v_y = -\sqrt{\dfrac{46}{27}gr}$$

（$\cos\theta_0 = \dfrac{2}{3}$ より $\sin\theta_0 = \dfrac{\sqrt{5}}{3}$ だぞ。）

2次方程式ですから答えは2つありますが，
向きを考えてマイナスですね。

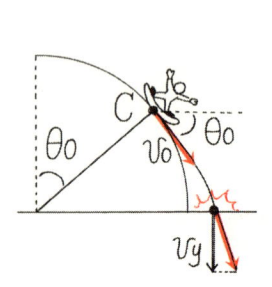

第1章 6講 円運動と万有引力

ちょっと面倒でしたが，考え方はチョロイもんだったでしょう。

Q まとめの問題　No.2

図のように，滑らかで摩擦のない床の上に，長さ a の棒を鉛直に固定しておこう。棒の先端に長さ ℓ の糸をつけ，糸の他端には質量 m の小球を取り付けた。

この状態から，小球が床から離れないようにしながら，角速度 ω で等速円運動させよう。重力加速度の大きさを g として，以下に答えよ。

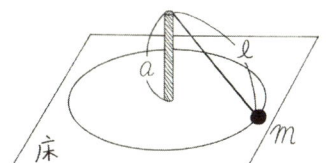

(1) この等速円運動の周期 T を求めよ。
(2) 小球の運動エネルギー K を求めよ。
(3) 糸の張力の大きさ S を求めよ。
(4) 床が小球に与える力の大きさ N を求めよ。
(5) 小球が床から離れないで運動するための，角速度 ω の条件を求めよ。

解答　Answer No.2

(1) $T = \dfrac{2\pi}{\omega}$　　(2) $K = \dfrac{1}{2}m(\ell^2 - a^2)\omega^2$　　(3) $S = m\ell\omega^2$

(4) $N = m(g - a\omega^2)$　　(5) $\omega \leqq \sqrt{\dfrac{g}{a}}$

解説

(1) 角速度が分かっていますから簡単！　$T = \dfrac{2\pi}{\omega}$ だ〜！

(2) 円運動の速さは $v = r\omega$，ここで半径は $r = \sqrt{\ell^2 - a^2}$ ですね。

というので，運動エネルギーは
$$K = \frac{1}{2}mv^2 = \frac{1}{2}m(\ell^2 - a^2)\omega^2$$

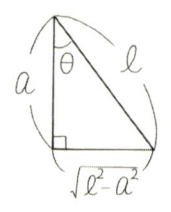

(3) 求めるのは…力！ さあ，図ですね。鉛直方向はつりあい。
$$N + S\cos\theta = mg$$

ここでNは床からの垂直抗力です。水平方向は（遠心力を入れた）半径方向のつりあい。
$$S\sin\theta = m\sqrt{\ell^2 - a^2}\,\omega^2$$

$\sin\theta$や$\cos\theta$は上の図で確認しておこう。
さあ，これでSとNの2つが求まるぞ！
$$S = m\ell\omega^2$$

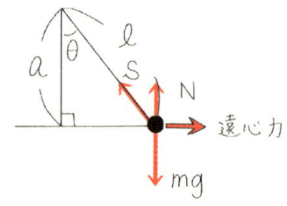

(4) 上の続きで $N = m(g - a\omega^2)$

(5) 離れない $\Rightarrow N \geq 0$ ですね。よって $g - a\omega^2 \geq 0$ ∴ $\omega \leq \sqrt{\dfrac{g}{a}}$

Q まとめの問題 ちょっと難しいぞ，頑張れ〜！ No.3

先の問題の続きです。ただし，$\ell = \sqrt{2}\,a$ とします。つまり，円運動の半径をaとするのです。おまけに床を水平面からθ傾けてみましょう。さあ，円運動させます。小球の軌道で最下点をA，最上点をBとして，最下点Aを通るときの速度をv_0としましょう。
重力加速度の大きさは，いつものgとし，斜面から離れたりせずに円運動できる条件を考えていきましょう。

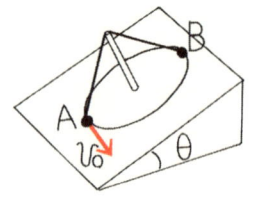

(1) 最下点Aを通るときの糸の張力をT_A，斜面から受ける抗力をN_Aとして，遠心力を含めた斜面に沿った方向のつりあいの式を書け。

(2) 同じく，斜面に垂直な方向のつりあいの式はどうなるか？

第1章 6講 円運動と万有引力

(3) N_A を求めよ。
(4) 点Aで小球が斜面から離れないための，v_0 の条件を求めよ。
続いて最上点Bについて考えてみましょう。
(5) 小球が点Bを通るときの速度 v_B を求めよう。
(6) 点Bでの糸の張力 T_B と斜面から受ける抗力 N_B を求めよ。
(7) 小球が点Aでも点Bでも面上を円運動できる v_0 の条件を書け。

解答 Answer No.3

(1) $m\dfrac{v_0^2}{a} + mg\sin\theta = T_A\dfrac{1}{\sqrt{2}}$ (2) $N_A + T_A\dfrac{1}{\sqrt{2}} = mg\cos\theta$

(3) $N_A = m\left(g\cos\theta - g\sin\theta - \dfrac{v_0^2}{a}\right)$ (4) $v_0 \leqq \sqrt{ga(\cos\theta - \sin\theta)}$

(5) $v_B = \sqrt{v_0^2 - 4ga\sin\theta}$ (6) $\begin{cases} T_B = m\left(\dfrac{\sqrt{2}\,v_0^2}{a} - 5\sqrt{2}\,g\sin\theta\right) \\ N_B = m\left(g\cos\theta + 5g\sin\theta - \dfrac{v_0^2}{a}\right) \end{cases}$

(7) $\sqrt{5ga\sin\theta} \leqq v_0 \leqq \sqrt{ga(\cos\theta - \sin\theta)}$

解説

(1) さあ，いつものように力を描きましょう。遠心力も忘れずに！
斜面方向のつりあいは
$m\dfrac{v_0^2}{a} + mg\sin\theta = T_A\dfrac{1}{\sqrt{2}}$ これから T_A が求まりますね。

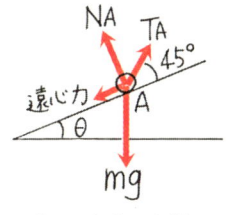

■ 点Aのときの力だ〜！

181

$$\therefore T_A = \sqrt{2}\, m\left(\frac{v_0{}^2}{a} + g\sin\theta\right) \cdots ①$$

(2) これも図を見ながら，斜面垂直方向は

$$N_A + T_A \frac{1}{\sqrt{2}} = mg\cos\theta \quad これに上の T_A を入れると N_A も求まります。$$

(3) 上の通り！ $\quad N_A = m\left(g\cos\theta - g\sin\theta - \frac{v_0{}^2}{a}\right) \cdots ②$

(4) 離れないのは $N_A \geqq 0$ ですね。②式より

$$v_0 \leqq \sqrt{ga(\cos\theta - \sin\theta)} \cdots ☆$$

(5) エネルギー保存だ〜！

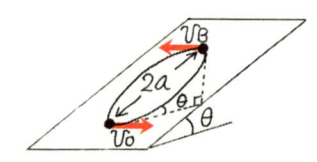

$$\frac{1}{2}mv_0{}^2 = \frac{1}{2}mv_B{}^2 + mg(2a\sin\theta) \quad \therefore v_B = \sqrt{v_0{}^2 - 4ga\sin\theta}$$

(6) 上と同じストーリーです。…図→つりあい→抗力，張力出して…さあ，GoGoGo！
斜面方向と，斜面垂直方向のつりあいは

$$m\frac{v_B{}^2}{a} = T_B \frac{1}{\sqrt{2}} + mg\sin\theta,$$

$$N_B + T_B \frac{1}{\sqrt{2}} = mg\cos\theta$$

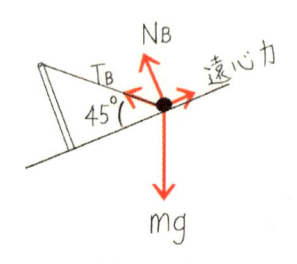

■ 点Bのときの力

さあ，2式を解くと

$$\begin{cases} T_B = m\left(\dfrac{\sqrt{2}\, v_0{}^2}{a} - 5\sqrt{2}\, g\sin\theta\right) \cdots ③ \\ N_B = m\left(g\cos\theta + 5g\sin\theta - \dfrac{v_0{}^2}{a}\right) \cdots ④ \end{cases}$$

(7) ①〜④式に注目！　条件は T_A, N_A, T_B, N_B 全てが正になることです。

最下点Aは①より糸がたるむことはありませんね。②より，あまり速いと浮き上がってしまいます。

最上点Bでは，④式をじっと見ると… ②の条件が満たされていると，かってに $N \geqq 0$ となりますね。つまり，下で浮かなければ上でも浮きません。後は糸がたるむかどうかです。

③で $T_B \geqq 0$ より　　$v_0 \geqq \sqrt{5ga\sin\theta}$ …★

さあ，下で浮かずに，上でたるまないには，☆と★2つを同時に満足してないとダメですね。

以上をまとめると，条件は　　$\sqrt{5ga\sin\theta} \leqq v_0 \leqq \sqrt{ga(\cos\theta - \sin\theta)}$

いや〜，ゴチャゴチャしていて難しいですね。でも，何を知りたいのか？条件は？…をしっかり頭に置いて，じっくり見ていって下さいね。

ここまでやって，まだ脳が溶けてない諸君，上の条件を v_0 が満たしていても，斜面の角度 θ があまりに大きいと，この円運動はダメですね。さあ，運動が可能な角度 θ の条件は？

…$\tan\theta \leqq \dfrac{1}{6}$ でした！　（これで脳は溶けたかな？）

> 言ってることは，どんなでも上の条件を満たしていることです。つまり
>
> $\sqrt{5ga\sin\theta} \leqq \sqrt{ga(\cos\theta - \sin\theta)}$　これで $\tan\theta \leqq \dfrac{1}{6}$ が出てきますね。
>
> ご苦労でした！

Q まとめの問題　No.4

地球の自転と同じ周期で同じ方向に回っている人工衛星で，赤道上に軌道を持つものは地上から静止して見える。このような人工衛星を静止衛星という。地表からの高さを h とする。

地球の質量を M，半径を R，人工衛星（静止衛星）の質量を m，万有引力定数を G としよう。また，人工衛星の（すなわち地球の）周期を T とする。

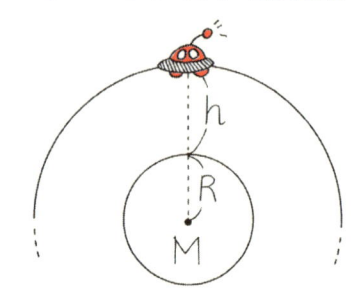

(1) 静止衛星の角速度 ω を周期 T を用いて答えよ。

(2) 静止衛星の速さ v を h, R, T を用いて答えよ。

(3) 静止衛星の地表からの高さ h を G, R, T, M を用いて答えよ。

人工衛星から質量 m' の物体（人ではな〜い）を後方に射出した。~~ヒト~~…物体は，人工衛星から見て後ろ向きに v の速さで進んでいったとしよう。

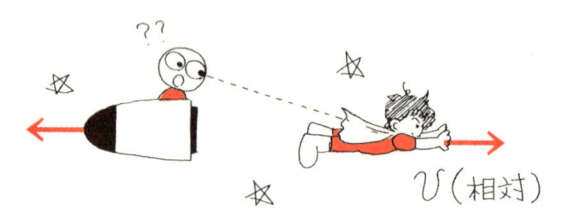

■後ろへ発射！

(4) 物体を発射することで，人工衛星の速さはいくらになったか？　その速さ V を m, m', v を用いて答えよ。

(5) 発射後，人工衛星が無限遠に飛び去るためには，発射する物体の質量 m' がどのような条件を満たしていなければならないか？

第1章 6講 円運動と万有引力

解答 Answer No.4

(1) $\omega = \dfrac{2\pi}{T}$　　(2) $v = \dfrac{2\pi(R+h)}{T}$　　(3) $h = \sqrt[3]{\dfrac{GMT^2}{4\pi^2}} - R$

(4) $V = \dfrac{m+m'}{m}v$　　(5) $m' \geqq (\sqrt{2}-1)m$

解説

(1) トーゼン，覚えましたね！　$\omega = \dfrac{2\pi}{T}$

(2) これもあたりまえ！　円では $v = r\omega$ でしたね。$v = (R+h)\omega = \dfrac{2\pi(R+h)}{T}$

(3) ここで円の式の登場！

$$m(R+h)\omega^2 = G\dfrac{Mm}{(R+h)^2} \quad \therefore (R+h)^3 = \dfrac{GMT^2}{4\pi^2}$$

答えは3乗根になります。$\therefore h = \sqrt[3]{\dfrac{GMT^2}{4\pi^2}} - R$

(4) 分裂ですから運動量保存！

投げ出された~~ヒト~~…物体の運動は相対速度として与えられてます。ここがポイント！　外から見た物体の速度 v_0 を求めて，それを使って運動量の式です。正の向きに注意してください。相対は【相対＝相手－自分】でしたから

$-v = v_0 - V$　よって $v_0 = V - v$

■ 外から見ると…

運動量保存式は

$$mv = (m-m')V + m'(V-v) \quad \therefore V = \frac{m+m'}{m}v$$

(5) 無限遠に飛んでいく…第2宇宙速度みたいなものですね。考え方は全く同じ！　さあ，エネルギー保存より

$$\frac{1}{2}(m-m')V^2 + \left(-G\frac{M(m-m')}{R+h}\right) \geq 0$$

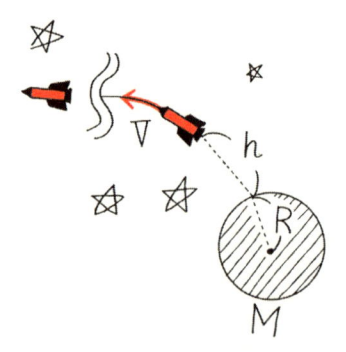

■ はるか彼方へ

これに V を入れると分かりますね…v がジャマ。そこで静止衛星の円の式より

$$m\frac{v^2}{R+h} = G\frac{Mm}{(R+h)^2} \quad \therefore v^2 = \frac{GM}{R+h}$$

これで v を消すと $m' \geq (\sqrt{2}-1)m$ となります。

面倒なだけで，どれもみんなやったやつだけだぞ〜！

第1章 7講 単振動

単振動

Part 1 力学分野

　いよいよ力学の最後を飾って"単振動"の登場です。と言ってもこの前にやった円運動を横から見ただけ！　考え方はシンプルそのものです。力を描き出して運動方程式で運動を調べる…だけですよ。ただし，式の中にsin，cosがバカスカ出てくるので数学が弱い人にはちょっと難しいかも…でもガンバ〜！　ハイレベルの大学ほど好きで，よく突いてくるところでもあります。
　さあ，力学の総仕上げとして，今までの"戦闘民族"の力を見せてみろ〜！

★ 単振動

半径 A，角速度 ω の等速円運動を，同一平面内にある直線上に正射影した往復運動を単振動という。

$$\begin{cases} x = A\sin\omega t \\ v = \omega A\cos\omega t \\ a = -\omega^2 A\sin\omega t \\ = -\omega^2 x \end{cases}$$

ω : 角振動数 [rad/s]

復元力： $F = -m\omega^2 x$

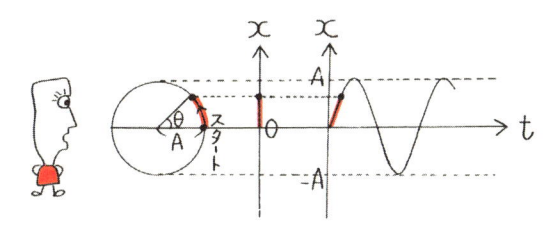

■ 単振動 $x-t$（位置の射影です）

187

式だけを見ているとうわ〜っていう感じですが，じっくり1つずつチェックしていこう！　そうすればどうっていうことありません。というので，まずは位置 $x = A\sin\omega t$ です。

@IMAGE　位置の射影は… $x = A\sin\omega t$

円運動の位置を横から見て（射影）やるぞ〜！

時刻 $t = 0$ で $\theta = 0$ からスタートして等速円運動すると，時刻 t では $\theta = \omega t$ の角度にいます。これを横から見ると x 方向の位置は $x = A\sin\theta = A\sin\omega t$ さあ，これで単振動の位置 x が時刻 t の関数 $x(t)$ として求まりました。

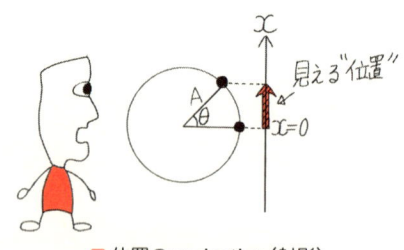

■ 位置の projection（射影）

@IMAGE　速度の射影は… $v = \omega A\cos\omega t$

速度も同じように横から見ましょう。円運動の速さは $v_円 = \omega A$（円のときの $v = r\omega$ のこと）で接線方向。これを射影してみると $v = \omega A\cos\omega t$ が横から見えてます。これが単振動の $v(t)$ です。

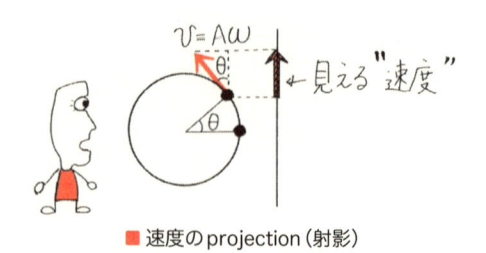

■ 速度の projection（射影）

第1章 7講　単振動

@IMAGE　加速度の射影は…$a = -\omega^2 A \sin\omega t$

　加速度も同じ〜！　円運動の加速度は$a_円 = \dfrac{v^2}{r} = r\omega^2$…ここで使ってる記号では$\omega^2 A$ですね。向きは中心向き！　これを横から見ると見えている加速度（単振動の加速度です）は下向きで$a = -\omega^2 A \sin\omega t$。これで$a(t)$もOK！

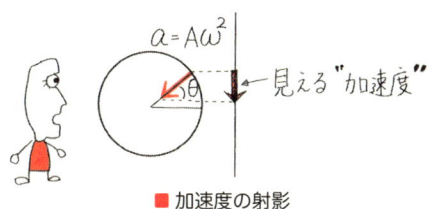

■ 加速度の射影

@IMAGE　速度v&加速度aの最大値とその位置

　単振動の**速度の最大値**は$v_{\max} = \omega A$，**加速度の最大値**は$a_{\max} = \omega^2 A$ですね。それぞれ，どこの位置にいるときか？　わかりますね（右図をしっかり見よう）。速度，加速度がゼロの位置もしっかりチェック！　よく使う考えですよ。

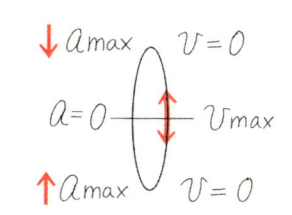

■ 速度，加速度max＆ゼロの位置

@IMAGE　スタートと式の形！

　式でxは＋sinの形になっていますが，どうしてだか分かりますね。そう，"**スタート**の位置"で決まってるのですね。ここの場合，円運動は右横の点から始まったので横から見た射影は＋sinの形になったのです。他の位置からスタートすると，当然，式は変わります。それらをまとめておくと次ページの図のようになります。各スタートの位置と式の形，頭の中でしっかり描けるかな？

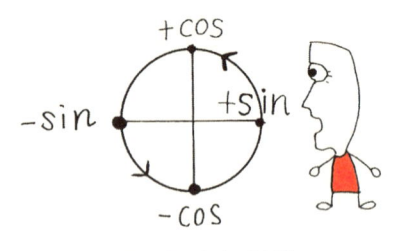

■ スタートと式の形

　基本的に式は $\pm\sin$，$\pm\cos$ の4つだけ！　この4つからどれを選ぶかは問題を見て"スタートの位置"から君自身が考えて選ぶのです。じっくり眼を大きく開けるんだぞ。

　すぐに下の問題でチェックだ〜！

Q 7-1 問題

【スタートの位置と式の例です】

ばねの自然長を ℓ_0，角振動数を ω として，以下の場合の x と t の関係式を書いてみよう。振動の中心は，ばねの自然長の位置です。

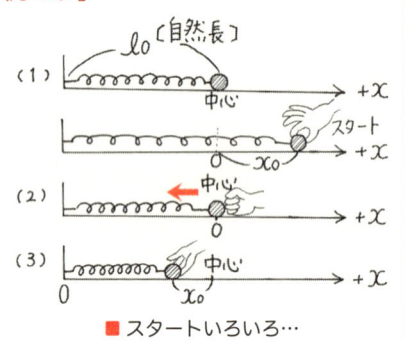

■ スタートいろいろ…

(1) 時刻 $t=0$ で $x_0(>0)$ からスタート。

(2) 左向きに初速度をあたえる。振動の振幅を A としよう。

(3) 座標のとり方を変えてみよう。左端を原点 $x=0$ として，$t=0$ でばねを自然長から $x_0(>0)$ 押し込んでスタート！

Answer 7-1

(1) $x = x_0 \cos\omega t$　　(2) $x = -A\sin\omega t$　　(3) $x = \ell_0 - x_0\cos\omega t$

第1章 7講 単振動

◎ 解 説

(1) スタートは一番遠いところからです。式は $+\cos$ ですね。

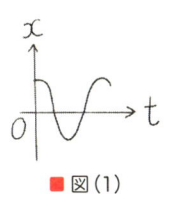

■ 図(1)

(2) $x=0$ でスタート！ 負の方に行きます。$-\sin$ だ～！

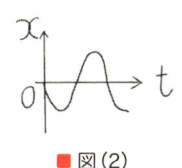

■ 図(2)

(3) マイナスが最大のところからスタート。式は $-\cos$ ですね。この $-\cos$ の振動が原点より ℓ_0 の距離だけ右にあるので ℓ_0 を足しておこう。

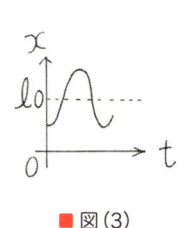

みんなチョロイね！ チョロイと思わなかった人は何回もやるんだ～！

■ 図(3)

@IMAGE 単振動と微分での出し方

単振動の位置 x の式は，スタートによって形が違いましたね。というので，v や a の式は覚えるのでなく出せるように！ 前にやった図を横から見て描けることも大切ですが，理系戦闘民族のみんなは微分を使って出すんだ！

速度，加速度は $v=\dfrac{dx}{dt}$, $a=\dfrac{dv}{dt}$ でしたね。さあ，$x=A\sin\omega t$ に注意して一気に導くと

$$v = \frac{dx}{dt} = \frac{d}{dt}A\sin\omega t = \omega A\cos\omega t$$

$$a = \frac{dv}{dt} = \frac{d}{dt}\omega A\cos\omega t = -\omega^2 A\sin\omega t$$

簡単ですね。最初のxの形がスタートの位置で変わってもやり方は同じ！　戦闘民族の君は頭の中でパッと出せるように。

ところで最後の加速度の式$a=-\omega^2 x$は，スタートの形に関係なくxを2回微分すると$-\omega^2$が出て元の形に戻るので，必ず$a=-\omega^2 x$です。だからこれは大切なんだ〜！

@IMAGE というので「まとめ」

単振動と言ったら式は次の2つ…$\begin{cases} x=A\sin\omega t \\ a=-\omega^2 x \end{cases}$

xはスタートの位置に注意！　vやaは暗算で出せろ（命令形！）。
そして，aは$a=-\bigcirc x$の型がポイント！

加速度の$a=-\bigcirc x$の型がなぜ大切なのかは，次の2つの典型的な単振動の例で周期の出し方を具体的に見ながらチェックだ！

★ 単振動の周期

$$\begin{cases} \text{ばね振り子}: T=2\pi\sqrt{\dfrac{m}{k}} \\ \text{単振り子}: T=2\pi\sqrt{\dfrac{\ell}{g}} \end{cases}$$

@IMAGE 「ばね振り子」の周期

まず，「ばね振り子」の周期を導いてみましょう。

第1章 7講 単振動

■ ばね振り子

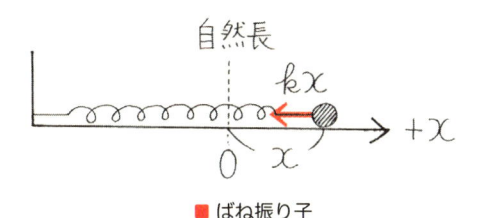

図のように自然長から $+x$ 伸びたとき，物体にかかる力は左向きに kx です。よって運動方程式は

$$ma = -kx \quad \therefore a = -\frac{k}{m}x$$

おや，これは $a = -\bigcirc x$ の形じゃあないか！　というので，ここでこの運動が"単振動だ～！"と分かるのです！

あとは $a = -\omega^2 x$ の形と比べて周期が出せます。

$$\omega = \sqrt{\frac{k}{m}} \quad \therefore T = \frac{2\pi}{\omega} = 2\pi\sqrt{\frac{m}{k}}$$

上のやり方ですが…どうです？　**「運動方程式の解き方」**と全く同じことをやっているのに気付きましたか？

【図描く→力描く→＋を決めて式を書く→加速度など求める】

全く同じだ～！　求めた加速度が単振動の形 $a = -\bigcirc x$ から単振動だと分かる→ $a = -\omega^2 x$ と比べて周期などを出す…。

単振動だからといって，特別なことをやってるわけではないのですね。いつもの通り $ma = F$ をやっていくんだ！

"$a = -\bigcirc x$ がポイント！"

@IMAGE　ばねが縮んだら…（$x < 0$ の場合です）

ところで，上の問題ではばねが自然長から $+x$ 伸びた状態の力を描いて導いていきましたが，縮んでるときはどうなるか…分かるかな？

物体にかかる力は右向きに大きさが $-kx$ の力ですね。$-kx>0$ ですよ！ x が負であることに気をつけること。よって運動方程式は右方向が正ですから

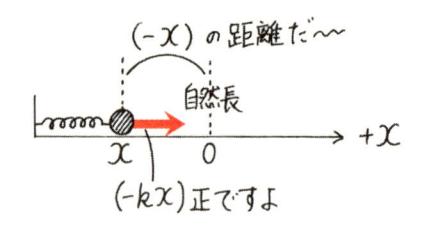

$$ma = -kx \quad \therefore a = -\frac{k}{m}x$$

伸びてるときと同じ形です。つまり，伸びた状態で求めた結果は，縮んだ状態も表しているのです。みんなは分かりやすい方だけを考えて式を立てていけばOK！

@IMAGE 単振り子の周期

2番目の「振り子の周期」も導くぞ〜！

出し方は，ちょっとゴチャゴチャしてるので自分でできなくともかまいません。ただし，いつもの $ma=F$ をやってるのを確認すること。$a=-○x$ の形だよ！

角度 θ が非常に小さい（振幅が非常に小さい）として，おもりにかかる重力 mg と張力 T の合力は $-mg\sin\theta$ と書けますね。

θ が非常に小さいときは $\sin\theta \fallingdotseq \dfrac{x}{\ell}$ と近似できるので，さあ運動方程式は

$$ma \fallingdotseq -\frac{mg}{\ell}x \quad \therefore a = -\frac{g}{\ell}x$$

これは $a=-○x$ だ。というので単振動〜！ さあ $a=-\omega^2 x$ と比べて

$$\omega = \sqrt{\frac{g}{\ell}} \quad \therefore T = 2\pi\sqrt{\frac{\ell}{g}} \quad \cdots 周期が求まります。$$

細かいことは見なくてもかまいません。$ma=F$ をやっていることを

第1章 **7講** 単振動

じーっと見るのですよ！

Q7-2 問題 【ばねを縦にするぞ～！】

自然長 ℓ_0，ばね定数 k のばねの一端に質量 m の小物体をつなぎ，他端を天井に固定しよう。鉛直下向きに x 軸をとり，自然長の位置を原点とする。重力加速度の大きさはいつもの g です。

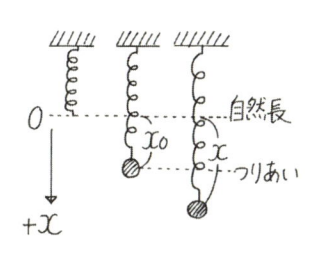

(1) つりあいの位置座標 x_0 はいくらか？

時刻 $t=0$ で $x=0$ にあった小物体を静かに放した。

(2) 小物体が位置 x にあるときのばねの力の大きさは？

(3) 小物体の運動方程式を書こう！

(4) 小物体はどのような運動をするか？ その運動の特徴となる物理量を3つ求めよ。

解答 Answer 7-2

(1) $x_0 = \dfrac{mg}{k}$ (2) kx (3) $ma = -k\left(x - \dfrac{mg}{k}\right)$

(4) 単振動…特徴は解説を見てください

◯ 解説

(1) いつもの"つりあい"ですね。カンタン！ $mg = kx_0$ $\therefore x_0 = \dfrac{mg}{k}$

(2) 自然長からの伸びは x で，伸びてるばねが上に引っ張りますね。向きは，上向き→マイナスです。求める"大きさ"は，当然 kx だ！

(3) $\begin{cases} ma = -kx + mg \\ = -k\left(x - \dfrac{mg}{k}\right) \end{cases}$

(4) 上の式は単振動の形ですね。性質は次の3つを書けばOK！

- 中心：$a = -\bigcirc x$ では $x = 0$ が中心でしたね。(3)の式は $a = -\dfrac{k}{m}X$ と置くと $X = 0$　つまり $x_0 = \dfrac{mg}{k}$ が中心の単振動となります。
これはさっきやったつりあいの位置ですね。つまり…
　　　→【単振動の中心はつりあいの位置】なんだ～！

- 振幅：スタートの位置と振動の中心の距離が振幅です。しっかり図を見て
$$A = x_0 = \dfrac{mg}{k}$$

- 周期：加速度は $a = -\dfrac{k}{m}X$ ですね。
よって $T = 2\pi\sqrt{\dfrac{m}{k}}$

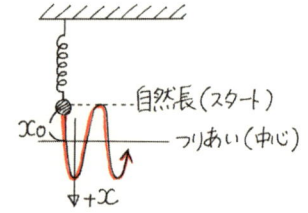

ばねを縦にしても振動の中心が変わるだけで，周期 T や ω は同じなのです。他に ω や f を求めてもOKです。T を含めたこの3つはみんな"振動の速さ"を表しているんですね。というので特徴を3つといえば，中心と振幅，そして T（あるいは ω か f）でいこう～！

@IMAGE　振動の中心と式の関係

単振動の式 $x = A\sin\omega t$ は $x = 0$ が中心の振動でした。中心が $x = x_0$ の振動では $x = A\sin\omega t + x_0$ となりますね。これから v と a を出すと（微分が早い！）

$\begin{cases} v = \omega A\cos\omega t \\ a = -\omega^2 A\sin\omega t \\ = -\omega^2(x - x_0) \end{cases}$

つまり加速度は $a = -\bigcirc(x-x_0)$ の形で，ここの x_0 が振動の中心を決めるのです。

一般には復元力 $-kx$ 以外に**一定の力** F_0 が加わると運動方程式は

$$ma = -kx + F_0 = -k\left(x - \frac{F_0}{k}\right) \quad \therefore\ a = -\frac{k}{m}\left(x - \frac{F_0}{k}\right)$$

ここで $\dfrac{k}{m}$ のところが振動の速さ ω^2 を，$\left(x-\dfrac{F_0}{k}\right)$ の $x_0 = \dfrac{F_0}{k}$ が振動の中心座標を示しているのですね。

一定の力が加わっても中心が変わるだけ，振動の速さはそのままです。重力や動摩擦力などが，この一定の力の例です。先の問題の様子，完璧に見えるようになったかな？

> **@Advanced** 微分方程式と単振動について！
>
> ちょっと難しいかもしれませんが，ここで微分方程式と $a=-\bigcirc x$ の形の関係について書いておきましょう。
>
> 何回も出てきたこの $a=-\bigcirc x$ は，実は $\dfrac{d^2x}{dt^2} + \bigcirc x = 0$ という2階の（線形）微分方程式です。この解の1つ（特解といいます）が $x = A\sin\omega t$ ですね。ここで $\omega = \sqrt{\bigcirc}$ です。試しに代入してみると上の関係を満たしているでしょう。方程式の一般解は2つの定数（2階の方程式からきます）を含んでいて，次の形になります。$x = A\sin(\omega t + \phi)\cdots$① ここで ϕ を初期位相といいます。これも代入すると方程式を満たしているのがすぐ分かりますね。これを $x = A_1\sin\omega t + A_2\cos\omega t \cdots$② と書く人もいます（これも代入すると解だとすぐ分かりますよ）。ところで，この2つは全く同じ式ですね！　三角関数の合成の関係式を使うと②式は
>
> $$x = A_1\sin\omega t + A_2\cos\omega t = \sqrt{A_1^2 + A_2^2}\sin(\omega t + \phi) \quad \text{ここで}\ \tan\phi = \frac{A_2}{A_1}$$
>
> です。
>
> ①と同じ形でしょう。2つは同値ですからどっちを使っても同じです。好きなほうで OK！
>
> 以上のことを踏まえて，この本では単振動を一般的な解の形でなく，$x = A\sin\omega t$ と書いていきますね。一般の解の形がゴチャゴチャして面倒ですから。その代わり，$\sin$ の形をスタートの位置によって $\pm\sin$, $\pm\cos$ に書

き換えていけばいいのです。
「式は +sin で覚えてスタートに注目！」これで Go Go〜！

@IMAGE まとめ！

大切なことは2つ！
$$\begin{cases} x = A\sin\omega t \\ a = -\omega^2 x \end{cases}$$

とくに加速度は，運動方程式から求めたものと形を比べて中心座標や振動の速さ（ω, f, T）が分かるので，非常に大切！

次のばねの振動や振り子の振動で，2つの式の使い方をすぐにチェックだ〜！

Q 7-3 問題 【ばねが2つ】

2つの同じばね（自然長 ℓ_0，弾性定数 k）を図のように質量 m の物体の左右につけ，他端を $2\ell_0$ の間隔の壁にそれぞれ取りつけた（つまり，ばねは自然長になっています）。物体の運動は壁の間の直線上だけとする。中心に原点を取り，右方向を x 軸の正の向きとして答えよ。

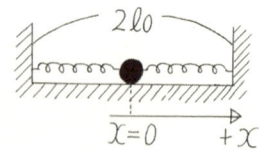

(1) つりあいの位置より $\frac{1}{4}\ell_0$ だけ右側にずらしたとき，物体が2本のばねから受ける合力はいくらか？

(2) この位置で手を放した。物体の振動の周期 T と振幅 A を求めよ。

解答 Answer 7-3

(1) $-\frac{1}{2}k\ell_0$ (2) $A = \frac{1}{4}\ell_0$, $T = 2\pi\sqrt{\dfrac{m}{2k}}$

第1章 7講 単振動

解説

(1) 原点より $+\dfrac{\ell_0}{4}$ 右に物体がある場合は，力の向きに注意して，左のばねは伸びていますから，力は $k\left(\dfrac{\ell_0}{4}\right)$ で左方向です。右のばねは縮んでいて力はやはり左方向に $k\left(\dfrac{\ell_0}{4}\right)$ の力です。

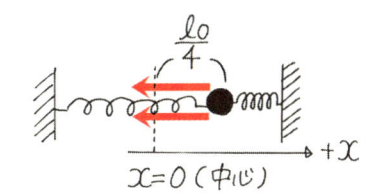

求めるのは合力です。右向きが正ですから

$$F_{\text{合力}} = -k\dfrac{\ell_0}{4} + \left(-k\dfrac{\ell_0}{4}\right) = -\dfrac{1}{2}k\ell_0$$

よって合力の大きさは $\dfrac{1}{2}k\ell_0$，向きは左向き（$-x$方向）です。

(2) 振幅 A はスタート＆中心の位置で決まりますね。

$$A = \dfrac{1}{4}\ell_0$$

一方，周期は運動方程式から求めるんですね。中心から右に x の位置にあるときの方程式は

$$ma = k(-x) - k(+x) = -2kx \quad \therefore\ a = -\dfrac{2k}{m}x$$

$a = -\bigcirc x$ の形です！　$a = -\omega^2 x$ と比べて

$$\therefore\ \omega = \sqrt{\dfrac{2k}{m}}, \quad 周期\ T = 2\pi\sqrt{\dfrac{m}{2k}}$$

式の形を見ると，ばね定数が $2k$ となったようなものですね。この"合成ばね定数"の考えはよく使いますよ。

Q 7-4 問題 【ばねが2つ…その2】

先の問題7-3で，壁の間隔をℓ_0に縮めると，物体の振動の周期はどうなるかな？

解答　Answer 7-4

$$T = 2\pi\sqrt{\frac{m}{2k}}$$

● 解説

さっきと全く同じやり方ですね。ハイ，運動方程式ですよ！

原点からx（右です。もちろん左にあるとしても同じになりますよ）の位置に物体がある場合です。

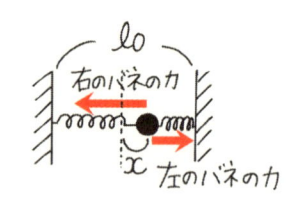

左のばねは"縮んで"いて力は右方向に$k\left(\dfrac{\ell_0}{2}-x\right)$。右のばねは，やはり"縮んで"いて左方向に$k\left(\dfrac{\ell_0}{2}+x\right)$です。

さあ，運動方程式は

$$ma = k\left(\frac{\ell_0}{2}-x\right) - k\left(\frac{\ell_0}{2}+x\right) = -2kx \quad \therefore\ a = -\frac{2k}{m}x$$

さっきのと全く同じですね。周期が$T = 2\pi\sqrt{\dfrac{m}{2k}}$，中心は$x=0$（つりあいの位置）の単振動です。

結局，最初のばねの長さに関係なく同じタイミングの動きになるのですね。

☑ **この講はこれでendです。次の問題で実力をチェックだ～！**

第1章 7講 単振動

Q まとめの問題 ジャンプ！ No.1

図のように，床の上に固定したばね定数kのばねの上に，質量Mの台Qを取り付けてある。その上に質量mの物体Pを置いた。重力加速度の大きさをgとして以下の問いに答えよ。

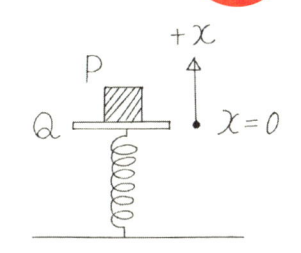

(1) このときのばねの縮みx_0はいくらか？

この位置を原点$x=0$としてx軸を鉛直上向きにとる。そして物体を手で引き下げて$x=-2x_0$のところで静かに放した。

(2) $x=0$に戻ったときの速さv_1はいくらか？

(3) 位置xにあるときP，Qの運動方程式をそれぞれ書け。ただし，PがQに及ぼす力（垂直抗力）の大きさをN，PとQの加速度をaとし，x_0を用いて表せ（$0<x<x_0$と考えよう）。

(4) 手を放してから$x=0$に達するまでの時間t_1を求めよ。

(5) PがQから離れるのはどこか？　その座標を求めよ。

解答 Answer No.1

(1) $x_0 = \dfrac{M+m}{k}g$　　(2) $v_1 = 2g\sqrt{\dfrac{M+m}{k}}$

(3) $\begin{cases} \text{P}：ma = N - mg \\ \text{Q}：Ma = k(x_0 - x) - N - Mg \end{cases}$　　(4) $t_1 = \dfrac{\pi}{2}\sqrt{\dfrac{M+m}{k}}$

(5) $x = \dfrac{M+m}{k}g$

解説

(1) つりあいですね。　$(M+m)g = kx_0$　∴ $x_0 = \dfrac{M+m}{k}g$

ここが**振動の中心**です。

(2) ここはエネルギー保存を自然長に気をつけて書いて下さい。

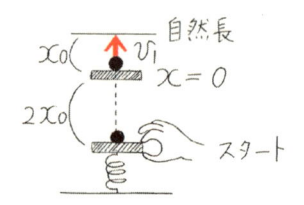

$$\frac{1}{2}k(x_0+2x_0)^2 = (M+m)g(2x_0) + \frac{1}{2}(M+m)v_1^2 + \frac{1}{2}kx_0^2$$

∴ $\dfrac{9}{2}kx_0^2 = 2kx_0^2 + \dfrac{1}{2}kx_0^2 + \dfrac{1}{2}(M+m)v_1^2$　…つりあいの式を使っている

∴ $\dfrac{1}{2}(M+m)v_1^2 = \dfrac{1}{2}k(2x_0)^2 = 2kx_0^2$ …（＊）

∴ $v_1 = \sqrt{\dfrac{4kx_0^2}{M+m}} = 2x_0\sqrt{\dfrac{k}{M+m}} = 2g\sqrt{\dfrac{M+m}{k}}$

（"単振動のエネルギー保存"というのを知ってる人は（＊）式を直接書いてもOKです。知らない人は…上の通りやりゃ〜OK!）

(3) 力をきちんと描けば絶対できます！　必ずできろ！（命令形？）

$\begin{cases} \text{P}: ma = N - mg \\ \text{Q}: Ma = k(x_0 - x) - N - Mg \end{cases}$

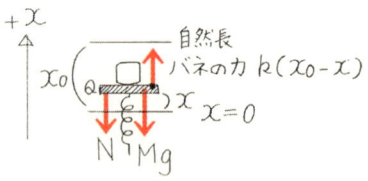

■ Qにかかる力（Pは自分で描くこと！）

(4) 円運動や単振動の時間の問題は，何といっても周期です！　→運動方程式から求めるんですね。上の2式から加速度 a を求めると（N を消去しろということ）

第1章 7講 単振動

$$(M+m)a = -mg + k(x_0-x) - Mg$$
$$= -(M+m)g + k(x_0-x)$$
$$= -kx$$
$$\therefore a = -\frac{k}{M+m}x$$

$a = -\bigcirc x$ の形！単振動だ〜！　よって周期は $T = 2\pi\sqrt{\dfrac{M+m}{k}}$
もう気付いたと思いますが，ばねの振動は中心が変わろうが，ばね定数が変わろうが…摩擦力があろうが，重力が斜めに掛かろうが…いつも $T = 2\pi\sqrt{\dfrac{m}{k}}$ の形なのです。一定の力がかかるときの特徴でしたね。答案として書くときも，ちゃんとやれば上の通りですが，質量が $M+m$ として一気に $T = 2\pi\sqrt{\dfrac{M+m}{k}}$ としてもOKです。ドンドン使って下さい。

求める時間は $\dfrac{1}{4}$ 周期にあたりますね。

$$\therefore t_1 = \frac{\pi}{2}\sqrt{\frac{M+m}{k}}$$

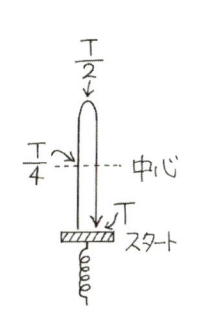

(5) "離れる"…つまり $N=0$ となるところですね。
垂直抗力 N といえば，さっき運動方程式に出ていましたね。そう，2つの未知数のうち，前のは a を，今度は N を求めりゃ〜いいのだ！　方程式の上のに a を代入して

$$N = m(a+g) = \frac{m}{M+m}\{(M+m)g - kx\} \quad \cdots N\text{は位置}x\text{によって}$$

変わるのですね。
ゼロとなるのは $x = \dfrac{M+m}{k}g$ のときです。これは…x_0 ですね。
つまり自然長で離れてジャンプ！となります。

ジャンプしてから後の運動もよく出されます。

Pは単なる投げ上げになります。というので最高点の高さ，その時間はもう簡単に出せますね。さらにQは質量Mだけの単振動。このとき，振動の中心（つまりつりあいの位置です）が変わるので注意！

Q まとめの問題 No.2

角度 θ の斜面の上端にある支点にばね定数 k のばねの一端を取り付け，他端に質量 m の物体をつなぐと，ばねは d だけ伸びてつりあった。この位置を原点Oとし斜面にそって下向きに x 軸を取るとしよう。斜面と物体の間には摩擦はないとする。

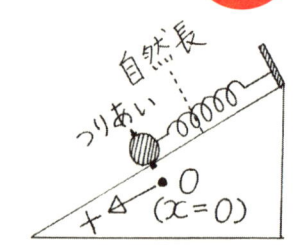

(1) つりあいの位置でのばねの伸び d を求めよ。

ここで物体を自然長の位置まで持ち上げ，静かに放すと振動をはじめた。以下は必要なら d を用いてよい。

(2) 物体が位置 x にあるときの運動方程式を書け。

(3) 振動の周期 T を求めよ。

(4) 物体の速さが最大となる位置 x_1 と速さの最大値 v_1 を求めよ。

(5) 物体を放してから速さが最大となるまでの時間 t_1 はいくらか？

(6) 物体を放してから，物体が $x = -\dfrac{d}{2}$ の位置を通過する時間 t_2 はいくらか？

解答 Answer No.2

(1) $d = \dfrac{mg\sin\theta}{k}$ (2) $ma = -kx$ (3) $T = 2\pi\sqrt{\dfrac{m}{k}}$

第1章 7講 単振動

(4) $x_1 = 0$, $v_1 = d\sqrt{\dfrac{k}{m}}$ (5) $t_1 = \dfrac{\pi}{2}\sqrt{\dfrac{m}{k}}$ (6) $t_2 = \dfrac{\pi}{3}\sqrt{\dfrac{m}{k}}$

Part 1 力学分野

● 解説

(1) つりあいですね。 $mg\sin\theta = kd$ ∴ $d = \dfrac{mg\sin\theta}{k}$

(2) いつもの 図⇒力⇒式 ですね。ばねの力は自然長から測ることに気をつけて
$ma = mg\sin\theta - k(x+d)$
$ = -kx$
お，これは単振動だ～！ すぐ次のにGo！

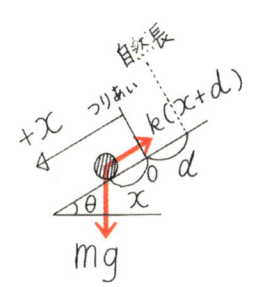

■ 力，全部～！

(3) $a = -\omega^2 x$ と比べて $T = \dfrac{2\pi}{\omega} = 2\pi\sqrt{\dfrac{m}{k}}$
…いつものばねの式です。もう覚えてしまったよね！

(4) 速さ最大は単振動の中心（つりあいの位置）でしたね。ここでは原点ですから $x_1 = 0$ 一方，単振動の速度の最大値は $v_{\max} = \omega A$ です。振幅はスタートと中心の距離ですから d です。

まとめると $v_1 = \omega A = d\sqrt{\dfrac{k}{m}}$

もちろん，エネルギー保存でやってもOKです。

(5) 単振動の時間を求めるのは周期を使うのがポイントです。

求める時間は $\dfrac{1}{4}$ 周期。つまり $t_1 = \dfrac{1}{4}T = \dfrac{\pi}{2}\sqrt{\dfrac{m}{k}}$

(6) 上の半分で $t_2 = \dfrac{1}{8}T$ とやると…
アウト！ もう一度確認すると，
単振動は円運動の射影ですよ。図
でチェックだ～！ 単振動で $\dfrac{A}{2}$
に来るのは円では $\dfrac{1}{6}$ 周だ～！

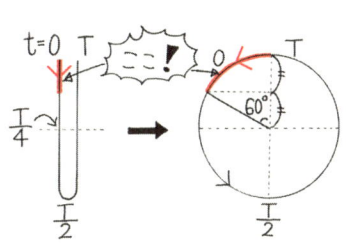

205

よって $t_2 = \dfrac{1}{6}T = \dfrac{\pi}{3}\sqrt{\dfrac{m}{k}}$ です。

単振動で"時間"といったら周期と"円"を描くんだ〜！

ところで，この問題…見たこと無いかな？ 気付いた人はGreat！ 第1章4講のまとめのやつと同じ設定なんです。さあ，もう一度前のを見て，エネルギー保存（静止のとき）と単振動…よく比べておこう！

Q まとめの問題　摩擦のある単振動…難しいぞ〜！　No.3

図のようにばね定数 k のばねの左端を壁に取り付け，右端に質量 m の小物体をつける。床と小物体の間には摩擦力が働き，静止摩擦係数は μ_0，動摩擦係数は μ である。自然長の位置を原点 O に取り，図の右方向を x 軸の正の向きとする。また，重力加速度の大きさは g とする。

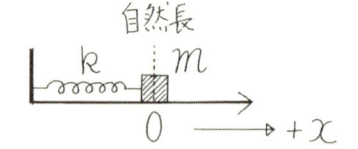

(1) 小物体を原点 O から距離 d より遠くに置くと，小物体は動き出す。d はいくらか？

ここで小物体を原点 O から右の点 P($x = a$) に置いて静かに手を離すと，小物体は左に向かって動き出した。この時刻を $t = 0$ とする。

(2) 位置 x での小物体の加速度を α（アルファ）として運動方程式を書け。

(3) 小物体が静止する点 Q の座標 x_1 を求めよ。

(4) そのときの時刻 t_1 を求めよ。

(5) 上の運動の周期 T と振幅 A を求めよ。

その後，点 Q から逆向きに動き出した小物体は，時刻 t_2 で x_2 の位置 R で再び止まり，静止したままになった。QR 間の運動を見てみよう。

(6) 位置 x での小物体の運動方程式を書け。加速度を α' としよう。

(7) 位置 x_2 と，この運動の周期 T' と振幅 A' を求めよ。

第1章 7講 単振動

解答 Answer No.3

(1) $d = \dfrac{\mu_0 mg}{k}$　　(2) $ma = -kx + \mu mg$　　(3) $x_1 = \dfrac{2\mu mg}{k} - a$

(4) $t_1 = \pi\sqrt{\dfrac{m}{k}}$　　(5) $T = 2\pi\sqrt{\dfrac{m}{k}}$, $A = a - \dfrac{\mu mg}{k}$

(6) $ma' = -kx - \mu mg$

(7) $x_2 = a - \dfrac{4\mu mg}{k}$, $T' = 2\pi\sqrt{\dfrac{m}{k}}$, $A' = a - \dfrac{3\mu mg}{k}$

解説

(1) ギリギリ…最大摩擦力です。

つりあいより　$\mu_0 mg = kd$　∴ $d = \dfrac{\mu_0 mg}{k}$

(2) いつもの図→力→式…です。

$ma = -kx + \mu mg$
$ = -k\left(x - \dfrac{\mu mg}{k}\right)$

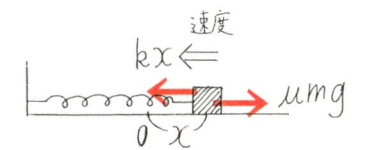

おや，これは $a = -\dfrac{k}{m}\left(x - \dfrac{\mu mg}{k}\right)$　…単振動だ～！

中心は $a = 0$ となる点でその座標を x_0 とすると，$x_0 = \dfrac{\mu mg}{k}$

また $\omega = \sqrt{\dfrac{k}{m}}$，周期は $T = 2\pi\sqrt{\dfrac{m}{k}}$　…いつものばねのです。

(3) 上で振動の様子が分かったので，カンタン！

スタートが a で中心が x_0 ですから振幅 A が…え～い，文章は面倒だ，図でチェック！

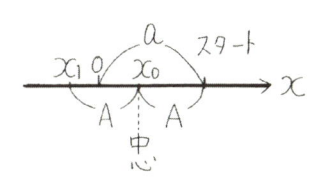

207

振幅：$A = a - x_0$　∴ $x_1 = a - 2A = 2x_0 - a$

x_0を代入して　∴ $x_1 = \dfrac{2\mu mg}{k} - a$

図を見ながらやるとカンタンだ〜！

(4) 半周期です。　$t_1 = \dfrac{T}{2} = \pi\sqrt{\dfrac{m}{k}}$

(5) もう終わっていますね！

　　周期は $T = 2\pi\sqrt{\dfrac{m}{k}}$，振幅は $A = a - x_0 = a - \dfrac{\mu mg}{k}$

(6) ここからは右方向に進んでいきます。 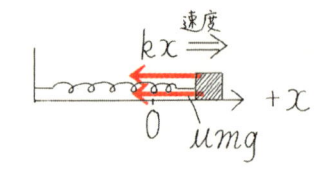
ということは…摩擦が反対向きです。
注意〜！
　x は負にとってもできますが，基本は
正に取りましょうね。同じになります。さあ，運動方程式は

$$ma' = -kx - \mu mg$$
$$= -k\left(x + \dfrac{\mu mg}{k}\right)$$
$$= -k(x + x_0)$$

やはり単振動です。違いは中心が $-x_0$
となる＆振幅も x_1 が負に注意して
$A' = |x_1| - x_0 = a - 3x_0$ とはじめのよ
り小さくなります。 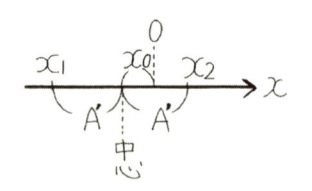
周期は同じ振動ですね。

(7) しまった！　もうやってしまっている。x_2 は上の図を見ながら考えるんだぞ。

　　$x_2 = 2A' - |x_1| = a - 4x_0$，$x_0$の値を代入して，$a - \dfrac{4\mu mg}{k}$，

　　$T' = 2\pi\sqrt{\dfrac{m}{k}}$，$A' = a - \dfrac{3\mu mg}{k}$

第1章 7講 単振動

摩擦のある単振動…難しかったかな？ 往復で中心が変わって，止まる位置も $2x_0$ ずつ小さくなっていきます。でも，かかる時間，周期はそのままです。

振動が続いていくとすれば，次図のようになりますね。

そして，あまり自然長からの変位が小さくなると，静止摩擦で止まってしまうのです（一般に $\mu_0 > \mu$）。この問題では1往復でSTOPします。$x_2 \leq d$ だったということですね。この条件を書かせる問題も多いぞ。要チェック！

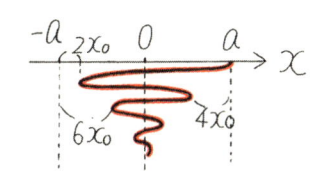

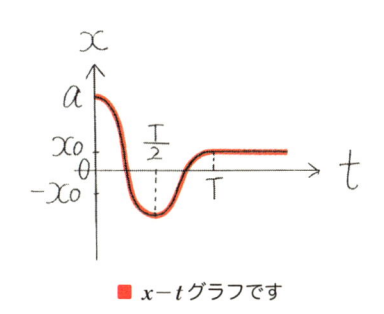

■ x-t グラフです

Q まとめの問題 No.4

質量 m の円柱形をした容器がある。断面積は S，長さは L である。この容器を密度 ρ の水の中に縦にして入れると図のように長さ ℓ の部分が水に入ったままで静止した。このときの容器上面の位置を原点として鉛直下方向に x 軸をとる。容器の運動は鉛直方向に限られるとする。重力加速度を g として答えよ。

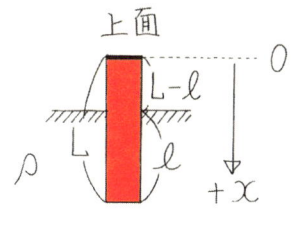

(1) 水中部分の長さ ℓ はいくらか？

■ 図①

(2) 容器上面が x の位置にあるときの円柱容器の運動方程式を書け（次ページ図②）。

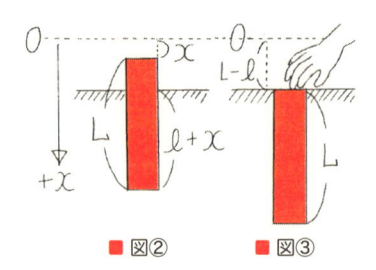

円柱容器を上から押さえて，ちょうど円柱上面が水面と一致するようにした（図③）。

(3) ここで手を放すと円柱容器は振動を始める。この周期を求めよ。

(4) 容器の速度が最大になる容器上面の位置 x_m と，そのときの速さ v_m を求めよ。ℓ を用いて答えよ。

(5) 円柱容器が水面から飛び出さないためには L，ℓ がどのような条件を満たしていればよいか？

解答

Answer No.4

(1) $\ell = \dfrac{m}{\rho S}$　　(2) $ma = -\rho S g x$　　(3) $T = 2\pi \sqrt{\dfrac{m}{\rho S g}}$

(4) $x_m = 0$，$v_m = (L-\ell)\sqrt{\dfrac{\rho S g}{m}}$　　(5) $L \leqq 2\ell$

解説

(1) つりあいです。重力はいつもの mg ですが，浮力は…分かるかな？押しのけた液体の重力分が浮力でしたね。つまり $F_{フリョク} = \rho V g$

よって $mg = \rho S \ell g$ 　∴ $\ell = \dfrac{m}{\rho S}$

(2) さあ，図②に力を描き込んで…方程式は加速度をaとして

$$ma = mg - \rho S(\ell + x)g$$
$$= -\rho S g x$$

お！　ピンときますね。そう，単振動ですね。すぐ次へGO！

(3) 上式より

$$a = -\frac{\rho S g}{m} x \quad a = -\omega^2 x \text{と比べて}$$

$$\omega = \sqrt{\frac{\rho S g}{m}} \quad \therefore T = 2\pi\sqrt{\frac{m}{\rho S g}}$$

(4) 最大速度は中心，つりあいの位置にあるときだ～！

よって$x_m = 0$

その速度は$v_{\max} = \omega A$でしたね。　$\therefore v_m = (L-\ell)\sqrt{\dfrac{\rho S g}{m}}$

(5) 飛び出ない…図をしっかり見て下さい。一発だ～！

$A = L - \ell$　ここで$2A \leqq L$　つまり　$2(L-\ell) \leqq L$　$\therefore L \leqq 2\ell$

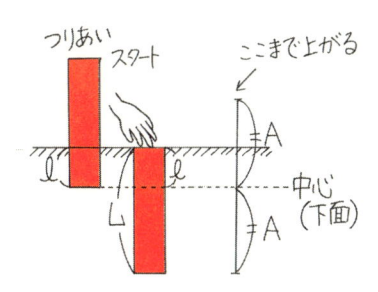

Part 2

熱力学分野

さあ，力学に続く，ここ熱力学分野は3つの柱から成り立っています。

『気体の状態方程式』
『気体の分子運動』
『熱力学第一法則』　の3つです。

特に第一法則は，付帯する現象や式などで，かなりゴチャゴチャしています。というので，混乱している人も多いのではないかな？　何を隠そう，「ヤマグチ」もそうだったのだ…（^^;

だから，ここでは基本となる"考え"を特にしっかりととらえるぞ！
　そして，その時に出てきた式が
　「どんなときに使えるのか？」
これをハッキリさせるのです。そう！　公式っていうのは使えないときもあるんです。ナンデモカンデモ公式を書きまくると
　「何でこのやり方でダメなんだ～？」
　「Ans. がいくつも出てきたぞ～！　一体どれが正しいんだ～？」
なんてことになってしまいます。使っちゃいけないところに勝手に使いまくれば変なのがいくつも出てくるわけです！
この場合はこれ，あの時はあれ…というようにまとめてしまいましょう。そうすると，熱現象は全体が非常に形式的で，スッキリしていますから，前の力学分野に比べてず～っと簡単に理解できますよ。

さあ，ここは言葉通り，思いっきり"熱く"なって頑張ろう。ここが終われば，みんな熱男（女）だ～！…何か，暑そうだなあ……（^^;

第2章 1講 熱と気体の基礎

まず、熱の基本の考えをやりましょう。熱とエネルギーの関係、比熱＆熱容量…さらに一番役に立つ気体の状態方程式…さあ、いっきに熱力学の基礎を完成させるぞ〜！

⭐ 熱量

熱量の定義：1[g]の液体の水を1[°C]（1[K]ケルビン）温めるのに必要な熱量を1[cal]（カロリー）とする。

@IMAGE 熱とは？

昔の人は"熱い"や"温度が高い"などの理由を、この熱の量（熱量）という得体の知れないものの移動という考えで説明したわけです。しかし、もう我々はこの"熱量"とは何かを知っています。それが、次だ！

⭐ 熱の仕事当量

熱量 Q[cal]と、それに対応する仕事 W[J]の関係は、熱の仕事当量を J[J/cal]として

$$W = JQ \quad (J = 4.2 \text{[J/cal]})$$

第2章 1講 熱と気体の基礎

@IMAGE 熱量ってなに？

式で書くと迫力がありますが…"熱は仕事と等価である！"。つまり熱とはエネルギーの一つだということを言ってるんですね。

こんな式で書くより1[cal] = 4.2[J]という方が分かりやすいという人はこっちで理解しておこう。（1[cal]の熱は4.2[J]のエネルギーと同じだということ！）

これで，力学では無視されてきた熱がいよいよエネルギーの1つとして入ってきます。今までは「摩擦によってエネルギーが失われた」とか言っていたのを，熱も含めたエネルギー保存が書けるようになるのです。

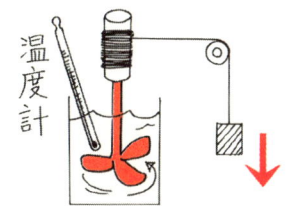

■ 回すと熱くなる〜！

★ 比熱と熱容量

単位質量（例えば1[g]）の物質の温度を1[K]（ケルビン）だけ上昇させるのに必要な熱量を，その物質の**比熱**c[J/g·K]という。比熱に対して，物体全体の温度を1[K]だけ上昇させるのに必要な熱量を，その物体の**熱容量**C[J/K]という。

@IMAGE 意味と単位

比熱とは？…物体によっては同じ熱量を加えても温度変化が違うのがあります。それを区別するために，比熱が考えられたのですね。上を読むと分かるように，比熱が大きいものほど温度を上げるのにたくさん熱量がいる，温度を下げるにもたくさん熱量を放出しなければならない…つまり比熱が大きいほど温まりにくい，冷えにくいということです。

Part 2 熱力学分野

次は単位…比熱cの単位は$[J/g・K]$ですが，他にも$[J/kg・K]$（1キログラムあたり）や$[cal/g・K]$（カロリーで書く）を使ったりもします。問題では$[J/g・K]$が多いようです。

ここで大切なことは，単位を見て意味をとらえられるようにすること！単位の意味は"分母あたりの分子"ということでしたね。つまり，比熱$c[J/g・K]$…というのは，単位質量$1[g]$あたり$1[K]$温度上げるのに$c[J]$のエネルギーが必要だよということです。それに対して熱容量は$C[J/K]$…つまり"**全体**"を$1[K]$温度上げるのに要するエネルギーが$C[J]$ということですね。熱容量は全体を…ですからね。

質量を$m[g]$とすると，トーゼン$C = mc$の関係があります…あたりまえだね！

■ $1[g]$を温める，全体を温める…

@IMAGE 水の比熱，知ってるよね！

液体の水の比熱cは$1[cal/g・K]$です。先に書いてある熱量の定義より$1[g]$の水を$1[°C]$温める熱量が$1[cal]$でしたからトーゼン1です。おっと，**単位に注意！** $[cal]$でなく，$[J]$で求めるなら$1[cal] = 4.2[J]$より$c = 4.2[J/g・K]$です。もし$[J/kg・K]$（キログラム）で比熱を求めたいのなら$1[g]$の1000倍の熱がいるハズです。よって$c = 4.2 \times 10^3 [J/kg・K]$となります。しっかり単位を見てきちんと計算できるようにしておくんだ！

第2章 1講 熱と気体の基礎

熱量の計算

比熱がc [J/g·K]の物体m [g]の温度をΔT [K]変化させるための熱量Q [J]は
$$Q = mc\Delta T \quad (Q = C\Delta T \quad C：熱容量)$$

@IMAGE よく使う式です！

この式は…あったりまえですね〜！　だって比熱cは1[g]を1[K]温める熱量だから，物体がm[g]だとm倍の熱量！　ΔT[K]温めるのならΔT倍の熱量がいる。合わせると

$$Q = mc\Delta T$$

あたりまえすぎて，こんなのを公式とか言って覚えるやつは大丈夫か〜！　意味を考えてあたりまえで行こう！

さあ，後は単位に注意して計算をやるんだ！

たとえば「比熱が3[cal/g·K]で質量2[kg]の物体の温度が3[°C]上昇したとしよう。物体に加えられた熱量Q[J]はいくらか？」というとき，$Q = mc\Delta T = 2 \times 3 \times 3 = 18$なんてやらないこと！　比熱の単位を見ると3[cal/g·K]…1[g]を1[°C]上げるのに3[cal]いるんだ！　2[kg]だから2000倍，3[°C]だから3倍，[cal]を[J]に直すのに4.2倍。よって

$$Q = mc\Delta T = 2000 \times 3 \times 3 \times 4.2 \text{ [J]}$$

意味を考えて，単位に気をつけよう！

Q 1-1 問題

摩擦のある面上Aで質量0.50 [kg]の物体Bを初速度8.0 [m/s]で滑らした。物体Bが静止するまでの間にBの温度が4.0 [°C] 上昇した。物体Bの比熱を2.0 [J/kg·K]としておこう。

(1) 物体Bが吸収した熱量はいくらか？ 単位はジュールで答えよ。
(2) 発生した熱の何パーセントを物体Bが吸収したのか？

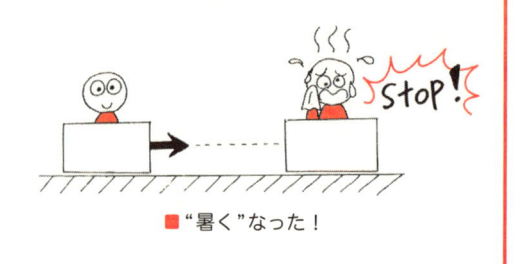

■ "暑く"なった！

解答

Answer 1-1

(1) 4.0[J]　　(2) 25%

解説

(1) 物体Bが吸収した熱量はBの温度上昇で分かりますね。
$$Q = mc\Delta T = 0.50 \times 2.0 \times 4.0 = 4.0\,[\text{J}]$$

(2) まず，発生した熱量はエネルギー保存より物体の持っていた運動エネルギーが全て熱になったハズです。
$$K = \frac{1}{2}mv^2 = \frac{1}{2} \times 0.50 \times 8.0^2 = 16\,[\text{J}]$$

このうちの(1)のQを物体が吸収したのですから $\frac{4.0}{16} = 25\%$ ですね。簡単な算数の問題だ～！

Q 1-2 問題

(1) 20[℃]，100[g]の水を熱して30[℃]にしたい。さあ，何ジュールの熱を水に加えたのか？ 熱は外部に逃げないとする。
ここで水の比熱は4.0[J/g・K]（単位はジュール，グラムですよ）としよう。

第2章 1講 熱と気体の基礎

(2) 先の30[°C]になった水100[g]に，80[°C]で200[g]のボールを入れよう。ボールの比熱は2.0[J/g・K]として，全体の温度はいくらになるだろう？

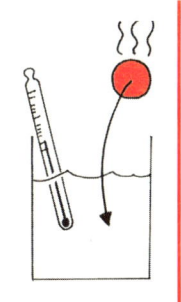

解答

Answer 1-2

(1) 4.0×10^3[J]　　(2) 55[°C]

解説

(1) 水の吸収した熱量は
$$Q = mc\Delta T = 100 \times 4.0 \times (30-20) = 4.0 \times 10^3 [\text{J}]$$

(2) ボールの出した熱量と水が受け取った熱量が等しいハズ！
最終的に温度が t になったとすると（出した熱量）＝（もらった熱量）
$$200 \times 2 \times (80-t) = 100 \times 4 \times (t-30) \quad \therefore \quad t = 55 [°\text{C}]$$
これも簡単な算数〜！

★ 物質の三態

一般に，物質は温度や圧力によって固体，液体，気体の3つの状態をとることができる。これを物質の三態という。

@IMAGE 固体，液体，気体

普通の水（液体）を冷やすと氷（固体）に，温めると水蒸気（気体）になりますね。そのことです。これらの様子はミクロ（微視的）に考えると直感的にとらえられます。

- 固体…固体の水（氷）は水の分子がガッチリと結びついていて，その位置関係が変わらない状態です（図①）。これらの分子の振動の大きさが温度に対応しています。温度が低い氷（例えば－20℃）は分子運動が小さく，温度の高い氷（例えば－2℃）は分子がその場で激しく振動しているのですね。

- 液体…固体の氷を熱していくと，ある温度で（融点といいます）氷が溶けて（融解です）液体の水になります。融解現象をミクロで考えると，固体のときのガッチリした結合が部分的に切れて動ける…流動性が出てきます。液体ですね！（図②）

- 気体…さらに熱していくと（エネルギーを加えていくことですよ）ついには分子がバラバラになって自由に飛び回れるようになります。これが気体の水（水蒸気）です（図③）。このときの温度を沸点といい，この現象を蒸発（気化）と言っています。

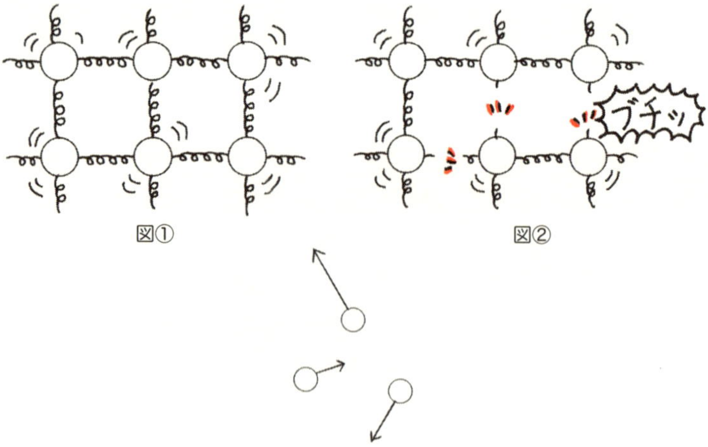

図① 図② 図③

■ 固体，液体，気体

第2章 1講 熱と気体の基礎

ここでは水を例にとりましたが，どんな物質でも基本的には同じことです。例えばガチガチの鉄も温度を上げていくと塊の鉄から溶けて液体に，さらに気体の鉄へと変化していきます。水は我々にファミリアな存在ですから固体の水を"氷"，気体の水を"水蒸気"というように名前を特別につけているのですね。

三態における変化の名称を図にまとめておきます。

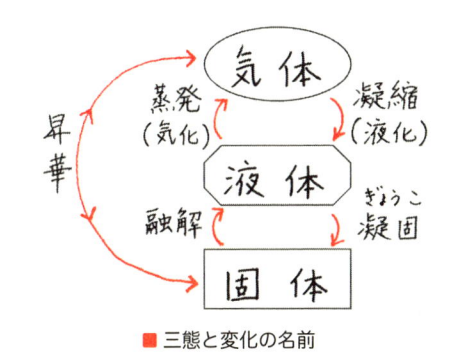

■ 三態と変化の名前

- 昇華…図で描いてあるように固体から直接，気体になる現象（反対も）を昇華と言います。二酸化炭素CO_2の固体（ドライアイスです）は消えて（気体になって見えなくなる）なくなりますね。これです。

気をつけてほしいのは，CO_2だけが昇華するとか，CO_2以外のものは昇華しないというわけではありませんよ。圧力を変えてやれば液体のCO_2になったり，固体の水（氷）を直接，昇華させることも可能です。

全ての物質が適当な温度，圧力のもとで三態をとることができるのです。（実は1つ例外があります。それはある種のヘリウム（^3_2He）で，1気圧では絶対零度でも固体になりません。理由はミクロの物理学（量子力学）の考えが必要です。大学で頑張れ〜！）

★ 融解熱，蒸発熱（気化熱）

単位質量（1グラムなど）の物質を融解させるのに必要な熱量を融解熱という。また，蒸発させるのに必要な熱量を蒸発熱（気化熱）という。単位は，例えば$[J/g]$である。

@IMAGE 融解熱って何だ？

固体の水（氷）に熱を加えていくと温度が上がってきますね。ミクロで見ると，ガッチリと結合した水分子にエネルギー（熱）を与えると分子の運動（ここでは振動）が大きくなってくるという感じです。ところが融点（0[°C]）に達すると，加えたエネルギーが温度（振動）を増加させるのではなく，固体のガッチリした結合を切って液体になるのに使われるようになります。このときは加熱しても温度は上がりません。というのがミクロで見る融解熱の正体です。融解熱とは，1グラムの固体を液体にする熱量！　いいね！

使うときは，いつものように単位に注意！　gやkg，calやJに気をつけて！

Q1-3 問題

次の設問に答えよ。有効数字桁は各問の指示に従うこと。電力（仕事率）600[W]のヒーターを内蔵した容器がある。この中に200[g]の氷を入れたところ，氷と容器全体の温度は一様に−15.0[°C]になった（図1）。熱は容器の外には逃げないとする。また，ヒーターの熱容量は無視してよい。なお，水の比熱は4.20[J/g・K]とする。スイッチを入れて加熱し続けたところ，全体の温度は図2のように変化した。

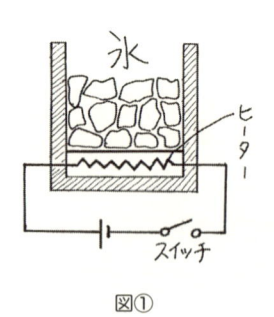

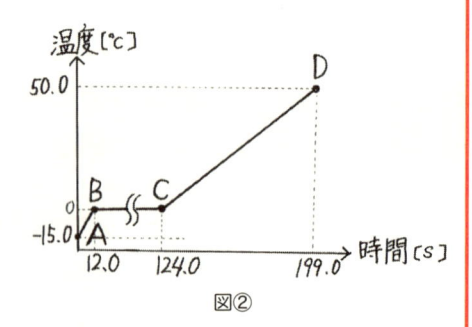

図①

図②

第2章 1講 熱と気体の基礎

(1) BC間に加えた熱量は何[J]か (3桁)。
(2) 0[°C]で，氷1[g]が水になるときに吸収する熱量は何[J]か (3桁)。
(3) CD間に加えた熱量は何[J]か (2桁)。また，この容器の熱容量は何[J/K]になるか (2桁)。
(4) 氷の比熱は何[J/g·K]か (2桁)。

水と容器の全体の温度が50.0[°C]となったところでスイッチを切り，その中に−10.0[°C]，90[g]の金属の塊を入れたところ，十分な時間がたった後，全体の温度が47.7[°C]になった。

(5) この金属の比熱は何[J/g·K]か (2桁)。また，このとき金属が吸収した熱量は何[J]となるか (2桁)。

解答 Answer 1-3

(1) 6.72×10^4 [J]   (2) 3.36×10^2 [J]
(3) 4.5×10^4 [J]， 6.0×10 [J/K]
(4) 2.1 [J/g·K]   (5) 4.0×10^{-1} [J/g·K]， 2.1×10^3 [J]

解説

(1) BC間は温度が変わってない…つまり固体の氷が溶けるのに加えた熱が使われているところです。ここでは氷と液体の水が入り混じっています。
さあ，発生する熱量 Q_1 は電力 P によります。電力の意味は仕事率…つまりヒーターが1秒間に出す熱量が600[J]ということ。ここで時間は $t_{BC} = 112$ [s]

$$\therefore Q_1 = (Pt) = 6.72 \times 10^4 \text{[J]} \quad \text{カンタンだね！}$$

(2) 聞いているのは融解熱だ〜！ M としましょう。1グラムを液体にする熱量が融解熱でしたから

$$200M = Q_1 \quad \therefore M = 3.36 \times 10^2 \text{[J/g]}$$

意味が分かってる人には楽勝です。

223

(3) 加えた熱量 Q_2 はもう簡単。 $Q_2 = 600 \times t_{CD} = 4.5 \times 10^4 \text{[J]}$

　　求める容器の熱容量をCとすると，発生した熱が水と容器の２つの温度を上げていることに注意して $(C + 200 \times 4.2) \times 50.0 = Q_2$　これより
　　$C = 6.0 \times 10 \text{[J/K]}$

(4) ＡＢ間に注目！　加えた熱量 Q_3 はトーゼン $Q_3 = 600 \times t_{AB} = 7.2 \times 10^3 \text{[J]}$

　　氷の比熱をcとすると容器の熱容量も考えて

　　　　$(200c + C) \times 15 = Q_3$　　∴　$c = 2.1 \text{[J/g·K]}$

(5) 水と容器の失った熱量は $Q_M = (60 + 200 \times 4.2) \times 2.3 = 2.1 \times 10^3 \text{[J]}$

　　金属の比熱をc_Mとすると，金属の吸収した熱量は上の熱量のハズ！

　　　　$90 \times c_M \times 57.7 = Q_M$　　∴　$c_M = 4.0 \times 10^{-1} \text{[J/g·K]}$

みんな簡単な算数です！　この手の問題は絶対完答だ〜！

さあ，ここからは気体の話です。気体を特徴づける量は圧力P，体積V，そして温度T。これら３つの関係をcheckしていくぞ〜！

★ 理想気体の状態方程式

> nモルの理想気体の圧力$P\text{[N/m}^2\text{]}$，体積$V\text{[m}^3\text{]}$，温度$T\text{[K]}$の関係を表す状態方程式は，気体定数を$R\text{[J/mol·K]}$として
> $$PV = nRT \quad (R = 8.31 \text{[J/mol·K]})$$

@IMAGE　単位をチェックしよう！

ここも単位に注目〜！

まず**圧力**…圧力とは単位面積（$1\text{[m}^2\text{]}$）を押す力ですから，単位は

第2章 1講 熱と気体の基礎

$[N/m^2]$（これを$[Pa]$パスカルともいいます）。意味はもう分かるね。分母あたり分子…$1[m^2]$の面積にかかる力のことですね。化学でやった"気圧$[atm]$"…物理では単位の意味がよく分からないのであまり使いません。ちなみに天気予報でよく使う$1[atm] = 1013[hPa]$（ヘクトパスカル）というのは，hecto（ヘクト）が10^2を表しています。つまり
$1[atm] = 1.013 \times 10^3[hPa] = 1.013 \times 10^5[Pa] = 1.013 \times 10^5[N/m^2]$
のことです。

次に**気体定数**…化学では$R = 0.0821[atm・\ell/mol・K]$とやりましたね。標準状態の気体（1気圧$[atm]$，$0[℃]$で，1モルの気体の体積が$22.4[\ell]$）の値を用いて$R = \dfrac{PV}{nT}$に代入して出したのです。

しかし！　これも単位に注意！　上のRの単位$[atm・\ell/mol・K]$の意味は，僕も分から～ん！　そこで，体積を$22.4[\ell] = 22.4 \times 10^{-3}[m^3]$，圧力を$1[atm] = 1.013 \times 10^5[N/m^2]$で書き直すと$R = 8.31[J/mol・K]$となります。物理で使うのはこれです！　単位をそろえることが重要！

ところで，このRの単位の意味は分かりますか？　1モルの気体の温度を$1[K]$上げるのに必要なエネルギー（熱量）がRだということ … そうです！　この気体定数は「比熱」なんだ～！　ただし，単位質量あたりでなく1モルあたりの熱量です。単位を読めること！

というので後で出てくる気体のモル比熱も$C_V = \dfrac{3}{2}R$，$C_P = \dfrac{5}{2}R$のように気体定数Rで書けるんですね。

気体定数は，化学で習ったときは単に比例定数でしたが，物理ではちゃんと意味が出せるのです。単位をメートル，キログラム，秒（second）にそろえた威力だ～！　これを**MKS単位系**といいます。

@IMAGE　$PV = nRT$が使えるのは理想気体です！

ところで状態方程式が使える気体の条件は…"理想気体"であること！

そうでない気体（実際の気体など）にはこの式は使えません。といっても心配無用！　我々は理想気体以外の気体はよく知らない…つまり高校物理では出てこないのです。世の中まとめて，みんな理想気体だ～！　安心して状態方程式をバカスカ使っていこう。

> **@Advanced** 実際の気体はどうなる？
>
> 　実際の（理想でない）気体では，分子の大きさ，分子間の引力などの影響が効いてきて状態方程式ではきちんと書けません。それらを含めた進んだ気体の式はファン・デア・ワールスの式とよばれていて次の形をしています。
> $\left(P+\dfrac{a}{V^2}\right)(V-b)=nRT$　ここで定数aが分子間の力の効果，bが分子の大きさの効果を現しています。実用的にはよく使われるようですが，大学でどうぞ！

> **@IMAGE** $PV=nRT$…使い方の注意！

　状態方程式は，基本P，V，Tの**3つの関係式**です。ということは，例えば「圧力が2倍になったなら温度も2倍だね」…とかやらないように！3つの関係だぞ。上のことが言えるのは体積が一定のとき（PとTは比例）だけです。状態方程式を扱うときは，一般にP，V，Tのどれが一定となるか探します。もしあれば，残りの2つが比例か反比例です。算数だ！

　一定なのが無ければ，未知数の数と方程式の数が同じになるような他の関係式が必要になります。

　いつも3つの関係式であることを意識してやること！

Q 1-4 問題

断面積 S のシリンダーの中に質量 M のピストンを乗せると，底面から L の高さで静止した。中の気体は n モルで理想気体とする。大気圧を P_0，気体定数を R，重力加速度を g とし，気体はもれることは無いものとする。

(1) 中の気体の圧力 P_1 を求めよう。

(2) 気体の温度 T_1 はいくらか？

ここで温度を一定にして，上のシリンダーを横置きにする。

(3) 中の気体の圧力 P_2 はいくらになったか？

(4) シリンダーの底面からの距離 L_2 はいくらになるか？

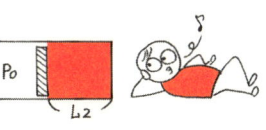

さらに温度を一定に保ってひっくり返そう。

(5) ピストンの底面からの距離 L_3 はいくらか？

(6) そのときの気体の圧力 P_3 を求めよ。

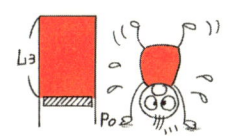

■ 縦置き

■ 横置き

■ 縦置き（逆version）

解答 Answer 1-4

(1) $P_1 = P_0 + \dfrac{Mg}{S}$ 　　(2) $T_1 = \dfrac{L(P_0 S + Mg)}{nR}$ 　　(3) $P_2 = P_0$

(4) $L_2 = \left(1 + \dfrac{Mg}{P_0 S}\right) L$ 　　(5) $L_3 = \dfrac{P_0 S + Mg}{P_0 S - Mg} L$

(6) $P_3 = P_0 - \dfrac{Mg}{S}$

◯ 解説

(1) 静止している…といえば力のつりあいだ～！ 圧力は $1[m^2]$ の力でしたから気体が押す力は $F=PS$ です。

$$P_1 S = P_0 S + Mg \quad \therefore P_1 = P_0 + \frac{Mg}{S}$$

(2) さあ，状態方程式ですね。

$$P_1(SL) = nRT_1 \text{に} P_1 \text{を入れて} T_1 = \frac{L(P_0 S + Mg)}{nR}$$

(1)(2)を詳しく見ると，気体の P や T を求めたいので，まず基本は $PV = nRT$ ！ここで P，T が未知数なのでトーゼンもう1つ式が無いと解けない！そこで(1)で使った関係…力のつりあいの式をあわせて未知数2つ，式2つとして解いているのです。ピストンの問題では，この力のつりあいをメチャ使うぞ！

(3) これもピストンは止まっていますね。図を見ると大気圧と同じだ～！

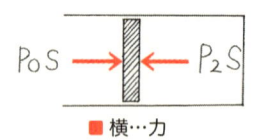

力のつりあいより $P_2 S = P_0 S \quad \therefore P_2 = P_0$

（注意："つりあう"のは"力"です！圧力はつりあったりしませんからね。必ず"力"のつりあいの式を書くように！）

(4) また状態方程式の出番。温度は等温（T 一定）で T_1 のままです。

$$P_2(SL_2) = nRT_1 \text{より} L_2 = \left(1 + \frac{Mg}{P_0 S}\right)L \text{です。}$$

> 一定なやつに注目して，T 一定なので $PV = nRT$ より P と V は反比例！
>
> 圧力 P の変化は $P_1 = P_0 + \frac{Mg}{S} \Rightarrow P_0$ つまり $\frac{P_0}{P_1} = \frac{1}{\left(1 + \frac{Mg}{P_0 S}\right)}$ 倍になっていますね。
>
> V は反比例なので $\left(1 + \frac{Mg}{P_0 S}\right)$ 倍のハズ。

第2章 1講 熱と気体の基礎

$$V_2 = L_2 S = \left(1 + \frac{Mg}{P_0 S}\right)V_1 = \left(1 + \frac{Mg}{P_0 S}\right)(LS)$$

$$\therefore L_2 = \left(1 + \frac{Mg}{P_0 S}\right)L$$

のように一定なのを探して比例，反比例とやってもOKです！

(5)(6) まず，力のつりあいから

$$P_3 S + Mg = P_0 S \quad \therefore P_3 = P_0 - \frac{Mg}{S} \quad \cdots(6)$$

次は状態方程式 $P_3(SL_3) = nRT_1$

2式より $\therefore L_3 = \dfrac{P_0 S + Mg}{P_0 S - Mg} L \quad \cdots$(5)　でした。

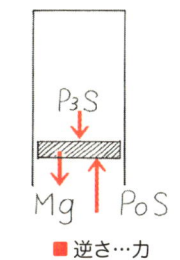

■逆さ…力

P，V，T，3つのうちの何が分かっていて何を求めたいのか？　状態方程式を使うときは未知数をいつもcheckしてやっていくんだ〜！

☑ この講はこれでendです。次の問題で実力をチェックだ〜！

Q まとめの問題　No.1

図1のように断熱容器内に質量250gの薄い銅製容器を入れた水熱量計を用いて以下の実験を行った。

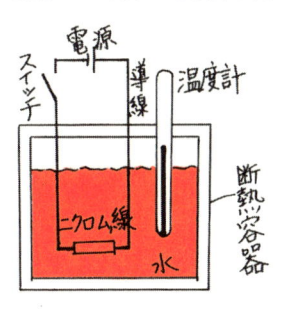

■図1

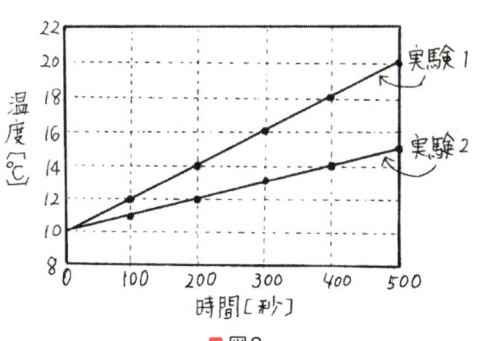

■図2

実験1：温度10°Cの銅製容器内に，温度10°Cの水を100g入れ，スイッチを閉じて消費電力(仕事率)10.0Wでニクロム線を加熱し，かき混ぜ棒でよく水をかき混ぜながら水温を測定した。加熱時間と水温の関係を図2に示す。

実験2：温度10°Cの銅製容器内に，温度10°Cの水を200g入れ，スイッチを閉じて消費電力9.0Wでニクロム線を加熱し，かき混ぜ棒でよく水をかき混ぜながら水温を測定した。加熱時間と水温の関係を図2に示す。

実験3：温度10°Cの銅製容器内に，温度10°Cの水を200g入れた後，80°Cに均一に熱した100gの金属球全体を水中に沈めた。かき混ぜ棒でよく水をかき混ぜ，充分時間がたったところで水温を測定したら17°Cであった。

以下の問いに答えなさい。数値による解答の設問では，有効数字2桁で，単位を含めて答えなさい。ただし，かき混ぜ棒を使ったかくはんによる仕事と，ニクロム線，導線，温度計，かき混ぜ棒，断熱容器の熱容量，および導線による電気抵抗は無視してもよい。また，断熱容器によって外部との熱の出入りはなく，ニクロム線で消費された電力は，水と容器の温度上昇に全て使われたものとする。なお，温度の単位はセルシウス温度の単位(記号°C)または絶対温度の単位(記号K)のいずれを使ってもよい。

(1) 銅製容器と水の合計の熱容量を，実験1，2についてそれぞれ求めなさい。

(2) 実験1，2の結果から水と銅の比熱を求めなさい。

(3) 実験1～3の結果から実験3で使用した金属球の比熱を求めなさい。

(4) 実験3では，金属球を水に沈めてから，充分時間がたった後に水温を測定した。金属球を水中に入れた直後の水温から比熱を求めると，正しく求まらない。その理由を簡潔に答えなさい。

(5) 図1の水熱量計の断熱容器をはずして，実験3と同様の実験を行った。このとき室温は25°Cで，他の実験条件は同じであった。この実験の結果から得られる金属球の比熱は，実験3の結果と比

第2章 1講　熱と気体の基礎

べてどのようになるか。下記の（ア）〜（エ）から最も適切なものを1つ選び，記号で答えなさい。
（ア）水温が17°Cより低くなるので，比熱は実験3の値より小さい。
（イ）水温が17°Cより低くなるので，比熱は実験3の値より大きい。
（ウ）水温が17°Cより高くなるので，比熱は実験3の値より小さい。
（エ）水温が17°Cより高くなるので，比熱は実験3の値より大きい。

解答　Answer No.1

(1) 実験1：5.0×10^2 [J/K]　実験2：9.0×10^2 [J/K]
(2) 水：4.0 [J/g·K]　銅：0.40 [J/g·K]
(3) 金属球：1.0 [J/g·K]
(4) 金属球の失った熱が水全体に伝わるのに時間がかかるから。
(5) （エ）

解説

(1) 実験1，2での求める全体の熱容量をC_1，C_2としよう。時間が200秒のところに注目すると温度上昇は4°Cと2°Cです。ニクロム線が出す熱量は$Q=Pt$に注意して熱量と熱容量の関係は実験1，2で
　実験1：$10.0 \times 200 = C_1(14-10)$　∴ $C_1 = 5.0 \times 10^2$ [J/K]
　実験2：$9.0 \times 200 = C_2(12-10)$　∴ $C_2 = 9.0 \times 10^2$ [J/K]

(2) 水の比熱を$c_水$，銅のを$c_銅$として実験1，2について
　実験1：$C_1 = 100c_水 + 250c_銅$　実験2：$C_2 = 200c_水 + 250c_銅$
　(1)の結果より$c_水 = 4.0$ [J/g·K]，$c_銅 = 0.40$ [J/g·K]
　意味が分かっていりゃ〜カンタンですね…（^^）

(3) 金属球が出した熱が水と銅容器がもらった熱と等しいはずです。金属球の比熱を$c_球$として，そのことを式で書くと

231

$$(250c_{銅}+200c_{水})(17-10)=c_{球}\times 100\times(80-17) \quad \therefore \quad c_{球}=1.0[\mathrm{J/g\cdot K}]$$

(4) 熱現象の式は均一に（熱平衡と言います）なってないとうまく使えませんからね。

(5) 断熱でないと外から熱の出入りがあります。ここでは外気温が高いので装置に熱が入ってきて水温が17[°C]より高くなりますね。そうなると(3)の式より，左辺が大きくなって右辺のカッコの中（温度変化）が小さくなる…だから，$c_{球}$は大きく計算されるようになるでしょう。順を追って考えられればカンタンさ！

Q まとめの問題 気体を混ぜるぞ〜！ No.2

図のように，容積V_0の容器Aと容積$2V_0$の容器Bがコックのついた細管でつながれている。全体でnモルの理想気体が入っていて，Aの気体の温度をT_0，Bの気体の温度を$2T_0$に保っておく。気体定数をRとしよう。

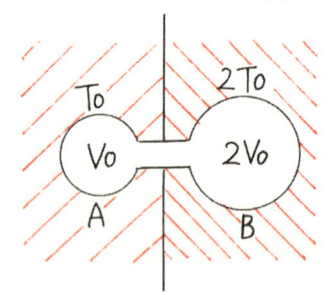

(1) 容器Aに入っている気体は何モルか？
(2) 気体の圧力Pはいくらか？
ここで容器Bの気体の温度を$4T_0$とする。
(3) 気体の圧力P'を求めよ。
(4) 容器Aには全体の何%の気体が入っているか？

解答 Answer No.2

(1) $\dfrac{1}{2}n$[モル]　　(2) $P=\dfrac{nRT_0}{2V_0}$　　(3) $P'=\dfrac{2nRT_0}{3V_0}$

(4) 67%

第2章 1講 熱と気体の基礎

解説

(1) 容器Aのモル数をn_A，Bのをn_Bとすると，当然，$n = n_A + n_B$
一方，状態方程式は圧力をPとして，A，Bそれぞれに書くと（温度が違うので別々に書くんです）

$$\begin{cases} PV_0 = n_A R T_0 \\ P(2V_0) = n_B R(2T_0) \end{cases}$$

もうできますね。$n_A = n_B = \dfrac{n}{2}$ です。

(2) 次は圧力。上の式でPとして使いましたね。
ポイントはA，Bがつながっている→温度は違っていても圧力はA，Bで同じだ〜！ Aに注目して（Bでも同じになります）方程式は

$$PV_0 = \dfrac{n}{2}RT_0 \quad \therefore P = \dfrac{nRT_0}{2V_0}$$

(3) それぞれの状態方程式を書くぞ！
A，Bのモル数をn'_A, n'_Bとして，圧力P'がA，Bで等しいことに注意すると

$$\begin{cases} P'V_0 = n'_A RT_0 \\ P'(2V_0) = n'_B R(4T_0) \end{cases}$$

一方，もちろん$n = n'_A + n'_B$ですね。これに状態方程式のn'_A, n'_Bを入れて

$$n = \dfrac{P'V_0}{RT_0} + \dfrac{2P'V_0}{R(4T_0)} \quad \therefore P' = \dfrac{2nRT_0}{3V_0}$$

ちなみに前の圧力の$\dfrac{4}{3}$倍になっています。

(4) n'_Aを求めろということです。

Aの方程式から $n'_A = \dfrac{P'V_0}{RT_0} = \dfrac{2}{3}n$ 全体の$\dfrac{2}{3}$，67％がAに入っています。

順を追っていけばすぐできましたね。何を求めたいのか？をしっかりと押さえながらやるんだ〜！

Q まとめの問題　熱気球　No.3

【気持ちよく熱気球の問題です！　でも，ちょっと…難しいかな？】

熱気球を考える。容積を V，外気温を T_0，外気圧を P_0，気球内の温度は T としよう。また，空気の平均の1モルの質量を M，気体定数を R，重力加速度を g としておく。

- 外気に注目…熱気球と同じ体積 V の外気の質量を m とすれば，この空気のモル数は m を用いて（①）モルであるから，その状態方程式より $m =$（②）となる。したがって，この空気の密度 ρ_0 は $\rho_0 =$（③）と書ける。
- 気球に注目…気球内の圧力を P，密度を ρ とすると，ρ_0 と ρ の関係は（④）と表すことができる。また，熱気球では気球の内外の圧力が等しいことより，$\rho =$（⑤）となる。

以下は ρ_0 を用いて答えよ。

- 浮力に注目…したがって，熱気球の浮力は（⑥），および気球内の空気に働く重力は（⑦）となる。
- 次に，気球の質量を M' とすれば，気球が浮上するためには浮力は（⑧）よりも大きいことが必要である。以上より，この熱気球が浮上する温度の条件は ρ_0，T_0，V，M' を用いて $T >$（⑨）と表すことができる。この関係から気球内の空気をいくら加熱しても $M' >$（⑩）であれば気球は浮上できない。

解答　Answer No.3

① $\dfrac{m}{M}$　② $\dfrac{MP_0V}{RT_0}$　③ $\dfrac{MP_0}{RT_0}$　④ $\dfrac{\rho}{\rho_0} = \dfrac{PT_0}{P_0T}$

第2章 1講 熱と気体の基礎

⑤ $\rho_0 \dfrac{T_0}{T}$ ⑥ $\rho_0 Vg$ ⑦ $\rho_0 Vg \dfrac{T_0}{T}$

⑧ $\left(\rho_0 V \dfrac{T_0}{T} + M'\right)g$ ⑨ $\dfrac{\rho_0 V T_0}{\rho_0 V - M'}$ ⑩ $\rho_0 V$

解説

① 全体の質量が m で，1モルの質量が M というのですね。

よって，モル数 n は $n = \dfrac{m}{M}$

② 状態方程式は $P_0 V = nRT_0 = \dfrac{m}{M}RT_0$ ∴ $m = \dfrac{MP_0 V}{RT_0}$

③ $\rho_0 = \dfrac{m}{V} = \dfrac{MP_0}{RT_0}$ 上の m を入れただけ！ 自分でチェック！

(この式の形 $\rho = \dfrac{MP}{RT}$，もっと一般的には $\dfrac{P}{\rho} = \dfrac{RT}{M}$ は大切です。この問題のように，オープンエアーになっていて体積が決められない気体に対してよく使われるのです。体積 V を密度 ρ (これは体積が決まってなくとも求められます) で書き換えているんだ！ 元の状態方程式は P，V，T の関数，この式 $\dfrac{P}{\rho} = \dfrac{RT}{M}$ は P，ρ，T の関係式になっている〜！ 変数を変えただけで使い方は同じだ。)

④ 気球の内側は $\rho = \dfrac{MP}{RT}$ です。2つあわせて $\dfrac{\rho}{\rho_0} = \dfrac{PT_0}{P_0 T}$ 簡単だ〜！

⑤ 上の式で $P = P_0$ を入れればOK！   ∴ $\rho = \rho_0 \dfrac{T_0}{T}$

(熱気球ではこの考え方は大切。内と外がつながっているので同じ圧力となっているのは当然ですね！ さあ，ここでは内側の気体の密度 ρ は温度 T だけで決まります。T が大きいと ρ が小…軽くなっていくんだ〜！)

⑥ 浮力は押しのけた外部の気体 (液体) の重力と同じ！   ∴ $F_{浮力} = \rho_0 Vg$

⑦内の空気の重力 W です！　密度はρですよ。

$$W = \rho V g = \rho_0 V g \frac{T_0}{T}$$ 　T が大きいと軽くなる…先で言ったことそのものです！

⑧浮くというのは，全体の重さより浮力が大きいのだ〜。式でいくと

$$F_{浮力} > W + M'g = \left(\rho_0 \frac{V T_0}{T} + M'\right)g$$ 　ですね。

⑨ ⑥の浮力を入れましょう。$\rho_0 V g > \left(\rho_0 V \frac{T_0}{T} + M'\right)g$ 　∴ $T > \frac{\rho_0 V T_0}{\rho_0 V - M'}$

⑩浮かない条件です。上の式より

$$T < \frac{\rho_0 V T_0}{\rho_0 V - M'} \quad ∴ \rho_0 V - M' < \frac{\rho_0 V T_0}{T}$$

> T をどんなに大きくしても成り立つ（浮かない）ためには $M' > \rho_0 V$
> 意味は…浮力は外の空気で決まります。気球の材料も，中の気体を温めても質量は関係ありません。温度に関係あるのは中の空気の重さだけですね。$T \to \infty$ としても，これがゼロになるだけです。というので，上の条件は「（最大の）浮力より機材の方が重いと浮かべない」というだけのことだったのです。

　高度な熱気球の問題では，高さが変化するものもあります。高度が変わると外気圧，外気温が変わってしまいますね。かなりややこしくなってきます。でも，内容はここでやったのと同じこと！　じっくり読んで，しっかりやっていこう！

第2章 2講 気体の分子運動論

ここでは気体をミクロ（微視的）な見方で見ていきます。つまり，どんどん拡大していくのだ！ すると，モヤモヤだった気体が，粒子が飛び回っている世界に一変するぞ。そこには質量m，速度vがあるだけ…よく知っている圧力Pや温度Tはありません！ さあ，PやTなどのマクロ（巨視的）な量とはいったい何か？ …ミクロなmやvを用いてそれらを導いていくのが，ここの分子運動論の基本的な考えです。言い方を変えると，熱現象を"力学"で解き明かしていくところだ〜！

さあ，眼を大きくあけて"力"入れて"熱く"なっていくぞ！

★ 分子運動論

分子1個の運動エネルギーの平均値 $\frac{1}{2}m\overline{v^2}$ は気体の絶対温度 $T\,[\mathrm{K}]$ のみで決まる。

気体定数を $R\,[\mathrm{J/mol\,K}]$，アボガドロ数を N_A として

$$\frac{1}{2}m\overline{v^2} = \frac{3}{2}\frac{R}{N_\mathrm{A}}T = \frac{3}{2}k_\mathrm{B}T$$

$$k_\mathrm{B} = \frac{R}{N_\mathrm{A}} \,:\, \text{ボルツマン定数}$$

気体の内部エネルギー $U\,[\mathrm{J}]$ は，気体内部の分子のもつ運動エネルギーの"総和"で，次式で与えられる。

$$U = N\frac{1}{2}m\overline{v^2} = \frac{3}{2}nRT \qquad N:\text{気体の分子数} \\ n:\text{気体のモル数}$$

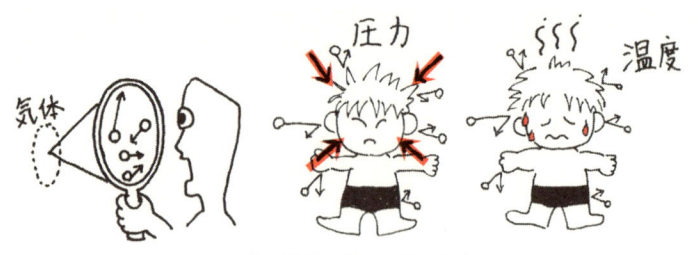

■分子運動で見る圧力と温度

Q 2-1 問題

分子運動の例！
【さあ，先の式を出してみます！　かなり長いですが，しっかりストーリーを追いかけて，自分1人だけで出せるようにしよう！】

一辺の長さが L，体積 $V(=L^3)$ の立方体の容器に，質量 m の気体分子 N 個からなる n モルの理想気体が閉じ込められている。図のように x，y，z 軸をとり，x 軸に垂直な壁Aが分子から受ける圧力を求めよう。

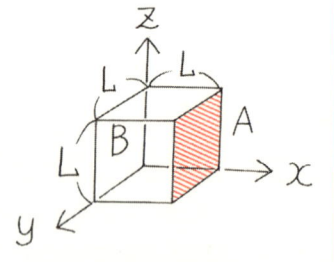

1つの分子の速度を $\vec{v}$（大きさ v），その x，y，z 成分をそれぞれ v_x，v_y，v_z とする。分子が壁Aに及ぼす力を求めるとき，壁に垂直な成分 v_x だけを考えればよい。分子1個が壁Aに弾性衝突した場合，衝突により速度の x 成分が v_x から（①）になるから，分子の運動量は1回の衝突により $-2mv_x$ だけ変化する。したがって，作用・反作用の法則により壁Aが受ける力積は1回の衝突につき（②）である。

この分子は，はねかえって反対側の壁Bに弾性衝突した後，再び壁Aに戻ってくる。この分子が時間 t の間に壁Aに衝突する回数は（③）であるから，1秒で壁Aにあたる回数は（④）となる。

この結果，壁Aが1秒間にこの分子から受ける力積は（⑤）である。

このことは壁Aがこの分子から受ける時間 t の間の平均の力が（⑥）ということを表している。

第2章 2講 気体の分子運動論

いろいろな速度をもつ分子があることを考慮してv_xの二乗平均を$\overline{v_x^2}$と書くことにすれば，N個の分子から壁Aが受ける力の総和は$N\dfrac{m\overline{v_x^2}}{L}$となる。

速度の大きさvの二乗平均$\overline{v^2}$と速度の各成分の二乗平均$\overline{v_x^2}$，$\overline{v_y^2}$，$\overline{v_z^2}$の間には$\overline{v^2} = \overline{v_x^2} + \overline{v_y^2} + \overline{v_z^2}$の関係がある。気体には，いろいろな方向の成分を持った分子が一様に混じっているから，$\overline{v_x^2} = \dfrac{\overline{v^2}}{3}$が成立する。

以上より，N個の分子から壁Aが受ける力の総和は$\overline{v^2}$を用いて(⑦)と書ける。

壁Aに働く圧力Pは壁Aの単位面積に働く力であるから，m，$\overline{v^2}$，V，Nを用いて$P = $(⑧)となる。

この式と，理想気体についてのボイル・シャルルの法則$P = \dfrac{nRT}{V}$ (Rは気体定数，Tは絶対温度)とから，分子全体の運動エネルギーUとTとの関係を求めると，$U = N\dfrac{1}{2}m\overline{v^2} = $(⑨)となる。

以上の議論より温度は気体分子の(⑩)を表していることが理解できる。

Part 2 熱力学分野

解答　Answer 2-1

① $-v_x$　② $2mv_x$　③ $\dfrac{v_x t}{2L}$　④ $\dfrac{v_x}{2L}$　⑤ $\dfrac{m v_x^2}{L}$

⑥ $\dfrac{m v_x^2}{L}$　⑦ $N\dfrac{m\overline{v^2}}{3L}$　⑧ $\dfrac{Nm\overline{v^2}}{3V}$　⑨ $\dfrac{3}{2}nRT$

⑩ (平均の)運動エネルギー

解説

① 弾性衝突…壁とあたるときは速さそのまま，向きが変わるだけでしたね。　∴ $-v_x$

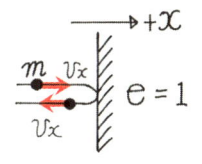

239

②分子の運動量変化は分子の受ける力積！　よって分子は $-2mv_x$ の力積を受けます（左向き）。壁は反対向きの力を受けますから，向きを変えて $+2mv_x$ です。

●1個，1回の衝突での力積●

③時間 t の間に分子は $v_x t$ 進みますね。距離 $2L$ 進むたびに1回あたります。

というので t の間にぶつかる回数は $\dfrac{t}{2L/v_x} = \dfrac{v_x t}{2L}$ 回だ！

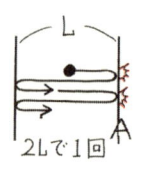

小学生の算数と同じですね。

④上のは t 秒の話，では1秒では $\dfrac{v_x}{2L}$ 回です。

●1秒であたる回数●

⑤1回あたると $2mv_x$ の力積。1秒で $\dfrac{v_x}{2L}$ 回あたる。さあ，1秒の力積は

[1回の力積×あたる回数] ですね。　$2mv_x \times \dfrac{v_x}{2L} = \dfrac{mv_x^2}{L}$

●1個，1秒の力積●

⑥求めるのは平均の力 f → 1秒の力積というのは力のことでしたね（力積 $= F\Delta t$）。

よって $f = \dfrac{mv_x^2}{L}$

●1個の力●
ここからは…●N 個に増やす●

ここから1個ではおもしろくないので N 個入れましょう。速さもいろいろなので平均を取ってやろうというのです。まず x, y, z 方向はみんな平等なので $\overline{v_x^2} = \overline{v_y^2} = \overline{v_z^2}$ です。次は（立体の）ピタゴラスの定理より

$\overline{v^2} = \overline{v_x^2} + \overline{v_y^2} + \overline{v_z^2}$ 　∴ $\overline{v_x^2} = \dfrac{\overline{v^2}}{3}$ 　図で必ずチェックしておこう！

第2章 2講 気体の分子運動論

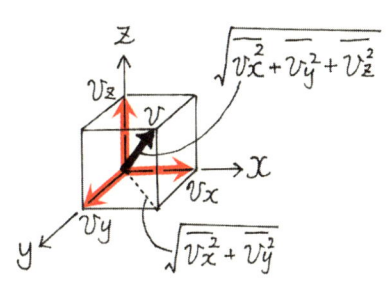

⑦まず壁Aが受ける力Fを求めましょう。1個で$f = \dfrac{mv_x^2}{L}$でしたからN個ではN倍。そして平均に置き換えましょう。

$$F = N\overline{f} = \dfrac{Nm\overline{v_x^2}}{L} = \dfrac{Nm\overline{v^2}}{3L}$$

●N個の力●

⑧さあ，圧力です。1[m²]あたりの力でしたね。力を面積で割りゃ〜いいのだ！　$P = \dfrac{F}{L^2} = \dfrac{Nm\overline{v^2}}{3V}$

●圧力！●

⑨$P = \dfrac{Nm\overline{v^2}}{3V} = \dfrac{nRT}{V}$　より　$U = N\dfrac{1}{2}m\overline{v^2} = \dfrac{3}{2}nRT$

ついでに，これより$\dfrac{1}{2}m\overline{v^2} = \dfrac{3}{2}\dfrac{n}{N}RT = \dfrac{3}{2}\dfrac{R}{N_A}T$

●温度！●

⑩上の式が言っているのは…"温度は『運動エネルギー』のことだ〜！"です。

@IMAGE ストーリーを読みとれ〜！

ものすごく長くて，何やってるのか"ドカ〜ン"になってる人，いませんか？

『何を求めたい，だからこれが分かれば良い』…これをしっかりさせて

おくんだ！　そのために解説のところに"●"で書きました。

　●1個，1回の衝突での力積●

　●1秒であたる回数●

　●1個，1秒の力積●

　●1個の力●

　ここからは…●N個に増やす●

　●N個の力●

　●圧力！●

　●温度！●

　これが全ストーリーです。順番に読んでみても，ちょっと「う〜ん？」かもしれませんね。という人は，後ろから逆順に読んでみると『何を求めたい。そのためには何が分かればいいのか？』がクリアになって読みやすいですよ。

　つまり…最終的には温度Tとは何かを求めたい。$PV=nRT$を知っているので圧力Pが分かればよい。圧力は$1[m^2]$あたりの力だ！　これを知るのは全体の力Fが分かりゃええんだ！　そのためには1個による力fを知りたい。ところでここでの力は粒子がカンカンと当たって及ぼすもの⇒力積を使うんだ〜！　力積から力を求めるには1秒の力積を知りたい。じゃあ1秒で何回当たるのか？…というような**ストーリー**が流れているんだね。しっかり読み取れろ〜！

　というので，もう一度最初からこの問題を何をやってるのか意識しながらRetryだ〜！

@IMAGE　ミクロの立場で見た温度＆圧力の正体だ〜！

　さあ，上の問題の結論は，非常に面白いことをたくさん教えてくれます。例えば"温度"…実は今まで温度って何か，知らなかったでしょう。「今日は暑いな，40℃もあるぞ〜！」って，何が40なんだ？　だいたい

第2章 2講 気体の分子運動論

温度っていったいそもそも何物なんだ～!?

さあ，ここでミクロな見方の登場です。気体とは，構成している分子が空間を飛び回っている状態ですね。そこには温度や圧力という"もの"はありませんね。実際にあるのは分子の質量 m や速さ v …こいつらが実体です。温度や圧力は実体ではなく，マクロで見た時の全体を表す概念なんです。

もう一度，先で導いた過程を見てみましょう。やったことはミクロな実体 m, v からマクロな概念 T, P を表現した。そして結果の式 $\frac{1}{2}m\overline{v^2} = \frac{3}{2}\frac{R}{N_A}T$ によって"温度"というものの実体をつかんだんだ。そう！ 温度とは分子の運動エネルギーのことだったんです！

■ micro ⇔ macro

> **@Advanced** 温度についてもう少し！
> （1個の運動エネルギーで全体の温度が決まる??）
>
> $\frac{1}{2}m\overline{v^2} = \frac{3}{2}\frac{R}{N_A}T$ の式をじっと見ると…「1個の気体分子の速さで，その気体の全体の温度が決まるぞ～！」ということですよね。これって何か，変じゃないか～!?
>
> 例えばやまぐちの部屋の空気を，分子の速さを変えずにどんどん抜き取っていくと，中のやまぐちにぶつかる分子数は減ってきます。当たる数が多いとぶつかられる温度計が振動して高い温度になるのだから，温度計の温度は下がってくる。中のやまぐちは凍えてくるような気がするのですが…。でも v 一定で，式では同じ温度なんだ～！ う～ん??
>
> 実は，この2つの温度…やまぐちが感じる（当たる回数が関係する）温度を"経験温度"，（式が示すように）分子の速さだけで決まる温度を"熱力学温度"と区別して表現する場合があります。
>
> 高校物理では，数が絡むと複雑すぎるので（統計処理が必要になるので），温度といえば"熱力学温度"のこと！…速さ v だけで温度が決まると考えます。空気を抜いていくと直感的に寒くなるというのは無し！ v が変わらな

ければ"温度"も変わらないのです。

厳密にいうと，この2つの温度は完全な閉鎖系，かつ定常状態を考えれば完全に一致することが証明されます。…が，超〜ムズいので早く大学へ行くんだ！

結論…温度は v のみで決まる！

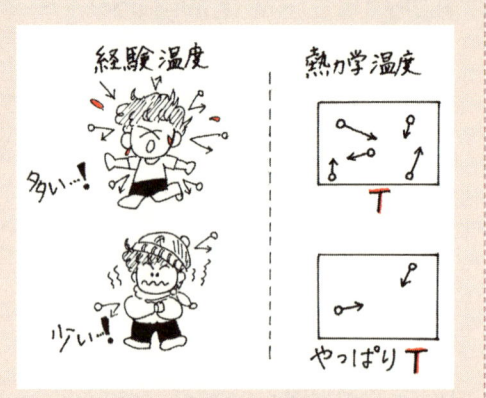

■ 経験＆熱力学温度

@IMAGE 内部エネルギーとは何か？

内部エネルギー $U = \dfrac{3}{2}nRT$ は

$$U = (個数) \times (1個のエネルギー) = N\dfrac{1}{2}m\overline{v^2} = \dfrac{3}{2}nRT$$

と導いています。というのでその意味は簡単！ 気体分子の運動エネルギーを足している…そう！ 気体分子の全エネルギーのことです。え？ でも，位置エネルギー（重力による mgh のことです）や分子間の相互作用（電気力やファン・デア・ワールス力などです）のエネルギーが入っていないけど…。実は，これらは運動エネルギーに比べてず〜っと小さいので無視しているのです。

というので【内部エネルギー＝気体のもつallエネルギー】のことだ！

@IMAGE 内部エネルギーは温度だけで決まる！

内部エネルギー $U = \dfrac{3}{2}nRT$ の特徴は…温度 T だけの関数ですね。つ

第2章 2講 気体の分子運動論

まり，気体がその形や体積を変えようが，圧力が変わりまくろうが，温度さえ一定なら，内部エネルギーも変化しないのです。

結論：U は T のみで決まるんだ〜！

@IMAGE 単原子分子のときだけ！

ところで，先の分子運動論の結論は，今，君がいる部屋ではダメですよ。だって空気となっている分子は O_2 や N_2 ですね。こいつらは球形ではないので，壁と衝突するときは，まっすぐ跳ね返らないでしょう。前にやった方法が基本的に使えないのです。

ここは"**単原子分子気体**"と呼ばれる，1個の原子で分子をつくる（つまり複雑な形を持たないで球形になっているもの）He や Ne ガスにしか適応できません。これから先に出てくる式も単原子分子のときにしか使えないものがたくさんあります。問題を解くときも，まず最初に「単原子分子」と書いてあるかどうか，必ずチェックして下さい。この一語で，式が使えたり使えなかったりするのですよ〜！

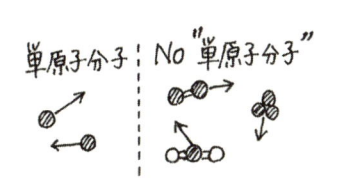

■単原子分子＆O_2 みたいなの

@Advanced "自由度"

エネルギーの式で $\frac{3}{2}$ という形がありましたね。これは，運動エネルギーを求めるときに x , y , z の3つの方向があったからでしょう。このことを自由度といって，上では x , y , z 方向の3つの自由度があるといいます。

球形で無く複雑な形をもつ分子では回転の自由度も加わってきます。回転では2つ（$x-y$ 面と z 方向）あって，全体で5つ…$\frac{5}{2}$ というファクターがつきます。一般には $\frac{f}{2}$（f：自由度）の形になります。このように各自由度に

1つずつ $\frac{1}{2}$ が割り当てられることをエネルギー等分配の法則とよんでいます。もし君たちが学校で $\frac{5}{2}$ や $\frac{7}{2}$ を習っていたらその話のことでしょう。

なぜ自由度1つについてエネルギーが1つずつ割り当てられるか？　というのは大学での話です。急げ〜！

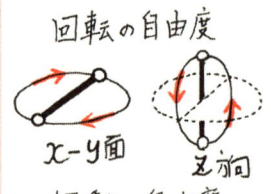

> ✓ この講はこれでendです。次の問題で実力をチェックだ〜！

Q まとめの問題　No.1

【分子運動を球形の中でやってみよう！】

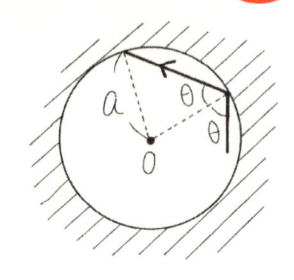

内径 a の球形容器に理想気体が封入されている。気体分子はすべて同じ質量 m，同じ速さ v で，互いに衝突することなく，容器の壁とは完全弾性衝突している。1個の分子が入射角 θ で壁に衝突するとき，分子の運動量の変化の大きさは (1) となる。この分子は最初の運動方向と球の中心Oで決まる1つの平面上で運動するので，単位時間に壁と (2) 回衝突し，分子が壁に与える力の大きさは (3) となる。最初の運動方向が異なる分子についても，運動する平面が異なるだけで壁に同じ大きさの力を与える。したがって，容器内の全分子数を N とするとき，気体の圧力は (4) と表せる。

第2章 2講 気体の分子運動論

解答

Answer No.1

(1) $2mv\cos\theta$　　(2) $\dfrac{v}{2a\cos\theta}$　　(3) $\dfrac{mv^2}{a}$　　(4) $\dfrac{Nmv^2}{4\pi a^3}$

解説

(1) 運動量の変化ですから，(後の運動量 − 前の運動量)です。図を見ながらチェック！　外向きを正方向にとると

$\Delta mv = (-mv\cos\theta) - mv\cos\theta$

　　　　$= -2mv\cos\theta$

この粒子の運動量変化 = 粒子の受ける力積はマイナス…内向きです。一方壁の受ける力積は作用・反作用の法則より外向き…プラスになります。ここでは大きさだけを聞いているので考える必要はなかったのですが，ちゃんと理解しておこう！

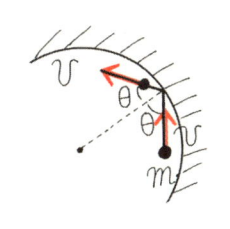

(2) 次に衝突するまでの距離は図より $2a\cos\theta$，かかる時間はトーゼン

$t = \dfrac{2a\cos\theta}{v}$ ですね。

1秒で $\dfrac{v}{2a\cos\theta}$ 回あたります。

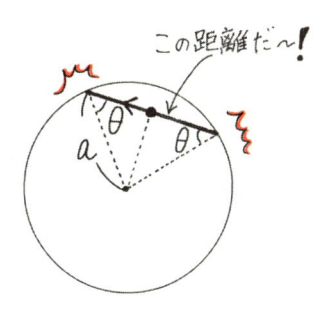

(3) 1個による1秒の力積は (1回の力積 × 1秒で当たる回数)

$2mv\cos\theta \times \dfrac{v}{2a\cos\theta} = \dfrac{mv^2}{a}$

これが1個の平均の力 (力積 $I = F\Delta t$) になりますね。

247

(4) 全粒子による力は $F = Nf = N\dfrac{mv^2}{a}$　ここでは全ての粒子が速度vとしているので平均の考えは不要です。

さあ，圧力です。球の内側の全面積（表面積）は$4\pi a^2$でしたね。よって

$$P = \dfrac{F}{4\pi a^2} = \dfrac{Nmv^2}{4\pi a^3}$$ となります。

ついでに体積 $V = \dfrac{4}{3}\pi a^3$ を用いると $P = \dfrac{Nmv^2}{3V}$ …見たことあるでしょう。立方体でやった結果と同じです。考えてみればあたりまえ，容器の格好で圧力が変わるわけありませんからね。

ついでに温度も $PV = nRT$ より $\dfrac{1}{2}m\overline{v^2} = \dfrac{3}{2}\dfrac{n}{N}RT = \dfrac{3}{2}\dfrac{R}{N_A}T$ になります。トーゼンながら立方体でやったのと同じです。

さあ，最後の温度まで自分でしっかりと出せるようにするんだぞ～！

Q まとめの問題　動く壁…難問だぞ！　No.2

図1のように，滑らかに動くピストンを備えた断面積Sのシリンダー内に，nモルの単原子分子の理想気体を閉じ込める。これらの分子（1分子の質量がm）はピストンやシリンダーと弾性衝突しているものとする。ピストンとシリンダーは熱容量を無視できる断熱材でできており，外部との熱のやりとりはない。図のようにピストンの移動方向をx軸とし，分子はx軸方向，y軸方向，z軸方向の速度成分 v_x, v_y, v_z をもって運動していると仮定する。またN_Aをアボガドロ数，Rを気体定数とする。

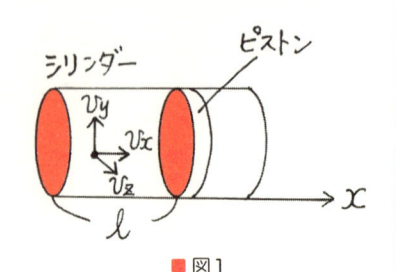

■ 図1

第2章 2講 気体の分子運動論

問1 ピストンはシリンダーの左端から距離 ℓ の位置に固定されており，シリンダー内部の気体の絶対温度は T，体積は $V(=\ell S)$ とする。ここで，分子同士の衝突はないと仮定する。
以下の問いに与えられた記号を用いて答えなさい。

(1) 1個の分子がピストンに衝突するときに壁が受ける力積を求めなさい。

(2) 時刻 t の間に1個の分子がピストンに衝突する回数の平均値を求めなさい。

(3) 時刻 t の間にピストンが1個の分子から受ける力の平均値を求めなさい。

(4) ピストンが気体全体から受ける平均の力を求めなさい。ただし，v_x の大きさや向きは分子によってばらつきがあるが，すべての分子についての v_x^2 の平均値を $\overline{v_x^2}$ とする。

(5) 気体分子の速度の分布は方向に依存しないとし，分子の速度の2乗の平均値を $\overline{v^2}$ とする。ピストンが気体分子から受ける圧力 p と体積 V の積 pV は $\overline{v^2}$ に比例する。その比例定数を求めなさい。

(6) (5)の結果は，巨視的な量 pV が個々の分子の微視的な量で表されることを示している。また，平均運動エネルギーは絶対温度に比例することが分かる。その比例定数を求めなさい。

(7) 理想気体の内部エネルギーは分子の運動エネルギーだけとなる。上の気体の内部エネルギーが $U=\dfrac{3}{2}nRT$ となることを示しなさい。

問2 図2のように，ピストンを一定速度 v_P で x 軸の正方向へゆっくりと移動させる場合を考える。以下の問いに答えなさい。ここで，分子同士の衝突はないと仮定する。

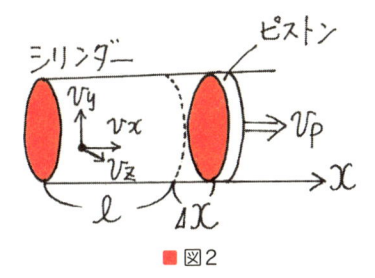

■図2

(1) ピストンと衝突した後の分子速度の x 方向成分 v_x' を v_x, v_P を用いて表しなさい。

(2) 1個の衝突による運動エネルギーの変化量は，$v_P \ll v_x$ の状況においては v_P に比例する。その比例定数を求めなさい。なお，$\alpha \ll 1$ のとき近似式 $(1-\alpha)^2 \fallingdotseq 1-2\alpha$ が成立するとする。

(3) 時間 t の間にピストンが微小な距離 $\Delta x(\ll \ell)$ だけ移動したとする。この間に1個の分子がピストンに衝突する平均の回数は Δx に比例する。その比例定数を v_x, v_P, ℓ を用いて表しなさい。ただし距離 Δx は ℓ に比べて十分小さいので衝突する回数は問1の(2)で求めた結果で近似できるものとせよ。

(4) 時間 t の間の1個の分子の運動エネルギーの変化量を，$v_x, m, \ell, \Delta x$ を用いて表しなさい。ただし，変化量は分子の運動エネルギーに比べて十分小さいとする。

(5) すべての分子についての v_x^2 の平均値を $\overline{v_x^2}$ とするとき，ピストンが Δx だけ移動することによる気体の内部エネルギーの変化量を求めなさい。

(6) ピストンが Δx 動いたときの体積変化を ΔV とするときの気体の温度変化 $\dfrac{\Delta T}{T}$ を，$\Delta V, V$ を用いて求めなさい。これまでは分子間の衝突を無視してきた。しかし，実際には，分子間の衝突によって，分子の速度は各方向に平均化されると考えよ。

解答

Answer No.2

問1 (1) $2mv_x$ (2) $\dfrac{v_x t}{2\ell}$ (3) $\dfrac{mv_x^2}{\ell}$ (4) $\dfrac{nN_A m \overline{v_x^2}}{\ell}$

(5) $\dfrac{nN_A m}{3}$ (6) $\dfrac{3}{2}\dfrac{R}{N_A}$ (7) 解説を参照

問2 (1) $v_x' = -v_x + 2v_P$ (2) $-2mv_x$ (3) $\dfrac{v_x}{2\ell v_P}$

250

第2章 2講 気体の分子運動論

(4) $-\dfrac{mv_x^2}{\ell}\varDelta x$ (5) $-\dfrac{nN_A m\overline{v_x^2}}{\ell}\varDelta x$ (6) $\dfrac{\varDelta T}{T}=-\dfrac{2}{3}\dfrac{\varDelta V}{V}$

解説

気付いたかもしれませんが，この問題の前半は，先の問題でやった長い大切なやつと内容は全く同じですね。というので復習のつもりで問1だ！

問1

(1) 粒子の運動量変化 $\varDelta p$ は（粒子の受ける力積のこと），正の向きに気をつけて

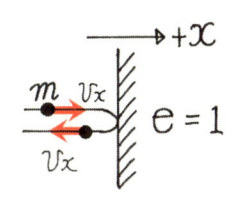

$$\varDelta p = (-mv_x) - mv_x = -2mv_x$$

壁の受ける力積 I は，作用反作用の考えより

$$I = -\varDelta p = 2mv_x$$

(2) 距離 2ℓ 進むと1回当たります。t 秒で進む距離は $v_x t$。よって t 秒で当たる回数は $\dfrac{v_x t}{2\ell}$

(3) 1個の粒子が及ぼす力を f としましょう。t 秒での力積は

（1回の力積）×（t 秒で当たる回数） $\quad\therefore\quad 2mv_x \times \dfrac{v_x t}{2\ell} = \dfrac{mv_x^2 t}{\ell}$

さあ，力は1秒の力積のこと！ $t=1$ として $f = \dfrac{mv_x^2}{\ell}$

(4) さあ，数を増やします。n モルで全個数は nN_A，v_x^2 は平均の $\overline{v_x^2}$ を使います。

全粒子による力 F は，$F = nN_A\,\overline{f} = \dfrac{nN_A m\overline{v_x^2}}{\ell}$

(5) 平均の考えですね。$\overline{v_x^2} = \overline{v_y^2} = \overline{v_z^2}$，$\overline{v^2} = \overline{v_x^2} + \overline{v_y^2} + \overline{v_z^2}$ を用います。

$\overline{v_x^2} = \dfrac{\overline{v^2}}{3}$ に注意して圧力（1m²あたりの力）p は $p = \dfrac{F}{S} = \dfrac{nN_A m\overline{v^2}}{3\ell S}$

$\ell S = V$ を使って pV の形にするぞ！　　$pV = \dfrac{nN_A m}{3}\overline{v^2}$

(6) 状態方程式と上の式より $nRT = \dfrac{nN_A m}{3}\overline{v^2}$

　　求める運動エネルギーは $\dfrac{1}{2}m\overline{v^2} = \dfrac{3}{2}\dfrac{R}{N_A}T$

(7) 1個の運動エネルギーが分かったので，全エネルギー U は全粒子数が nN_A に注意して

$$U = nN_A \cdot \dfrac{1}{2}m\overline{v^2} = \dfrac{3}{2}nRT$$

本当に，今までの復習でしたね。まだちゃんとできない人は何回でもやる…ストーリーを追ってだぞ。

問2

さあ，後半戦です。壁が動きます。ややこしいけど，しっかりチェックだ～！

(1) ピストンは気体分子に比べてメチャ大きいので，衝突の前後で速度は v_P のままで変わりません。ここで $e=1$，弾性衝突です。はねかえり係数の式を書くと

$$1 = -\dfrac{v'_x - v_P}{v_x - v_P} \quad \therefore v'_x = -v_x + 2v_P$$

これを $v'_x = -(v_x - 2v_P)$ と書けばはっきりしますね。マイナスは反対向きを表し，括弧の中のマイナスで $2v_P$ だけ遅くなっているのが分かるでしょう。温度は分子の速さのことでしたから，この膨張（断熱膨張）で温度が下がるんですね。

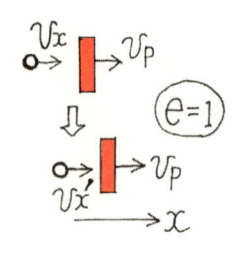

(2) 変化は（後－前）の量です。1個が1回の衝突でのエネルギー変化を $\Delta\varepsilon$ とすると

$$\Delta\varepsilon = \frac{1}{2}m{v'_x}^2 - \frac{1}{2}m{v_x}^2 = -2mv_x v_P$$

変形で近似式を使っていますが，ちゃんと自分でできたかな？ 問題に書いてあるように $(v_x - 2v_P)^2 = v_x^2\left(1 - \frac{2v_P}{v_x}\right)^2 \fallingdotseq v_x^2\left(1 - \frac{4v_P}{v_x}\right)$ とやればOK！

でも，1次近似の意味が分かっていれば
$(v_x - 2v_P)^2 = v_x^2 - 4v_x v_P + 4v_P^2 \fallingdotseq v_x^2 - 4v_x v_P$ というように微少量の2次の項を無視してやっても同じこと！ 分かってる人は両方できるように！

(3) 時刻 t の間にピストンに衝突する回数は $\frac{v_x t}{2\ell}$ と近似できるので，問題で言っていることは，t を Δx で書き換えろということだね。

$$\Delta x = v_P t \text{ より } \frac{v_x t}{2\ell} = \frac{1}{2\ell}\frac{v_x}{v_P}\Delta x$$

(4) 1個が t 秒のエネルギー変化 $\Delta\varepsilon_t$ は（1回でのエネルギー変化）×（t 秒で当たる回数）！

$$\therefore \Delta\varepsilon_t = -2mv_x v_P \cdot \frac{1}{2\ell}\frac{v_x}{v_P}\Delta x = -\frac{mv_x^2}{\ell}\Delta x$$

(5) Δx 進んだときの全体のエネルギー変化です。つまり t 秒での変化のこと。上のは1個の話。数が増えたから平均して全粒子数を掛ければいいんだ〜！　ΔU として

$$\Delta U = nN_A \overline{\Delta\varepsilon_t} = nN_A\left(-\frac{m\overline{v_x^2}}{\ell}\Delta x\right) = -\frac{nN_A m\overline{v_x^2}}{\ell}\Delta x$$

符号のマイナスはエネルギーが減っていることです。

(6) 何をするのか，分かっているかな？ この問題は答えまでが遠いのでしっかり求めたいものを考えながら行くんだぞ。

ΔT を ΔV，T，V で表したい。一方 $\Delta U = \frac{3}{2}nR\Delta T$ だったから，

ΔU を ΔV, T, V で書けといってるんだ！ (5) の ΔU を見てみると…$\overline{v_x^2}$ と Δx を消すんだ！　さあ，やっていくぞ！

$$\Delta U = -\frac{nN_A m \overline{v_x^2}}{\ell}\Delta x \quad \text{ここで } \overline{v_x^2} = \frac{\overline{v^2}}{3} \text{ と } \Delta V = S\Delta x \text{ より}$$

$$\Delta U = -\frac{nN_A m \overline{v^2}}{3\ell S}\Delta V$$

次は $\overline{v^2}$ を消す。$\overline{v^2}$ が入っていた式は問1 (6) の大切な式

$$\frac{1}{2}m\overline{v^2} = \frac{3}{2}\frac{R}{N_A}T \text{ でしたね。}$$

よって

$$\Delta U = -\frac{nN_A m \overline{v^2}}{3\ell S}\Delta V = -\frac{nN_A}{3\ell S}\Delta V \cdot \frac{3R}{N_A}T = -\frac{nRT}{V}\Delta V$$

いよいよ $\Delta U = \frac{3}{2}nR\Delta T$ の出番です。

$$-\frac{nRT}{V}\Delta V = \frac{3}{2}nR\Delta T \quad \therefore \frac{\Delta T}{T} = -\frac{2}{3}\frac{\Delta V}{V}$$

何をやっていったのか，しっかりとつかんでいるか？　流れを読めないと話にならんぞ〜！

この結果の $\frac{\Delta T}{T} = -\frac{2}{3}\frac{\Delta V}{V}$ は次の講でも出てきます。断熱変化の**ポアソンの関係式**のところです。難関大をめざす人には非常に大切な式です。体積が増えると ($\Delta V > 0$)，温度が下がる ($\Delta T < 0$)。体積が減ると ($\Delta V < 0$)，温度が上がる ($\Delta T > 0$)。どのように下がるのかも分かるんだ！　この式はちょっと頭に残しておこう。

…しかし，ちょっと難しかったかな？　ぐぁんばれ〜！

第2章 3講 熱力学第一法則

さあ，熱分野の最大の山場にさしかかって来ました。熱力学第一法則です。ここが分からんと熱は灼熱地獄だ～！　といってもびびらないように。内容は単なるエネルギー保存のこと！　非常に簡単でコンパクトにまとまっているところです。基本式さえしっかり押さえておけば，かなりいけるぞ。この本では5つの基本式（①〜⑤と番号を振ってあります）として，これらを中心に内容をエグっていきます。式そのものも大切ですが式のところにちょこっと書いてある"注意"にも大注目！　これによって，より本質をエグれるようになるぞ〜！

さあ，熱くなって熱男（女）の本領を発揮しよう〜！…猛暑の夏には迷惑だ(^^;)

★ 熱力学第一法則

> 気体が外から吸収する熱量を Q，気体が外からされる仕事を W とすると，気体の内部エネルギーの変化 ΔU は
> $$\Delta U = Q + W$$

@IMAGE 第一法則はエネルギー保存のことなんだ！

この式が言っていることは分かりますね。そう，単なる**エネルギー保存則**！　しっかりと式を頭の中で書けるように，ここは"お金"を使って具体的に考えていきましょう。

まず全エネルギー U は…ヤマグチの全財産のことだ〜！ Δ は変化…いつものように【後−前】で計算します。式全体は，今月のヤマグチ家の家計簿を表しているのですね。僕の収入（入ってくるお金）は Q と W の2ヶ所あるぞ。

Q（として外）から100円もらって，さらに W（として外）から200円もらうと，僕の全財産の変化は $\Delta U = +300$円…正の量で増えていますね。第一法則の意味はたったこれだけなんです。簡単だ〜！

さあ，ここでの注意点は"**正負の符号**"に気をつけろ〜…です。例えば，W（として外）へ200円出したのであれば，全体で $\Delta U = -100$円となり，マイナス…100円減ってしまうでしょう。そう！ 出すときは符号が変わるんだ！

というので今からは式を書くときに，外からの仕事を $W^{外から}$，外への仕事を $W^{外へ}$ のように向きをクリアにしよう！ そうして $W^{外へ} = -W^{外から}$ とすればいいのです。あたりまえのことを言ってるだけですね。Q についても全く同様です。

というので第一法則の式は，単に Q や W と書くのでなく，入っているのか出ているのかを明確にするために

$\Delta U = Q^{外から} + W^{外から}$ …①最初の基本式！

（$\Delta U = Q^{外から} - W^{外へ}$）

と書きましょう。どうです，プラスマイナスなど間違いようがないでしょう。

■ 入るか，出るか…

第2章 3講　熱力学第一法則

第一法則は ΔU, Q, W の3つの関係式ですから，この内の2つが決まると残りの1つも求まります。というので，以下，ΔU, Q, W …1つ1つの決め方をチェックしていきましょう。

★ ΔU の決め方

$\Delta U = \dfrac{3}{2} nR\Delta T$（単原子分子の場合のみ！）… ②番目の基本式

$\Delta U = nC_V \Delta T$（任意の変化でOK）………… ③番目の基本式

C_V：定積モル比熱

@IMAGE　式はいつも使えるのかな？

ΔU を決める1番目の式 $\Delta U = \dfrac{3}{2} nR\Delta T$ は，前節の気体の分子運動の結果から導いたものです。というので注意したように基本的には単原子分子の場合のみしか使えません。問題に"単原子分子"と書いてなければ絶対に使うな〜！

2番目の式は定積モル比熱 C_V を使っていますが，定積変化だけでなく，どんな場合でも使えます。なぜかというと…以下です！

気体の比熱（1℃暖める熱量）は暖めるやり方によって変わってきます。体積を一定にして（定積）1℃あっためるよりも，定圧変化のように膨らみながら1℃あっためる方が加える熱（エネルギー）がたくさん必要になりますね。膨らむと $W^{外へ}$ が発生します（V 一定で無〜い）。加えた熱が ΔU の増加（温度を上げる）と $W^{外へ}$（外へやる仕事）に使われるのですね。つまり V 一定では加えた熱が全て内部エネルギーの変化になるんだ〜。というので $\Delta U = nC_V \Delta T$ …これはあたりまえだ〜！　定積変化しか使えないのではなくて，ΔU はそういうものだということです。

このように，公式は単に丸暗記するのでなく"この場合には使えるんだ"という条件を必ず把握しておくこと！　さもないと「答えが何通りも出てしまったよ～」なんてことになりかねませんよ。しっかりと意味をとらえて使いこなそう！

@IMAGE　温度だけで決まる～！

分子運動でやったように，内部エネルギー（の変化）は，温度（変化）だけで決まります。つまり気体を熱したり冷やしたり，引っ張ったり押し込んだり…どんなにしても"温度さえそのままなら，気体の持つ内部エネルギーは変わらない"というのです。体積や圧力によらず，温度だけ…ですよ。

★ $Q^{外から}$ の決め方

$Q^{外から} = nC\Delta T$ …④番目の基本式
定積変化：$C = C_V$（定積モル比熱）
定圧変化：$C = C_P$（定圧モル比熱）

@IMAGE　C_V, C_P どっち？

ΔU に続いて Q の決め方です。式は…［熱量］＝［モル数×モル比熱×温度変化］の形です。これって，比熱がわかっていればあたりまえですね。$Q = mc\Delta T$ と同じことを気体で書いただけです。まず熱量は Q と書くな！　$Q^{外から}$ です。さらに比熱は変化の過程，方法の違いで値が違ってきましたね。僕らが知ってるのは2つの比熱だけです。1つは定積変化（$\Delta V = 0$）…この場合は定積モル比熱 C_V を使え！　もう1つは圧力一定

の定圧変化（$\Delta P = 0$）…これは定圧モル比熱C_Pを使う！ というように使い分けるのです。

体積も圧力も一定でない場合は…一般の比熱は知らないので，この式は使うな〜！

後述しますが，単原子分子の場合は$C_V = \dfrac{3}{2}R$，$C_P = \dfrac{5}{2}R$です。

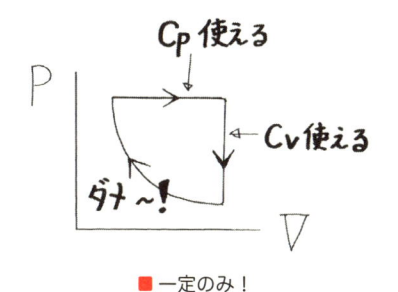

■一定のみ！

★ Wの決め方

定圧変化の場合
$W^{外へ} = P\Delta V$ （$W^{外から} = -P\Delta V$）…⑤番目，最後の基本式！

@IMAGE $W^{外へ}$を出すぞ〜！

最後は気体の仕事を決める式です。

P一定（$\Delta P = 0$）の条件で気体が$\Delta V (= S\Delta x)$だけ膨張した場合を考えてみましょう。

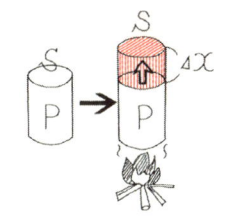

■仕事をする！

ピストンが上に盛り上がって気体が仕事をしますが，その大きさは$W = F\Delta x = PS\Delta x = P\Delta V$ですね。おっと！ ここで仕事の式$W = Fx$は$F$が一定のときのみ使える式でしたね。というので上の式は**圧力一定**のときだけしか使えないのです。

@IMAGE 仕事をする, される

　気体の体積の増減で気体のする仕事の正, 負が決まります。膨脹 ($\Delta V > 0$) なら気体は仕事をする (エネルギーを失う), 圧縮 ($\Delta V < 0$) なら仕事をされる (エネルギーをもらう) というわけです。

　仕事の正負の意味を, 気体が仕事をする, されるという言い方で慣用的に使っているのですね。仕事をする, されるということをしっかり仕事の正負という考えでつかんでおこう。

> 定圧変化でない一般の状態変化では, $P-V$ グラフの図に示す面積が気体が外にする仕事に等しい。

■ $P-V$ グラフの面積

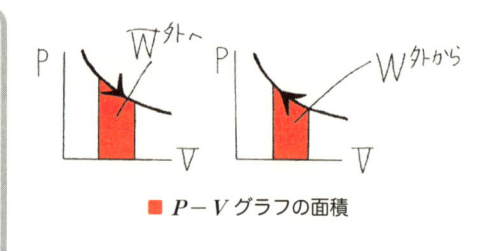

@IMAGE $P-V$ グラフの面積と積分の関係

　P 一定のときは掛け算！　一定で無いときは面積！　というのは力学の仕事でやった $W = Fx$ の考え方と全く同じです (忘れてる人は力学を check だ〜！)。

　力学の仕事は $F-x$ グラフの面積を表していましたね。そこでグラフの縦軸を断面積 S で割って, 横軸に断面積 S を掛けてグラフを書き直すと…

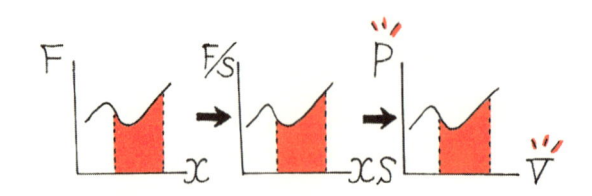

第2章 3講 熱力学第一法則

さあ，このグラフの面積は $F-x$ グラフの面積と同じでしょう。しかもこのグラフは…$P-V$ グラフだ～！　というので $P-V$ グラフの面積は仕事になっているのです！

積分の考えがわかってる人は，気体のやる仕事を $W^{外へ}=\int_{V_1}^{V_2}PdV$ とやっても同じことです（ただし高校の範囲外ですので，考え方を深めることに重点を置いて使うんだよ！）。

@IMAGE 微小変化！

実は P 一定でなくとも，もう1つ $W^{外へ}=P\Delta V$ の式が使える場合があります。それは**微小変化**の場合！

体積変化 ΔV が非常に小さければ，その間の圧力はほとんど変わってない…一定だと考えるのです。図を見ればイメージをつかめるでしょう。

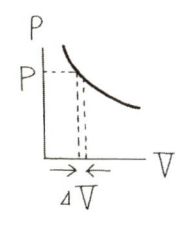

■ 微小変化

@IMAGE Q の注意!!　$Q=nC\Delta T$ で $\Delta T=0$ なら $Q=0$ でいいの？

ここで大注意です！　式 $Q^{外から}=nC\Delta T$ より，ある状態Aから他の状態Bに変化したとき，AとBが同じ温度なら（$\Delta T_{AB}=0$）$Q=0$…とは絶対やるな～!!

内部エネルギー $\Delta U=nC_V\Delta T$ は ΔU が温度 T のみの関数でしたね。だから $\Delta T=0$ なら必ず $\Delta U=0$ となったのです。でも Q は違うぞ！ Q は T のみの関数では無いんだ～！　つまりA→Bの変化の道筋…経路によって出入りする熱量は違っているのです（力学で言う，保存力と非保存力みたいな違いです）。だから $\Delta T=0$ でも $Q=0$ とは言えないのだ～!!

分からん人は例を一つ…状態A（温度 T_0）から他の状態B（温度 T_0）に変化した場合を考えてみましょう（$\Delta T_{AB}=0$ ですよ）。

P−Vグラフ

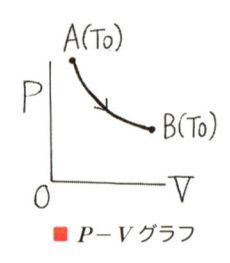

まず第一法則(これはエネルギー保存ですから必ず成り立っています) $\Delta U = Q^{外から} - W^{外へ}$ において $\Delta U = 0$ ($\Delta T_{AB} = 0$ です)。$W^{外へ}$ は $P-V$ グラフの面積です。体積が増加しているので外に仕事をしている ($W^{外へ} > 0$)。つまり第一法則より $Q^{外から} > 0$ …ゼロでは無いんだ〜！ 温度を同じにするにはA→Bでトータルで熱を加えないといけないということ。

というので $Q^{外から} = nC\Delta T$ は V, P 一定の変化しか使えないと考えてくださいね。

熱量を求めるとき，$\Delta T = 0$ でも $Q = 0$ では無いんだ〜！！

Q 3-1 問題　【ピストンの例…多いぞ！】

図に示すように，断面積 S のシリンダー内に n モルの理想気体が封入されている。上に質量 M のピストンが乗せてあり静止している。この状態での気体の体積は V であった。圧力を一定にしたまま，その体積が x 倍になるまで外部から熱を加えた。シリンダーとピストンの間には摩擦がなく，ピストンはなめらかに動くとする。この気体の定圧モル比熱を C_P，気体定数を R として以下の問いに答えよ。外側は真空であるとする。

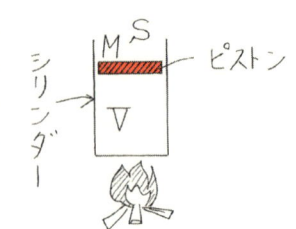

(1) この気体の圧力 p_1 はいくらか？
(2) この気体が外部にした仕事 W_1 を求めよ。

第2章 3講　熱力学第一法則

(3) この気体に与えられた熱量 Q_1 を求めよ。
(4) 気体に与えられた熱量のうち，体積膨張による外部への仕事に使われる部分の割合を求めよ。
(5) この気体の内部エネルギーはどれだけ増加したか？

解答

Answer 3-1

(1) $p_1 = \dfrac{Mg}{S}$　(2) $W_1 = \dfrac{(x-1)MgV}{S}$　(3) $Q_1 = \dfrac{(x-1)C_P MgV}{RS}$

(4) $\dfrac{W_1}{Q_1} = \dfrac{R}{C_P}$　(5) $\Delta U = \dfrac{(C_P - R)(x-1)MgV}{RS}$

解説

(1) ピストン…といえば力のつりあいだ～！　いま，ピストンは静止です。

$$p_1 S = Mg \quad \therefore \quad p_1 = \dfrac{Mg}{S}$$

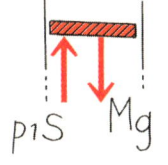

(2) さて，注目点は…この変化では質量 M は一定ですね。トーゼン，圧力も一定です（先の図とつりあいの式を見ればすぐ分かるね）。さて気体が外にやる仕事です。式は1つだけでしたね。$W^{外へ} = P\Delta V$：圧力一定ですからドンドン使っていいぞ！

$$W_1^{外へ} = p_1 \Delta V = \dfrac{(x-1)MgV}{S} \quad \text{…"から"，"へ"付けているか～？}$$

(3) 熱量を出す式は1つだけ！　$Q^{外から} = nC\Delta T$：ここは定圧→C_P だ。単原子分子…と書いてないので $\dfrac{5}{2}R$ とかはダメ！　C_P を使いましょう。
一方，状態方程式からは $p_1 \Delta V = nR\Delta T$（注意：これは圧力が一定だからです）。よって

263

$$Q_1^{外から} = nC_P \Delta T = \frac{C_P}{R} p_1 \Delta V = \frac{(x-1)C_P MgV}{RS}$$

(4) $\dfrac{W_1^{外へ}}{Q_1^{外から}} = \dfrac{p_1 \Delta V}{Q_1} = \dfrac{R}{C_P}$ 　意外と簡単な形になりましたね。

ついでに割合を求めるので$100\dfrac{R}{C_P}[\%]$とやってもOK！

(5) $W^{外へ}$, $Q^{外から}$ が分かっているのでトーゼン，第一法則です。

$$\Delta U = Q_1^{外から} - W_1^{外へ} = \frac{(C_P - R)(x-1)MgV}{RS}$$

チョロい！

@IMAGE　5つの基本式

さあ，先の問題はどうでしたか？　大切なのは5つの基本式！　仕事はあの式，熱はあれ，単原子分子でないのだから内部エネルギーの変化はアレ！　こんな感じです。5つしかないのだからいつも意識して使っていこう。

ここは何回も何回もやっておくのだぞ！

基本5式の次は…【おまけ】です。おまけといっても手は抜けないぞ。
　【基本＋おまけ＝どうだ！】ですからね……（＾＾;
これで，いろいろな問題に幅広く対応できるようになります。頑張っていこう!!

第2章 3講 熱力学第一法則

★ モル比熱

$$\begin{cases} C_V = \dfrac{3}{2}R \\ C_P = \dfrac{5}{2}R \end{cases} \text{（単原子分子のみ）}$$

$C_P - C_V = R$ （どんな気体でもOK）

@IMAGE　C_V, C_P の注意！

- C_V を出してみましょう。V 一定（$\Delta V = 0$）のもとで，熱を加えて温度が ΔT 上がった場合です。

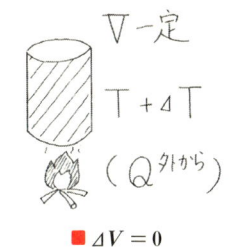

■ $\Delta V = 0$

第一法則はエネルギー保存なのでいつでも成り立っています。というので，まず V 一定より $W = 0$。第一法則は $\Delta U = Q^{外から}$，これの1つ1つを決めていきましょう。

単原子分子では $\Delta U = \dfrac{3}{2}nR\Delta T$ でしたね。定積モル比熱は V 一定で1モルの気体を1[K]温める熱量ですから $Q^{外から} = nC_V\Delta T$。

2つを第一法則に入れると

$\dfrac{3}{2}nR\Delta T = nC_V\Delta T$ ……①

$\therefore C_V = \dfrac{3}{2}R$　簡単だ～！

- C_P も第一法則から導きます。君も自分で出せるかな？ 定圧（$\Delta P = 0$）で熱を加えて温度が ΔT 上がった場合です。

まず，単原子分子では $\Delta U = \dfrac{3}{2}nR\Delta T$。

P 一定で $W^{外へ} = P\Delta V$。ついでに P 一定で状態方程式は

$P\Delta V = nR\Delta T$

熱量は P 一定で $Q^{外から} = nC_P\Delta T$ でしたね。

第一法則 $\Delta U = Q^{外から} - W^{外へ}$ を使ってまとめると

$$\dfrac{3}{2}nR\Delta T = nC_P\Delta T - nR\Delta T \quad \cdots\cdots ②$$

$$\therefore\ C_P = \dfrac{5}{2}R \quad \text{これもチョロい！}$$

さあ，結果の式の注意点です。先の導出では $\Delta U = \dfrac{3}{2}nR\Delta T$ を使いましたね。

つまりこれは **"単原子分子のみ"** だ〜！ 問題文に"単原子分子"と書いてなければ，定圧・定積ともに，この形はアウト！ 使うな！

しかし！…最後の式 $C_P - C_V = R$ はマイヤーの関係式といって，単原子分子でなくとも一般的に使える式です。

証明はパスしますが…と思ったけど，先の C_V，C_P の導き方でもう分かったでしょう！

①式と②式で，単原子でないと左辺の ΔU の形が変わりますが，①②式とも同じものがくるハズ（内部エネルギーは温度だけで決まりますから）。というので C_P と C_V の差は①②式の右辺から来て R になります。ありまえという感じで証明できますね。

これ（マイヤーの関係式）は大切な関係式なのでしっかり頭に入れておこう。

第2章 3講 熱力学第一法則

★ (断熱) 自由膨張

断熱的に気体を真空へ膨張させる変化。このとき気体の内部エネルギーは変化せず，温度も変わらない。
$$\Delta U = 0 \,(\because \Delta T = 0)$$

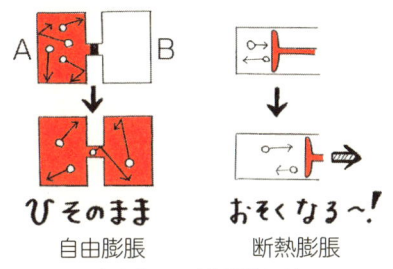

びそのまま
自由膨張

おそくなる〜！
断熱膨張

■ 自由膨張と断熱膨張の違い

@IMAGE 自由膨張 vs. 断熱膨張

- 自由膨張の場合は，図のAにあった気体が，AB間のコックを開けることによりBに拡がっていきます。このとき気体の分子のもつ運動エネルギーは変わるはずがありませんね（分子の速度が，単に穴が開いただけでは変わらないですからね）。だから温度も変わらないのです。
- それに対して断熱膨張の図を見て下さい。分子が遠ざかっている壁に弾性衝突すると，速さが遅くなります。つまり『運動エネルギー減る→内部エネルギーが小さくなる→温度も下がってしまう』のです。

この2つは文章で読むと，よく似ていて間違いやすいので，上の図を見ながらハッキリと区別して下さいね。

★ 熱効率

気体の状態を変化させ，もとの状態に戻す循環過程を考える。この間に，気体が吸収する熱量を $Q_1^{外から}$，気体が放出する熱量を $Q_2^{外へ}$，気体が差し引きで外にする仕事を $W_{\text{total}}^{外へ}$ とする

267

とき，この熱機関の熱効率は

$$e = \frac{W_{\text{total}}^{外へ}}{Q_1^{外から}} \left(= \frac{Q_1^{外から} - Q_2^{外へ}}{Q_1^{外から}} \right)$$

■熱効率

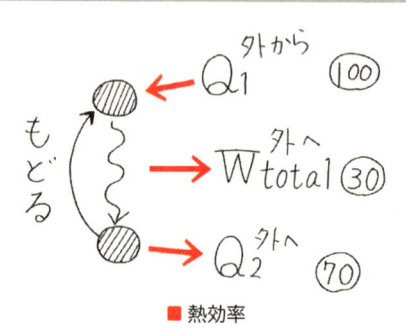

@IMAGE 熱効率は意味をつかめ〜！

熱効率の図を見て下さい。気体が始めの状態からスタートして，いろいろな変化をしますが，ともかく，トータルで$Q_1^{外から}$の熱が入って，$Q_2^{外へ}$の熱を出しています。そしてその間に，外へやる仕事がトータルで$W_{\text{total}}^{外へ}$だったというのです。

さあ，式の意味はわかりますか？　一言でいうと，『外からもらった熱のうち，どれだけを仕事に変えることができたか？』ということです。

図の例でいくと，外から熱として100もらって30を仕事に使った。あまった熱を70捨てて元に戻る！　有効に使ったのは100のうち30…30%の効率だったというのですね。

式を見て下さい。どうです。分母には吸収された熱量だけで，放出されたのが入っていない理由がわかりましたか？

2つめの式$e = \dfrac{Q_1^{外から} - Q_2^{外へ}}{Q_1^{外から}}$はエネルギー保存から出てきますね。1サイクルでの第一法則は

$$\Delta U_{\text{total}} = Q_{\text{total}}^{外から} + W_{\text{total}}^{外から} \quad \therefore W_{\text{total}}^{外へ} = Q_{\text{total}}^{外から} = Q^{外から} - Q^{外へ}$$

ここで，元に戻る（温度も戻る）ので $\Delta U_{\text{total}} = 0$ を使っています。

この $W_{\text{total}}^{外へ}$ にも注意して下さい。外へした仕事はもちろん，外からされた仕事も，符号に気をつけて全て加えるのですよ。

最後に，必ず $e < 1$ になります。"熱を全ては仕事に変えられない"という**熱力学第二法則**から来ています。問題を解いて $e \geq 1$ となったら，すぐやり直すんだ〜！

今までは温度 T が一定だったり，圧力 P が一定だったり…というように P, V, T のどれかを一定にして変化させるという状況でやってきましたが，次の条件は断熱（$Q = 0$），つまり P も V も T も全てが変化するんだ〜！という場合です。比例や反比例の関係なんかは成り立たないぞ！　じゃあ，どうするかというと…

★ 断熱変化

外部からの熱の出入りがない状態（$Q = 0$）での変化では，以下の式が成り立つ。

ポアソンの式 $\begin{cases} PV^{\gamma} = 一定 \\ TV^{\gamma-1} = 一定 \end{cases}$

比熱比：$\gamma = \dfrac{C_P}{C_V}$

単原子分子では $\gamma = \left(\dfrac{5}{2}R\right) \bigg/ \left(\dfrac{3}{2}R\right) = \dfrac{5}{3}$

$\begin{cases} PV^{\frac{5}{3}} = 一定 \\ TV^{\frac{2}{3}} = 一定 \end{cases}$

@IMAGE 断熱変化は $PV=nRT$ とポアソンの式！

状態方程式は理想気体であればいつでも使えます。これは P，V，T …3つの関係式でしたね。つまり断熱変化では「温度が2倍になった。体積は？」という問いには答えられません。未知数が P，V 2つで式が1つしか無いので解けないのです。状態方程式だけでは足らない。もう1つ関係式がなければ解けない〜。…その"もう1つ"がポアソンの式です。

でも先のポアソンの式は2つあるぞ！ 実は一方は簡単に導けます。例えば $PV^\gamma=$ 一定 に $PV=nRT$ から P を代入して消すと

$$左辺 = PV^\gamma = \frac{nRT}{V}V^\gamma = nRTV^{\gamma-1} \quad \therefore TV^{\gamma-1} = 一定$$

と出せますね。もちろん $PV=nRT$ と $TV^{\gamma-1}=$ 一定 から $PV^\gamma=$ 一定 を出すこともできます。

ともかく断熱変化でも大切なのは状態方程式！ あとポアソンの式の1つを覚えておけば断熱変化の場合の気体の様子を出せるんです。

ところでポアソンの2つの式のうち $PV^\gamma=$ 一定 は P と V の関係。$TV^{\gamma-1}=$ 一定 は V と T。もう1つあるハズですね。P，T の関係です。導くのは状態方程式と $PV^\gamma=$ 一定 より V を消して PT の関係を出せばOK！ 計算は以下を参考にしてください。

まず $PV=nRT$ より $V=\dfrac{nRT}{P}$　　$PV^\gamma=$ 一定 に代入。

$$左辺 = P\left(\frac{nRT}{P}\right)^\gamma = (nR)^\gamma P^{1-\gamma}T^\gamma \quad \therefore P^{1-\gamma}T^\gamma = 一定$$

単原子分子の場合は $\gamma=5/3$ より $PT^{-\frac{5}{2}}=$ 一定 です。

@IMAGE 断熱の3つの式で…

P，V の関係は圧力から力が求まり，運動を解く問題がよく出されます。

第2章 3講 熱力学第一法則

V と T の関係ではピストンの位置と温度の関係を求めるのに使われます。

最後の P，T の関係は，ちょっと難しいですが，地上から上空での大気圧（これは力学的に求められます）と温度の関係…つまり高いところの温度が分かり，フェーン現象（南から風が吹く時に太平洋側よりも日本海側の方が温度が高温になる）の説明などに使われます。

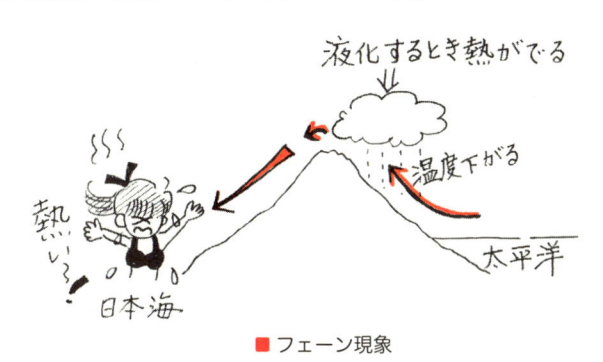

■フェーン現象

断熱変化はいろいろな形でおもしろい問題として出題されるので，どれをどう使うのかしっかりと考えること！

@IMAGE ポアソンに関係式を導くぞ〜！

ではポアソンに関係式を出してみるぞ〜！ ここでは単原子分子として導きます。一般の場合は各自 Go Go!

まずは $TV^{\gamma-1} = $ 一定。単原子分子の形（$TV^{\frac{2}{3}} = $ 一定）にターゲットON！

第一法則は $\Delta U = Q - W^{外へ}$

ここでは断熱ですから $Q = 0$

$W^{外へ}$ は微小変化として $W^{外へ} = P\Delta V$

ΔU は単原子分子ですから $\Delta U = \dfrac{3}{2} nR\Delta T$

以上より第一法則をまとめると $\frac{3}{2}nR\varDelta T = -P\varDelta V$

う〜ん。この形では温度，圧力，体積と変数が多すぎ！ 求めたいのは T，V の関係ですから状態方程式を $P = \frac{nRT}{V}$ として **P を消す**んだ〜！

$$\frac{3}{2}nR\varDelta T = -\frac{nRT}{V}\varDelta V \quad \therefore \quad \frac{\varDelta T}{T} = -\frac{2}{3}\frac{\varDelta V}{V}$$

これが断熱変化の温度変化と体積変化の関係式です。

ここまでの変形はよく出ます。何をどう考えてやっているのかをチェックして，何回かやっておこう！

@Advanced 分かる人向け

ここからは高校物理の範囲外ですが，分かる人は最後まで行ってみよう！
上の両辺を積分します。e を底として（自然対数です）

$$\log_e T = -\frac{2}{3}\log_e V + C = \log_e V^{-\frac{2}{3}} + C$$

$$e^{\log_e T} = e^{\log_e V^{-\frac{2}{3}}+C} \quad \therefore \quad T = V^{-\frac{2}{3}}e^C$$

これで $TV^{\frac{2}{3}} = C'$ となります！ （ただし，$C' = e^C$）

次は，$PV^{\gamma} = $ 一定。単原子分子の形（$PV^{\frac{5}{3}} = $ 一定）を出すぞ〜！
第一法則は単原子分子で $\frac{3}{2}nR\varDelta T = -P\varDelta V$ …ここまでは同じ。

求めたいのは P，V の関係ですから **T を消す**！

状態方程式 $PV = nRT$ …① の状態から圧力，体積，温度が各々 $P+\varDelta P$，$V+\varDelta V$，$T+\varDelta T$ となったときは
$(P+\varDelta P)(V+\varDelta V) = nR(T+\varDelta T)$ …②

①，②より微小量の2次の項を省いて $P\varDelta V + V\varDelta P = nR\varDelta T$ （よく使う $P\varDelta V = nR\varDelta T$ は等圧 $P = $ 一定のときだけです。注意せよ！）。

第2章 3講 熱力学第一法則

さあ，第一法則の $nR\Delta T$ を消すと

$$\frac{3}{2}(P\Delta V + V\Delta P) = -P\Delta V \quad \therefore \quad \frac{\Delta P}{P} = -\frac{5}{3}\frac{\Delta V}{V}$$

最後はまた積分です。範囲外ですが興味がある人はさっきと同様にやってみよう。結果は $PV^{\frac{5}{3}} = $ 一定 です！

@IMAGE ミクロな見方と比べよう！

ところで先に出て来た $\dfrac{\Delta T}{T} = -\dfrac{2}{3}\dfrac{\Delta V}{V}$ …見覚えは無いかな？

前の「第2章2講 気体の分子運動論」の**まとめの問題 No.2** でやったのと同じ式だ～！　ここでは第一法則で導きましたが，前講では分子運動（ミクロな見方）から"力学的"に同じ結果を導いています。え！もう忘れているだと～!!　すぐ，もう一度チェックだ！

両方のやり方，考え方をしっかりと理解しておこう！

✓ この講はこれでendです。次の問題で実力をチェックだ～！

Q まとめの問題　ピストンの単振動だ～！　No.1

図のように，鉛直に立っている断面積 $S\,[\mathrm{m}^2]$ のシリンダーの内部に質量のないピストンがあり，中に単原子分子が閉じ込められている。ピストンに質量 $M\,[\mathrm{kg}]$ のおもりを置くと，高さ $h\,[\mathrm{m}]$ のところで静止した。大気圧を $P_0\,[\mathrm{N/m}^2]$，重力加速度を $g\,[\mathrm{m/s}^2]$ として，以下の問いに答えよ。
（問題数が多いぞ～，でも負けるな～！）

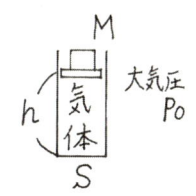

(1) 容器とピストンが十分によく熱を伝え，気体が常に一定の温度を保っている場合，ピストンが静止するまでの間で (a) ～ (d) のア，イ，ウから正しいものを選べ。
   (a) 気体が外から吸収する熱量は（ア 正，イ 負，ウ 0）
   (b) 気体が外にする仕事は（ア 正，イ 負，ウ 0）
   (c) 気体分子の平均速度は（ア 増加する，イ 減少する，ウ 変化しない）
   (d) 気体の内部エネルギーは（ア 増加する，イ 減少する，ウ 変化しない）

(2) ピストンをつりあいの位置より，さらに微小量 x[m] だけ押し下げてから手を放すと，ピストンは単振動を始めた。その周期を求めるぞ。以下の空欄 (e) ～ (i) に当てはまる数式を記せ。
   ピストンがつりあいの位置にあるときの気体の圧力 P は (e) である。ピストンをさらに x だけ押し下げたときの圧力 $P(x)$ は (f) である。手を離した瞬間にピストンにかかる力 F[N] は，鉛直下方を正の向きとすると $F =$ (g) である。A が B に比べて十分に小さい場合に成り立つ近似式 $\dfrac{B}{B-A} = 1 + \dfrac{A}{B}$ を用いて整理すると，$F = -[$(h)$] \times x$ のように，変位 x に比例し，変位の方向とは逆向きの力となっていることがわかる。こりゃ～単振動だ！ よって周期 (i) の単振動をすることがわかる。

(3) 容器とピストンが全く熱を伝えず，熱の出入りがない場合に (2) と同様の操作をやろう。次の (j)～(n) のア，イ，ウから正しいものを選べ。
   (j) ピストンを押し下げるとき，気体が外にする仕事量は（ア 正，イ 負，ウ 0）
   (k) ピストンを押し下げたとき，気体の温度は（ア 上昇する，イ 下降する，ウ 変化なし）
   (l) ピストンを押し下げたとき，気体の内部エネルギーは（ア 増加する，イ 減少する，ウ 変化なし）
   (m) ピストンを押し下げたときの気体の圧力は (f) と比べて（ア 大きい，イ 小さい，ウ 同じ）
   (n) その結果，単振動の周期は (i) と比べて（ア 長い，イ 短い，ウ 同じ）

第2章 3講 熱力学第一法則

解答 Answer No.1

(a) イ　　(b) イ　　(c) ウ　　(d) ウ

(e) $P_0 + \dfrac{Mg}{S}$ [N/m²]　　(f) $\dfrac{h}{h-x}\left(P_0 + \dfrac{Mg}{S}\right)$ [N/m²]

(g) $\left(1 - \dfrac{h}{h-x}\right)\left(P_0 + \dfrac{Mg}{S}\right)S$ [N]　　(h) $\dfrac{P_0 S + Mg}{h}$

(i) $2\pi\sqrt{\dfrac{Mh}{P_0 S + Mg}}$ [s]

(j) イ　　(k) ア　　(l) ア　　(m) ア　　(n) イ

解説

前半の(1)(2)は**温度一定**の変化です。どの式が使えるか？　など見えているね？

(a) 温度一定ですね→すぐに $\Delta U = 0$　体積は減っていますから ΔV は負。

$\Delta V < 0 \to W^{外から} > 0$　後は第一法則より $Q^{外から} < 0$

(b) $W^{外から} > 0$ でしたから $W^{外へ} < 0$　…向きと符号はいつも注意！

(c) 温度一定です→平均の運動エネルギーそのまま→平均速度は変化なし！

(d) あったりまえ〜！　等温では U の変化なし！

(e) いつものピストンにかかる力のつりあいです。

重力 Mg と気体の圧力の力 $P_1 S$，大気圧の力 $P_0 S$ も忘れないこと！

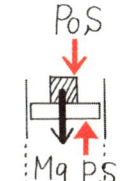

$Mg + P_0 S = PS$　∴　$P = P_0 + \dfrac{Mg}{S}$ [N/m²]

(f) 温度一定でボイルの法則です。

$P(x) S (h-x) = PSh$

∴ $P(x) = \dfrac{h}{h-x} P = \dfrac{h}{h-x}\left(P_0 + \dfrac{Mg}{S}\right)$ [N/m²]

(g) 下が正の向きですから力は

275

$$F = Mg + P_0 S - P(x)S = \left(1 - \frac{h}{h-x}\right)\left(P_0 + \frac{Mg}{S}\right)S \,[\mathrm{N}]$$

(h) $x \ll h$ より近似式は $\dfrac{h}{h-x} = 1 + \dfrac{x}{h}$ (これは一次近似 $(1+x)^n \fallingdotseq 1+nx$ のことですね)

上のに使うと $F = -\dfrac{P_0 S + Mg}{h} x$

(i) 上の形はピンときますね。そう，単振動の $a = -\bigcirc x$ のやつだ〜！ これで単振動すると分かったぞ〜！ 加速度を a とおくと

$a = -\omega^2 x$ と比べて $\omega = \sqrt{\dfrac{P_0 S + Mg}{Mh}}$

よって周期は $T_{周期} = \dfrac{2\pi}{\omega} = 2\pi \sqrt{\dfrac{Mh}{P_0 S + Mg}}\,[\mathrm{s}]$

ここからは**断熱変化**の場合です。等温との違いをクリアにしよう！

(j) ここも体積は減りますね。仕事は最初のと同じですね。$W^{外} < 0$

(k) 断熱 $Q = 0$ ですね。

第一法則で $\Delta U = -W^{外}$ より $\Delta U > 0 \to \Delta T > 0$ 熱くなります。

(l) 上の通り！ $\Delta U > 0$

(m) (f) と比べて温度が高いので圧力は大きいぞ〜！

(n) 上より，P 大 $\to \omega$ 大 $\to T_{周期}$ 小 つまり速い振動になります。じっと (f) 以降の式を見ていって下さいね。

このように気体で単振動を導く問題は結構あります。でも，ここのように等温変化での問題は少なく（温度一定になるのは時間がかかって単振動できない！），断熱変化で導くものが多いです。

というので，以下に断熱の場合で単振動がどうなるかやっておきましょう！

第2章 3講 熱力学第一法則

@IMAGE さらに突っ込むぞ～！…断熱変化による単振動！（ちとムズイぞ～！）

状況を次のようにしておこう。先の問題のつりあいの位置を原点として，鉛直下向きに $+x$ 軸を取る。いまピストンが位置 x にあるときを考える。つりあいの位置での圧力，体積，温度を P, V, T として x の位置では $(P+\Delta P)$，$(V+\Delta V)$，$(T+\Delta T)$ としよう。

まず断熱変化の圧力変化と体積変化の関係は

$$\frac{\Delta P}{P} = -\frac{5}{3}\frac{\Delta V}{V}$$

（自分で導けるかな？　できない人は，まとめ問題の前の"@image…ポアソンに関係式を導くぞ～！"をチェックだ！）

つりあいの式は先の問題でやったぞ！　$Mg + P_0 S = PS$

さあ，運動方程式は

$$Ma = Mg + P_0 S - (P+\Delta P)S = -\Delta P S = \frac{5}{3}\frac{\Delta V}{V}PS$$

ここで $\Delta V = -Sx$ に注意して　$Ma = -\frac{5}{3}\frac{PS^2}{V}x$

よって加速度は

$$a = -\frac{5}{3}\frac{PS^2}{MV}x$$

これも $a = -\bigcirc x$ で単振動の形だね～！　単振動の $a = -\omega^2 x$ より

$$T = \frac{2\pi}{\omega} = 2\pi\sqrt{\frac{3MV}{5PS^2}}$$

先の問題でやった等温変化の $T = 2\pi\sqrt{\dfrac{Mh}{P_0 S + Mg}}$ と比べておこう。

記号を $V \Rightarrow Sh$，$P \Rightarrow P_0 + Mg/S$ としてあわせると２つの大小関係もす

ぐ分かるね。問題でやったのと同じ結果が式でちゃんと出せるのです！

Q まとめの問題　$P-V$グラフが直線！　No.2

単原子分子の理想気体1モルを，圧力P_0，体積V_0，温度T_0の状態Aからスタートして，図のようにA→B→C→Aの経路で変化させる。

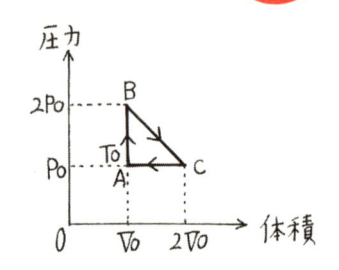

(1) 状態Cの温度T_Cはいくらか？

(2) 状態Bの温度T_Bはいくらか？

(3) A→Bの変化の過程で気体の内部エネルギーの変化ΔU_{AB}はいくらか？

(4) C→Aの過程では放出する熱量Q_{CA}はいくらか？

(5) B→Cの過程で気体がなす仕事W_{BC}はいくらか？

(6) A→B→C→Aの変化の過程で，気体の最高温度T_mを求めよ。またそのときの体積V_mはいくらか。

解答　Answer No.2

(1) $T_C = 2T_0$　　(2) $T_B = 2T_0$　　(3) $\Delta U_{AB} = \dfrac{3}{2}P_0 V_0$

(4) $Q_{CA} = \dfrac{5}{2}P_0 V_0$　　(5) $W_{BC} = \dfrac{3}{2}P_0 V_0$

(6) $T_m = \dfrac{9}{4}T_0$，$V_m = \dfrac{3}{2}V_0$

解説

(1) C→Aに注目！ P一定で$PV=nRT$よりV, Tは比例。圧力が2倍なので

$$\therefore T_C = 2T_0$$

(2) あったりまえ〜！ $T_B = 2T_0$ です。

(3) 単原子分子です。式は $\Delta U = \dfrac{3}{2}nR\Delta T$ だ！

$$\therefore \Delta U_{AB} = \frac{3}{2}nR(T_B - T_A) = \frac{3}{2}nRT_0 = \frac{3}{2}P_0V_0$$

最後の部分は問題にRが書いてないので$P_0V_0 = nRT_0$を用いてます（$n=1$です）。

(4) 求めるのは$Q^{外へ}$ですね（"外へ"…符号に注意）。C→Aの過程ではP一定。熱量の式は $C_P = \dfrac{5}{2}R$を使って

$$\therefore Q^{外へ}_{CA} = -\frac{5}{2}nR(T_A - T_C) = \frac{5}{2}P_0V_0$$

(5) $W^{外へ} = P\Delta V$はPが一定のみ…ここではアウト！
そこでP-Vグラフの面積でいきましょう。

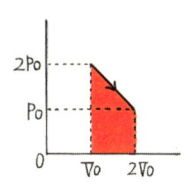

台形ですから $W^{外へ}_{BC} = \dfrac{1}{2}(P_0 + 2P_0)(2V_0 - V_0) = \dfrac{3}{2}P_0V_0$

(6) ここは難しいぞ！ B→Cの過程に最高温度があるはずです。というのでB→Cの途中の圧力，体積，温度をP, V, Tとすると…$PV = RT$はどこであっても成り立っています。知りたいのは，『ある体積Vのとき温度Tがどうなるか？』の関係$V(T)$です。うん？ Pがじゃまだぞ！ もう1つP, V, T関係式があればいいのですね。Pを消して$V(T)$の関係が求められるからね。
もう1つの関係式…あるぞ！ B→Cグラフは直線じゃないか！ 直線

は式で書ける！　というので
$$P = -\frac{P_0}{V_0}V + 3P_0$$

さあ，この式を状態方程式に入れてPを消してしまうんだ。Tを求める形にすると
$$T = \frac{V}{nR}\left(-\frac{P_0}{V_0}V + 3P_0\right)$$

2次関数なので平方完成の形にして最大，最小など求められるぞ！
$P_0 V_0 = RT_0$に注意して
$$T = \frac{1}{nR}\left\{-\frac{P_0}{V_0}\left(V - \frac{3}{2}V_0\right)^2 + \frac{9}{4}P_0 V_0\right\}$$
$$= -\frac{T_0}{V_0^2}\left(V - \frac{3}{2}V_0\right)^2 + \frac{9}{4}T_0$$

もう終わったも同然，$V_m = \frac{3}{2}V_0$，このときに温度は最大で$T_m = \frac{9}{4}T_0$
あと，Vの取りうる範囲も図を見ながら確認しておこう。V_mがB→Cの範囲外の場合は，図を見て最大値を決めるんだ！

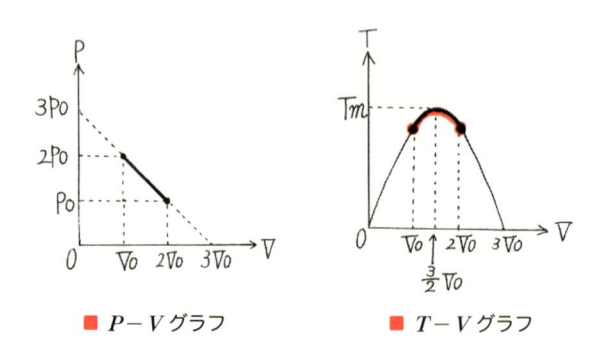

■ $P-V$グラフ　　■ $T-V$グラフ

最後はちょっとゴチャゴチャしていましたが，大丈夫でしたか？　特に(6)では何を求めたくて何が必要なのか？　ストーリーをしっかり意識してやっていくんだぞ〜！

第2章 3講 熱力学第一法則

Q まとめの問題　No.3

断面積 S のシリンダーの内側にピストンを入れ，ばね定数 k のばねを図のようにセットした。ここに単原子分子の理想気体を入れると，シリンダーの底面からピストンまでの距離は L となり，気体の圧力は大気圧と同じ P_0 になった。

この気体をゆっくりと加熱していくと，ばねは d だけ縮んだ。気体定数を R として答えよ。

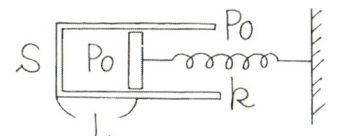

(1) 気体の内部エネルギーの変化 ΔU はいくらか？
(2) 気体が外部にした仕事 W はいくらか？
(3) 気体に加えた熱量 Q はいくらか？

解答　Answer No.3

(1) $\Delta U = \dfrac{3}{2}\{(P_0 S + kL)d + kd^2\}$

(2) $W^{外へ} = P_0 S d + \dfrac{1}{2} k d^2$

(3) $Q^{外から} = \left(\dfrac{5}{2} P_0 S + \dfrac{3}{2} kL\right) d + 2kd^2$

解説

(1) 単原子分子ですから $\Delta U = \dfrac{3}{2} nR\Delta T$ です。前後の温度（T_1，T_2 としよう）を知りたいのですね。

さあ，まずはピストンですから力のつりあい〜！　ばねが x だけ縮んだときもつりあっているので

$$PS = kx + P_0 S \quad \therefore P = P_0 + \dfrac{kx}{S}$$

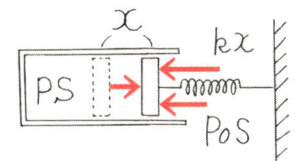

281

温度 T_1, T_2 を求めたいのでしたね。圧力が分かったので状態方程式だ～！　前と後の式を2つ書くと $x=d$ のとき

$$\begin{cases} P_0 SL = nRT_1 \\ \left(P_0 + \dfrac{kd}{S}\right)S(L+d) = nRT_2 \end{cases}$$

もうチョロい！　$\Delta U = \dfrac{3}{2}nR(T_2 - T_1) = \dfrac{3}{2}\{(P_0 S + kL)d + kd^2\}$

(2) 圧力一定でないので…$P-V$ の面積です。

$P = P_0 + \dfrac{kx}{S}$ でしたから $P-V$ グラフは直線になります。導いておきましょう。入試でも直線となることを要求されることもあるぞ！

$$P = P_0 + \dfrac{kx}{S} = P_0 + \dfrac{k}{S^2}(xS) = P_0 + \dfrac{k}{S^2}(V - LS)$$

(ここで $V = V_0 + xS = LS + xS$)

$P-V$ は一次関数→直線になります！　さあ，面積は単なる台形だ～！

$$\therefore W^{外へ} = \dfrac{1}{2}Sd\left\{P_0 + \left(P_0 + \dfrac{kd}{S}\right)\right\} = P_0 Sd + \dfrac{1}{2}kd^2$$

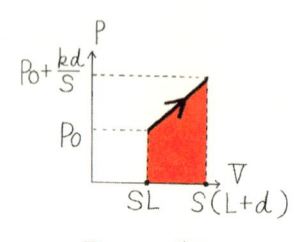

■ $P-V$ グラフ

(3) 第一法則に，上2つを代入して

$$Q^{外から} = W^{外へ} + \Delta U = \left(\dfrac{5}{2}P_0 S + \dfrac{3}{2}kL\right)d + 2kd^2$$

さあ，面白いのは (2) です。気体が外へやった仕事を求めたかった。というので上では $P-V$ グラフの面積から出しましたね。…（考え方　その①）

さあ，出て来た結果の $P_0Sd+\dfrac{1}{2}kd^2$ に注目！…第1項は大気圧に対して，第2項はばねに対してやった仕事でしょう。…（考え方　その②）

つまり前者（考え方　その①）は内側の気体の立場で書いた式，つまり気体の圧力による仕事を使って求めています。それに対して後者の（考え方　その②）は外側から見て，気体がやった仕事を大気圧やバネを考えて書いた式なのです。今回は，気体の内部の圧力が分かっていたので①でやりましたが，分かっていなくても②のように，外の力（大気圧とバネ）に対する仕事を求めてもできるのですね。

要は，仕事 W の意味，エネルギー保存の意味が分かっているかどうかです。君は②のやり方，分かるかな？

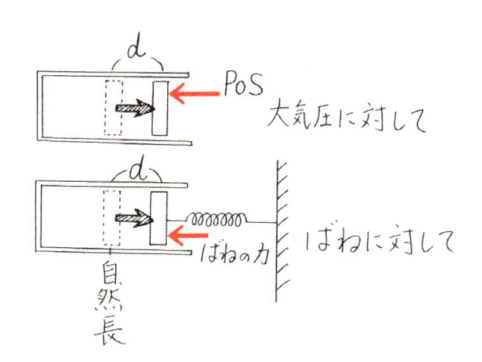

Part 3

波動分野

さあ，暑苦しかった"熱"の後は，涼しく"波動"です。

　『波動の基礎』
　『波動としての音』
　『波動としての光＆幾何光学（レンズ）』

この3つをやっていきます。
特に大切なのは，やはり"基礎編"でしょう。波全般の特徴，性質をここで clear にします。
当然ですが…ここが分かってないと，後の音も光もドカ〜ッンですよ。

ただ，誤解しないで下さい。式をたくさん知っていても全くダメ！
式の言っていること，中身が分かる→つまり"見えること！"…これが大切です。見えてくればストーリーもハッキリして，クリエイティブな思考もできるようになります。
これこそが，覚えるだけの"アホ民族"にはない，我々"戦闘民族"の楽しみ，特権なのです！

そういう意味で，ここの波は他のところよりず〜っとおもしろくて，楽しいですよ。やまぐちも，ここが一番好きなんだ〜！

第3章 1講 波動の基本

さあ，波です！　ここは大きく3つ（基本，音，光）に分かれていますが，まずこの講では…その1【波の基本】をやっていきましょう。

波の伝わり方，式での表し方…さらに干渉，反射といった波のさまざまな性質など，盛りだくさんです。公式なんかもたくさん出てきますから，しっかり全部覚えるように！　そうすればちょっとした難問に対しては…手も足も出なくなるぞ〜！…(^^;

大切なことは個々の式なんかではないんです。動いていく波が"**見えること！**"。動いて行く様子を"頭"の中できちんと描くことができれば→「な〜んだ。あたりまえだ〜！」と思えてきます。こうなれば公式など，ほとんど知らなくてもパッとできてしまう。これがこの波動分野なんです。

さあ，内容をじ〜っくりと読んでイメージをどんどん大きくしていくぞ！

どんどん膨らませて，みんなも波男（女）だ〜！

基本的に，正弦波と呼ばれる，波形が正弦関数（sinやcos）になる波のみを扱います。この波では，媒質の各点の運動は単振動！　というので，完全に忘れてしまった人は力学の"**単振動**"の講を再チェックしておこう！

★ 波の基本式

波長をλ[m]，振動数をf[Hz]，周期をT[s]とすると，波の速さv[m/s]は

$$v = f\lambda \quad \left(T = \frac{1}{f}\right)$$

第3章 1講 波動の基本

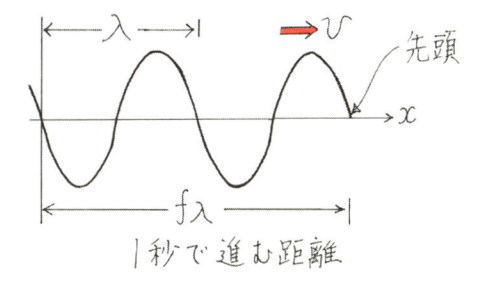

■ $v=f\lambda$（$f=2$[Hz]の場合）

@IMAGE　v, f, λ, Tの意味

記号の"意味"をチェックしましょう。

- 速さ v はあたりまえ！　1秒で進む距離でしたね。ただし，これは波全体が進む速さです。もう1つの速さ，振動している媒質の各点の速さもあります。2つをしっかり区別していこう！
- 波長 λ は波1つの長さ…名前の通りです（ラムダと読みます）。
- f は振動数ですが，…これ，大丈夫かな？　大切なのは言葉より中身ですよ。振動数とは，"波の数"ですね。"1秒で f 個の波が出る（来る）"ということです。
- 周期 T は，波が1つ来る時間のことです。問題ないね。

式 $T=\dfrac{1}{f}$ は大丈夫ですか？　力学の円運動でやったやつで，覚えたりするのでなく，あたりまえになるまでキチッと理解しろ〜と言ったハズです。波でも同じ！　式の意味は1秒で f 個の波がやって来るとすると，1個の波が来る時間 T は $\dfrac{1}{f}$ ですね。よって $T=\dfrac{1}{f}$ …あったりまえです。

@IMAGE　$v=f\lambda$ をイメージしよう！

速さとは単位時間（1秒）で進む距離のことですから，上の波の図を見

287

ればfλが速さvになるのはあたりまえでしょう。

単に式だけ覚えても，ダメ！式が見えて初めてクリエイティブに使いこなせるんだ！

→ 1秒でのキョリ
$v = f\lambda$ ← 波1つの長さ
← 1秒で出る数

Q 1-1 問題

図の実線の波は時刻 $t = 0$ [s] での波形で，点線は時刻 $t = 2$ [s] での波形です。この間で，波ははじめてこの形になったとしましょう。

(1) 波長 λ はいくらか？
(2) 波の速さ v はいくらか？
(3) 振動数 f と周期 T はいくらか？
(4) 時刻 $t = 18$ [s] での波形（$x-y$ グラフ）を描こう！

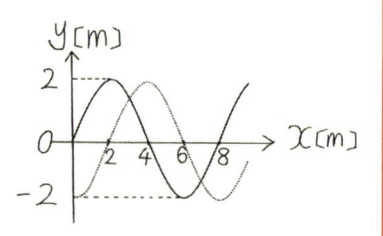

Answer 1-1 解答

(1) $\lambda = 8$ [m]　　(2) $v = 1$ [m/s]　　(3) $f = 0.125$ [Hz], $T = 8$ [s]
(4) 解説の図参照

解説

(1) 図から一発！　$\lambda = 8$ [m]　波1つの長さですね。

(2) 2秒間で2[m]進んだのだ！　1秒で進む距離が v ですから

$$\therefore v = \frac{2[\text{m}]}{2[\text{s}]} = 1 [\text{m/s}]$$

(3) 振動数は $f = \dfrac{v}{\lambda} = \dfrac{1}{8}$ [Hz] $= 0.125$ [Hz]

第3章 1講 波動の基本

周期は $T = \dfrac{1}{f} = 8$ [s]　みんな簡単だ〜!

(4) $t = 18 = 16 + 2 = 2T + 2$ です。1周期たつと波は1つ進んで波形は元に戻りますね。つまり，ここでは2[s]後の波形を求めるのと同じことになります。2[s]は $\dfrac{1}{4}$ 周期ですから波は $\dfrac{1}{4}$ 波長進みます。さあ，図を描くと…右の通り。

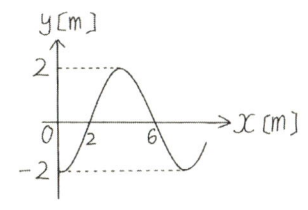

横波と縦波

> **横波**：媒質の単振動の振動方向と垂直な方向に伝わる波。
> 　　　…（弦を伝わる波，光波，地震波（S波）…etc.）
> **縦波**：媒質の単振動の振動方向と同じ方向に伝わる波（疎密波ともいう）。
> 　　　…（音波，地震波（P波）…etc.）

■ 横波

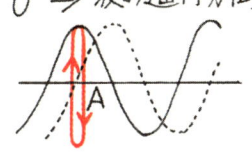

■ 縦波（ばねのビヨーン？）

@IMAGE　媒質の"単振動"

個々の**媒質の動き**に注目！　上の図でどの方向に，どういう運動をしているのかを見て下さい。

● 横波…媒質の点Aは，波が進むとともに"その場で"上下運動（単振動）

します。頭の中で動かすのですよ。単振動ですから式も書けますね。図のA点はちょうど波の"山"からスタートしますから＋cosの形です。

- 縦波…ばねの点Bは振動が右に伝わる（これが波です）につれて，"その場で"左右に振動しますね。そのために，場所によっては媒質が集まって密集した部分（密）と，遠ざかってまばらになったところ（疎）ができます。単振動の式は…媒質の左右の振動を表すことになります。

さらに"速さ"も注意！　v と書いているのは"波全体"が進んでいく速さです。

もう1つの速さ…媒質自身の速さもありますね。これは単振動しますから単振動の速さです。

2つの速さを混乱しないように！

@IMAGE　縦波は"ふりこ"の図

前の縦波の図は…分かりにくいぞ～！　というので，媒質の変位を縦軸（y軸）にとって横波のように表します。このグラフのポイントは，縦軸の正が"右"方向，下のマイナスの部分が"左"方向への変位を表していること！

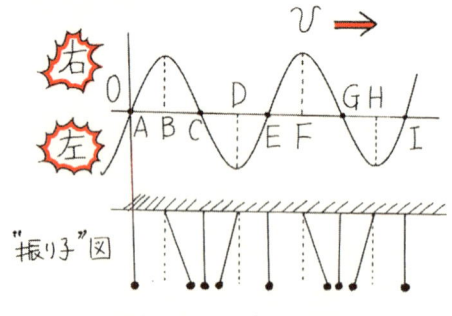

■ 縦波の横波表示（"振り子"図）

しかし波の図だけでは，まだ見づらい…そこで，媒質は単振動するので，典型的な単振動するもの…"振り子"を波のすぐ下に描いてやりましょう。

振り子の図をしっかり見てください。$\frac{1}{4}$ 波長ごとに"振り子"を描いていますね。

第3章 1講 波動の基本

変位が $+y$ のところは右にずらします。$-y$ の変位のところでは左にずらします。どうです！　どこがどうなっているか，パッとわかるでしょう。

というので，縦波といったらすぐに"振り子"図を描け〜！　さあ，すぐ次の問題だ〜！

> **Q 1-2 問題**【縦波の"振り子"図の使い方！】
> 先の縦波の図で，次の条件を満たす媒質の点はA〜Ｉのどこになるか？
>
> (1) 密になっている点。
> (2) 疎になっている点。
> (3) 媒質が最も速く動いている点。
> (4) 媒質の加速度が右方向に最大になっている点。
> (5) 媒質が右向きに最も速く運動している点。

解答　Answer 1-2

(1) C, G　　(2) A, E, I　　(3) A, C, E, G, I
(4) D, H　　(5) C, G

解説

(1) "振り子"の図を見れば，一発！　点C＆Gに集まっていますね。
(2) これも図！　点A＆E＆Iが，まわりがみんな逃げてしまって寂しい点です。
(3) ふりこの運動を再チェックしておきましょう。両端で止まって，真ん中は一番速い。加速度（力）は中心に引き戻すようにかかって，中心ではゼロでしたね。

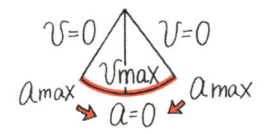

291

求めたいのは最速の点…真ん中に来ている振り子だ～！　"振り子"の図を見よう。当然，Ａ＆Ｃ＆Ｅ＆Ｇ＆Ｉの点が真下にあって，そこの媒質は最速のv_{max}です。

(4) 先に言った通り！　一番振れてるところです。よって，点Ｂ＆Ｄ＆Ｆ＆Ｈの点です。右向きの加速度は左に変位しているやつ。よって点Ｄ＆Ｈ。

(5) 最速の点はもう知っていますね。(3)の5点です。しかし，どっち向きに運動しているか，分かりませんね。そこで，波をちょっと動かしてみましょう。点Ｃに注目すると，今は変位ゼロ（振り子は真下）。ちょっと時間がたつと波はちょっと右にずれます（図を見るんだ！）。そのときの媒質の変位は正…振り子は"右"に動きます。というので，この点Ｃは右向きに動いているとわかりますね。点Ｃは右向きにv_{max}なのだ！
他の4点Ａ，Ｅ，Ｇ，Ｉもチェックしておくこと！

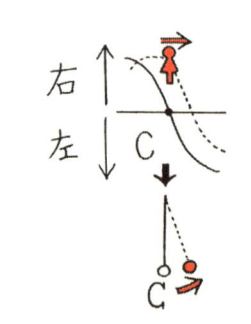

　縦波は，グラフの下に振り子図を描く→あとは単振動のことを思い出せば，みんな一発でできます。先の問題で確実に"見える"ようにしておこう！　ちょっとずらすワザもしっかりcheck～！

🔲 2つの波のグラフ

@IMAGE　波のグラフを描こう！

さあ，波をグラフで表す方法ですが…　波は動いているので紙の上で動かない"絵"やグラフで描くのはちょっと難しいぞ！　そこで工夫しましょう。次の2つの方法で動いている波をつかまえるぞ！

● グラフ1（y-xグラフ）

波を"**写真**"で撮る！…横軸はxのy-xグラフになります。これまで描

第3章 1講 波動の基本

いてきたのがこれです。
- グラフ2（$y-t$グラフ）
波の"**1点に注目**"する！
…この点は波の移動とともに振動（単振動）します。それをグラフに描くと横軸が時間tの$y-t$グラフです。要するに単振動のやつですね。

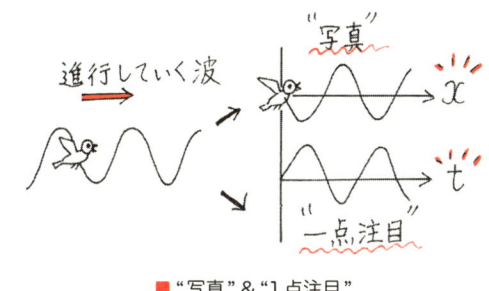

■ "写真" & "1点注目"

グラフが描いてあれば**横軸に注目**だ〜！　xなら"写真"，tなら"1点注目"です。

特に，"1点注目"グラフが重要。単振動を表していますから式も書けますね。この単振動の式が，次の波の方程式のスタートになります。
（"写真"から式を書いていく方法もあります。その②としてやってあるので興味ある人はtry!）
では下の問題で，2つのグラフを読みとるぞ〜！

Q 1-3 問題 海水浴に行って海を見ると，図のようにA〜Dの4人が波に浮いていました。図の瞬間を，時刻$t=0$として以下の問いを考えよう。（水の波は厳密には横波ではありませんが，ここでは近似として横波の正弦波としましょう。）

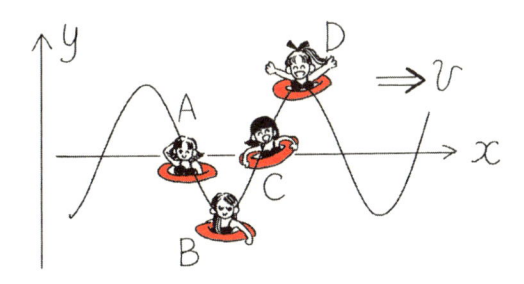

Part 3 波動分野

293

(1) 次のグラフは誰（媒質のどの点）の運動を表しているか？　自分の好みで選ばないように……（^^; 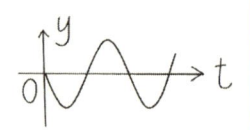
(2) 時刻 $t=0$ の瞬間で静止しているのは誰か？
(3) 同じく，上向きに1番速く動いているのは誰か？

解答　Answer 1-3

(1) C　　(2) B, D　　(3) A

解説

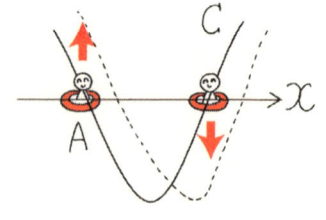

(1) $y-t$ グラフで原点を通る…$t=0$ で $y=0$ となっているのはAとCですね。Aに注目すると，"写真"の図をちょっと動かしてみます（少し時間が経ったということ）。するとAは波が右に進むと上に変位するハズ…このグラフはAではありませんね。

　Cを見ると，下に変位していく…。よってこのグラフは"Cちゃん"だ〜！

(2) 各点の運動は単振動でしたね。というので右の図を思い出そう。止まっているのは一番端にいるやつ…BとDです。

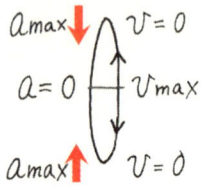

(3) 一番速いのは単振動の真ん中！　A＆Cです。求めるのは"上向きに最速"となっているので，また，ちょっと動かしてみましょう。(1)の図を見て下さい。Aに注目すると，ちょっと動かすと上に動きますね。

第3章 1講 波動の基本

…つまり，今，Aが上向きで一番速いんだ〜！ 一方，Cは下に速い点になりますね。ちゃんと見えてるね？

ところで，A〜Dの単振動の式も書けますか？ 振幅をA，角振動数をωとすると

$$\begin{cases} A：y=+A\sin\omega t \\ B：y=-A\cos\omega t \\ C：y=-A\sin\omega t \\ D：y=+A\cos\omega t \end{cases}$$

各女の子のグラフ（$y-t$）も描けますね。

Part 3 波動分野

@IMAGE 媒質の速さ（波の速さとは違うぞ〜！）… やや難！ でも頑張るんだ！

さあ，ここでは各点の媒質の振動の速さに注目してみよう（ギャル一人一人の運動です）。

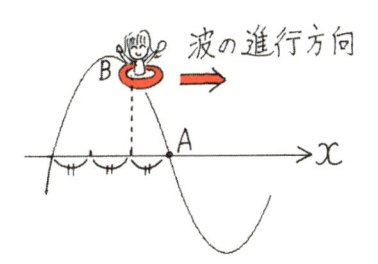

まずは，図の点Aの，この瞬間の速さはすぐ書けますね。振幅をA，媒質の振動の角振動数をωとして点Aは最速の点です。よって$v_{媒質}=\omega A$，向きは上方向です…あたりまえ〜！

では図の点Bの媒質の速さはどうか？

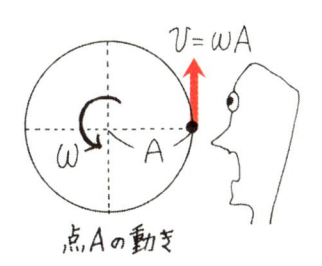

まず，上向きで$v_{媒質} > 0$なのはすぐ分かります。ポイントは，この点はちょっと前の点は上向きで最速でしたね。そこから波が$\frac{1}{6}\lambda$進んだ…時間でいうと$\frac{1}{6}T$（T：周期）経ったのがこの図の状況です。

さあ，単振動を円運動でとらえると$\frac{1}{6}$周回ったのを，横から見たときの速さは

$v_{媒質} = \omega A \cos 60° = \frac{1}{2}\omega A$ となります。

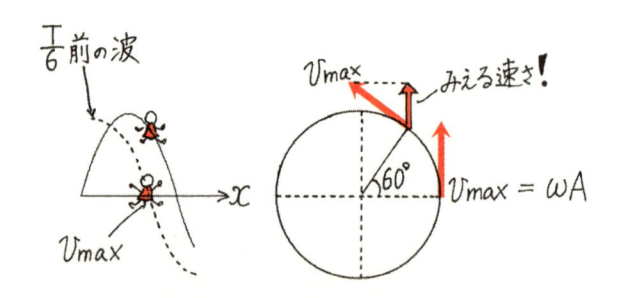

ゴチャゴチャして複雑そうに見えますが，媒質は単振動する→円運動を横から見てるんだ〜！…ということだけです。やり方を覚えたりするのでなく（すぐに忘れるものです…），考え方をしっかりつかむことが大切だよ。

Q1-4 問題【上のチェックをやってみるよ】

x方向に等速で進む波の図で示した点C，D，Eのy方向の速さv_C，v_D，v_Eを求めよ。ただし，波の振幅をA，角振動数をωとしよう。

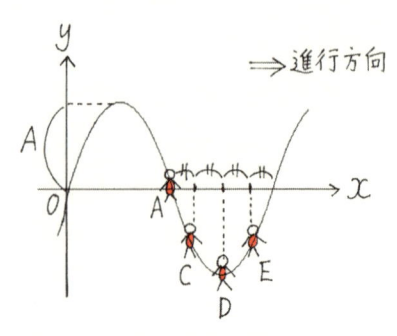

第3章 1講 波動の基本

解答　Answer 1-4

$$v_C = +\frac{\omega A}{\sqrt{2}} = \frac{\sqrt{2}\,\omega A}{2}, \quad v_D = 0, \quad v_E = -\frac{\omega A}{\sqrt{2}} = -\frac{\sqrt{2}\,\omega A}{2}$$

解説

　まず点Dは簡単です。今，一番下にいる瞬間は止まっていますね。∴ $v_D = 0$ 円運動でいうと一番下にあるのを横から見ているところです。

　点Cは，波が距離 $\frac{\lambda}{8}$ 進むと点Aと同じになる点，時間で言うと $\frac{T}{8}$ 経つ（$\frac{1}{8}$ 回転する）とAと同じになる点です。次に点E。ここは波が距離 $\frac{3\lambda}{8}$ 進むと点Aと同じになる点，時間で言うと $\frac{3T}{8}$（$\frac{3}{8}$ 周）です。2つの点C，Eは円運動でいうと図の位置になっていますね。それを横から見た速さ（媒質の速さです）は $v_C = v_{\max}\cos 45° = \frac{\omega A}{\sqrt{2}}$，向きは当然，上（正方向）です。$v_E$ も同じ。向きが下向きですね。

　大切なのは考え方！　しっかり見えろ～！（命令形）

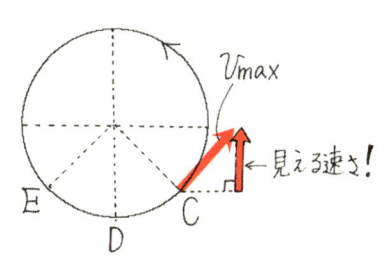

★ 伝わる波の式…動く波の式です！

原点における変位が $y_0 = A\sin\dfrac{2\pi}{T}t\,(=A\sin\omega t)$ で表されるとき（単振動），$+x$ 方向に速さ v で伝わる正弦波の式 $y(x, t)$ は

$$y = A\sin\omega\left(t - \frac{x}{v}\right)$$
$$= A\sin 2\pi\left(\frac{t}{T} - \frac{x}{\lambda}\right)$$

■進む波の式

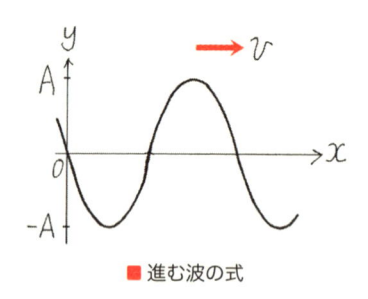

@IMAGE 進んでいく波の式とは？

　我々が知りたいのは，場所 x にある媒質の時刻 t での変位 y です。つまり $y=y(x, t)$ のように2つの変数が必要なわけです。難しそうですが…でも，使うのは簡単！

　例えば，ある時刻のとき（t をある値に固定してしまうのです），方程式は $y=y(x)$ と普通の波形になります（"写真"を表すのですね）。ある場所に注目すると（x を固定します）式は $y=y(t)$ となり点 x での振動の様子がわかる（"一点注目"単振動ですね）…こんな感じです。

@IMAGE 波の方程式 $y(x, t)$ を導くぞ～！ （やや難ですから後で見てもOK！）

さあ，いよいよアタック開始！

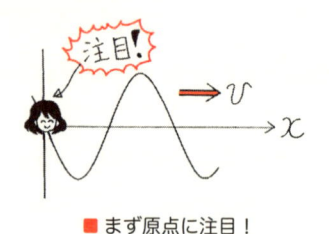

■まず原点に注目！

- まず注目するのは，**原点での単振動** $y_0(t)$ です。図をパッと見て軽薄に $-\sin$ の形にしないこと！　知りたいのは原点での単振動ですよ。$t=0$ で $y=0$ にいたギャルは時間とともに波が進んでくると"上"に上がっていきま

第3章 1講 波動の基本

すね。ということで式は+sinです。記号をいつものようにとると$y_0 = A\sin\omega t$になります。ここは絶対に完璧に出せろ〜！

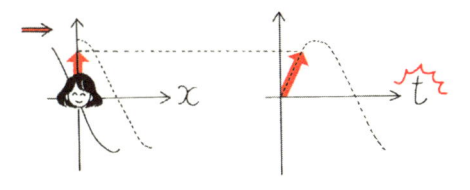

■ +sinだね！

- 次は**位置xでの振動**（単振動）を考えましょう。ここは原点と違って，ちょうど波のてっぺんとかではないので式がうまく書けない…でも，何秒か遅れて原点と全く同じ振動をしますね。ここがポイント！　どのように書くのかというと…例えば原点から2秒かかって来るとすると，原点の式の時刻tを$t-2$に置き換えればいいんですね。このマイナスは原点の振動よりも2秒"遅れて"起こるということを表しています。なぜこの形にするかというと…もし$t=3$秒ならxのギャルは原点のギャルより2秒遅れているので $t-2=1$，つまり原点ギャルの1秒のときの振動を，今（$t=3$）やってることになるでしょう。だから$t-2$とするのですね。

実際に伝わるのにかかる時間は2秒でなく$\frac{x}{v}$秒ですから，$\frac{x}{v}$遅れているのを$\left(t-\frac{x}{v}\right)$と書けばOKです。

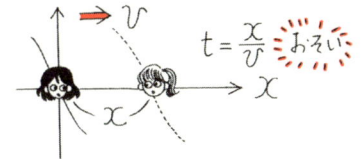

■ 遅れる！

式全体は$y_0 = A\sin\omega t \Rightarrow y = A\sin\omega\left(t-\frac{x}{v}\right)$…どうです！
$y = y(x, t)$の形になってますね。これが時刻tのときの位置xでの変位$y(x, t)$…動いていく"波全体"を書いた式です。

波の式を導くポイントは

① 原点の単振動の式$y_0 = A\sin\omega t$を書く。

② "遅れる" $t \Rightarrow \left(t-\frac{x}{v}\right)$に置き換える。

たったこれだけなんだ～！

> **@IMAGE** 波の方程式 $y(x, t)$ その2
> 写真 $y = y(x)$ から動く波を出すぞ～！

　先では一点注目（ギャル）の単振動 $y = y(t)$ から波の式を出しましたが，ここではもう1つのグラフ，"写真" $y = y(x)$ から $y(x, t)$ を導いておきましょう。

　まず $t = 0$ の波形を図のようにします。先に一点集中から導いたのと同じ波形です。…つまり，結果も同じになるはずですよ。

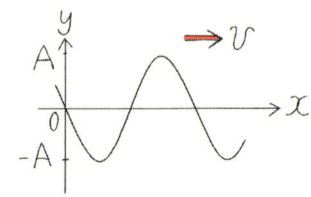

　これは $y = y(x)$ の形です。詳しく書くと $y = -A\sin\frac{2\pi}{\lambda}x$ です。え!? $y = -A\sin x$ じゃないかって～!??　数学では横軸が $x[\text{rad}]$ だったので $\sin x$ でOKなのですが，今やっているのは $y-x$ グラフ！…横軸は位置 $x[\text{m}]$ です。図を見ると横軸方向の位置 $x = \lambda$（波長）の場所は数学では 2π でしたね（この $\sin$ の中のを位相といいます）。つまり $x = 0$, λ の2点では 2π の位相差がある！　距離 $1[\text{m}]$ の2点では $\frac{2\pi}{\lambda}$ の位相差！　原点と位置 x の点では $\frac{2\pi}{\lambda}x[\text{rad}]$ の位相差があるということ！　だから，図の式は $y = -A\sin\frac{2\pi}{\lambda}x$ となるんです。

　実は"一点集中"の単振動の式も $y = A\sin t$ でなく $y = A\sin\omega t$ としたのも，$t = T[\text{s}]$ での位相が 2π に対応しているからなんですね。

　さあ，次は t 秒後の波です。$y = y(x, t)$ を求めるのがターゲットですよ。速さ v の波は t 秒後に vt だけ右に動いているハズです。

　これを式で書くのは $x \Rightarrow x - vt$ と変換すればいいんですね。

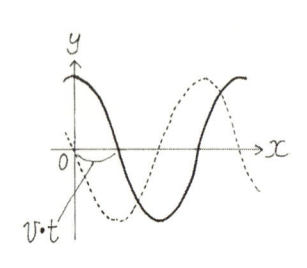

第3章 1講 波動の基本

$$y = -A\sin\frac{2\pi}{\lambda}(x-vt) = A\sin\frac{2\pi}{\lambda}(-x+vt) = A\sin 2\pi\left(\frac{vt}{\lambda}-\frac{x}{\lambda}\right)$$

$$= A\sin 2\pi\left(\frac{t}{T}-\frac{x}{\lambda}\right) = A\sin\omega\left(t-\frac{x}{v}\right)$$

一点注目（ギャル）の単振動 $y=y(t)$ から求めた波の式と同じです！！

波の式を導くのは，物理屋としては単振動があってそれが時間遅れて…とやる $y=y(t)$ から出し方のほうが"自然"な感じなのですが，見方を変えた $y=y(x)$ からの出し方もしっかり理解しておくんだぞ！

Q 1-5 問題

時刻 $t=0$ のとき図のような波形になっている正弦波がある。さあ，各々の波の方程式を書いてみよう。記号は上と同様に使ってかまいません。③は難しいかな？

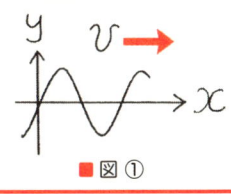

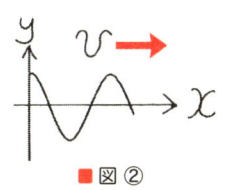

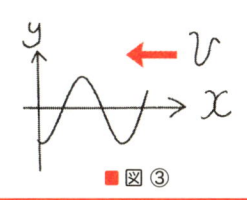

■図①　　　■図②　　　■図③

Answer 1-5 解答

① $y = -A\sin 2\pi\left(\dfrac{t}{T}-\dfrac{x}{\lambda}\right)$　　② $y = A\cos 2\pi\left(\dfrac{t}{T}-\dfrac{x}{\lambda}\right)$

③ $y = -A\cos 2\pi\left(\dfrac{t}{T}+\dfrac{x}{\lambda}\right)$

解説

全て，単振動（一点集中）の考え方から出していきますね。

①まず原点の単振動の式をだそう！　波をちょっと進ませると"下"に行きますね。よって $-\sin$ の形（絶対ミスするな〜！）。単振動は

301

$y_0 = -A\sin\omega t$，続いて遅らせるんですね。

$$y = -A\sin\omega\left(t - \frac{x}{v}\right) \quad \text{ここで } T = \frac{2\pi}{\omega} \text{ を使って}$$

$$\therefore y = -A\sin\frac{2\pi}{T}\left(t - \frac{x}{v}\right) = -A\sin 2\pi\left(\frac{t}{T} - \frac{x}{\lambda}\right)$$

前に出した式とグラフの形を，しっかりここの式，グラフと比べておこう！

②同じく原点の式！　+cos ですね。　　⇒ $y_0 = +A\cos\omega t$

遅らせましょう。

$$y = +A\cos\omega\left(t - \frac{x}{v}\right) = +A\cos\frac{2\pi}{T}\left(t - \frac{x}{v}\right) = A\cos 2\pi\left(\frac{t}{T} - \frac{x}{\lambda}\right)$$

③これもまず原点！　−cos ですね。　　⇒ $y_0 = -A\cos\omega t$

遅らせる…おや！　波は左向きです。原点よりも x の位置が"先に"波が来ますね。原点の式よりも**"進んでいる"**（先に起こる）んだ〜！…進むときは $t \Rightarrow \left(t + \frac{x}{v}\right)$ とします。

左向きに進む波だから $+\frac{x}{v}$（プラス）としているのではなく，時間的に"進んでいる（先に起こる）"から $+\frac{x}{v}$ としているのです。根本的なことを間違えないように！

さあ，式は $y = -A\cos\frac{2\pi}{T}\left(t + \frac{x}{v}\right) = -A\cos 2\pi\left(\frac{t}{T} + \frac{x}{\lambda}\right)$

波の場合は角振動数 ω のイメージがよく分からないので周期 T を使って書くのが普通です。上の式も周期を使った形でも書いておきました。でも，僕たちは単振動や円運動と式を共有するためにも ω で書き始めようね。おすすめです。

ここまでは，波を表す方法として，グラフや式を見てきました。
ここからは波のいろいろな性質や現象にフォーカスしていこう。2つの波

第3章 1講 波動の基本

が出会ったり，はね返ったり，曲がったり…さあ，ここで大切なことはたくさん出てくる公式なんかでなく，"何がどうなっているか〜？"…これだぞ！
大きく眼を開けて波の本質を見抜いていくんだ〜！

★ 重ね合わせの原理

1つの媒質を複数の波が伝わるとき，各波のそれぞれの変位の和が媒質の変位になる。このような波の性質を，波の重ね合わせの原理という。

$$y_{合成} = y_1 + y_2$$

■ 波の重ね合わせ（2つの波の場合）

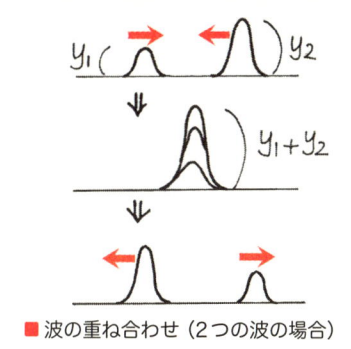

@IMAGE 波だけの性質なんだ！

波が出会ったときの振る舞いのようすです。これは波，独特の現象で，物体（粒子）では絶対考えられませんね。やまぐち（粒子）が2人出会って重ね合わせで"大やまぐち"となって通り過ぎていく…??　こんなことは波だけだ〜！　これからいろいろな波動現象を考えていく基本的，本質的な概念でもあります。でも，言ってることは簡単ですね！

303

★ ホイヘンスの原理

ある瞬間の波面上の各点からは，2次的な球面波（素元波）が無数に生じており，これらを合成したものが，次の瞬間の波面となる。

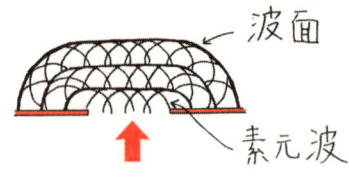

■ ホイヘンスの原理による波の伝わり方

@IMAGE　波の伝わる理由！

　波が伝わったり，広がったり，回り込んだり（回折）する理由を説明する原理的な考えです。波の重ね合わせの原理から出てきます。ただし，これを使うときは積分形になったりで，かなり高度になることが多いので，今は"こんな感じで伝わるんだ〜！"でOK！　後でやる反射や屈折の理解にこの考えが使えれば十分です。

★ 波の干渉（ここは大切だぞ〜！）

2つの波源A，Bからの波が重なると，重ね合わせの原理により，波が強め合うところと，弱め合うところができる。これを干渉という。
波源が同位相（同じタイミング）で振動しているときの，点Pで波が強め合う条件と弱め合う条件は

　　強め合う……$|AP-BP|=m\lambda$

　　弱め合う……$|AP-BP|=\left(m+\dfrac{1}{2}\right)\lambda$

$m = 0, 1, 2, 3\cdots$

波源が逆位相（タイミングが逆）で振動しているときには，条件式が逆となる。

第3章 1講 波動の基本

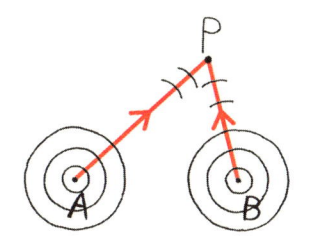

■ 干渉2つの波源から来るようす

@IMAGE　なぜ強め合うのか？

複数の波が出会って，強め合ったり弱め合ったりする現象です。

先の式は【距離の差＝m（正の整数）×波長】ということですが，このときに，なぜ波が強め合うのか？　その理由を頭の中で描けるかな？　すぐ以下でcheckだ〜！

- 2つの波源からの距離の差に，例えば波が1個入った場合（$m=1$）を考えてみましょう。もし点Aから山が来ると，点Bからは1つ前に出た山がちょうど点Pに来ているハズですね。… ここは山＋山で"大山"になって盛り上がります。それから$\frac{1}{2}$周期の時間が経つと，Aからは谷，Bからも谷…Pは"大谷"になってドーッと凹んでしまいますね。つまり，点A，Bから距離の差が，ちょうど波長λの点Pは，2つの波が強め合って大山，大谷になっている点だということです。

　距離の差に，波が2，3，4…個入っても同じこと…この点は強め合う点になるでしょう。

■ 波1つ多い場合

- 距離の差が$\frac{\lambda}{2}$のときは，波半分が余計に入ります。すると一方から山が来るともう一方からは谷が来ます。波はキャンセルして弱め合う点になってしまいますね。

　距離の差に，波が$\frac{1}{2}$，$\frac{3}{2}$，$\frac{5}{2}$個入っても同じこと…ここは弱め合う点です。

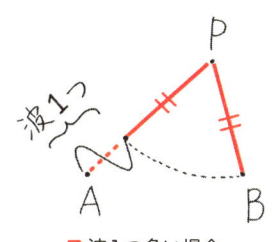

305

@IMAGE　$m=0, 1, 2, 3\cdots$でいいの？

　強め合う式…$|AP-BP|=m\lambda$のmは，$m=0, 1, 2, 3\cdots$ですが，図を使ってその意味をチェックしておきましょう。

　ABの垂直2等分線上の点は，距離の差がゼロですから，どこも$m=0$です。左右から来る波の数が同じですね。

　距離の差が1波長となるのは，$m=1\cdots$の曲線上の点，全てですね。左右から来る波の数が1つ違っています。

　さあ，mの意味です。もう大丈夫ですね！左右から来る"**波の数の差**"を表しています。

　さあ，強め合う条件は 距離の差$=m\lambda$
$m=0, 1, 2, 3\cdots$と書いてきましたが，これを，距離の差$=(m-328)\lambda$
$m=328, 329, 330\cdots$と書いても，もちろんかまいません。数学的には全く同値です。でも…mの意味"**波の数の差**"がはっきり分かるように僕たちは$m=0, 1, 2, 3\cdots$で書いていきましょうね。

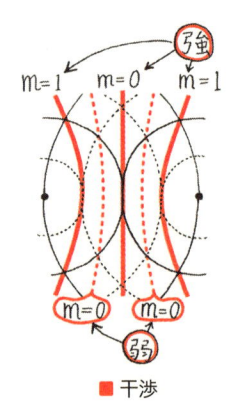

@IMAGE　強め合う線上はどうなっているの？

　先の図の，例えば$m=1$の**線上**での波はどうなっているのか…想像できますか？「強め合ってるから線上の全体が盛り上がって万里の長城のような壁になってるんだぞ～??」　オイオイ！　さあ，次の図を見てみよう。

第3章 1講 波動の基本

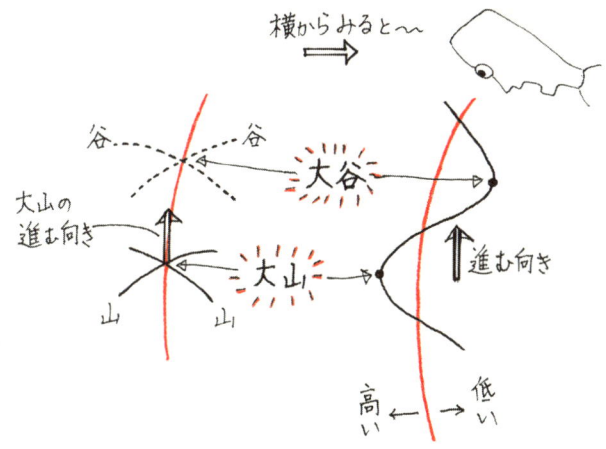

■ 強め合う線上の波の進む具合

結局，強め合っている線上を大山，大谷が進んでいく進行波になっていますね。図を見ながら完全イメージだぞ〜！

ちなみに，大山（大谷）が強め合う線上を進む速さは，1つ1つの波の速さよりも大きいですね。See 右の図。

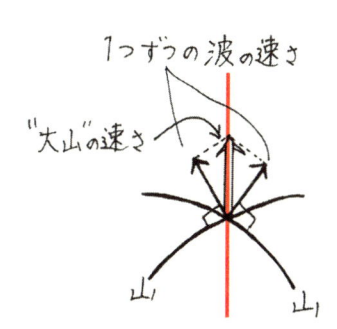

しかも，この大山（大谷）の速さは遠くになるほど遅くなっていき，十分遠方に行くと個々の波の速さと同じになります。…ということまで"見えれば"…すごい〜!!（ガンバ！）

@IMAGE まとめておこう！

ここでやったことは，後でやる光による干渉でも全く同じに使えます。と言うか，ここの考えの応用なんです。式だけ覚えるのでなく，何がどうなっているのかを，もう一度読んでしっかりとらえておこう。

定常波

互いに逆向きに進む波（同一の振動数，波長，振幅を持つ）が重なり合うと，波形が左右どちらにも進まない波，定常波ができる。変位が常にゼロとなる点を節（フシ），最も大きく振動する点を腹（ハラ）という。

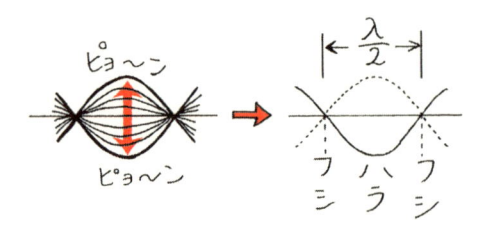

■ 定常波＆グラフ

@IMAGE 定常波は"ピヨーンピヨーン"

　ギターの弦の振動をイメージして下さいね。波は上下に振動しているだけで，左右に進んでるようには見えないでしょう。これが定常波です。

　さあ，図の描き方。一番上と一番下の間をピヨーンピヨーンするのが定常波です。でも動いているのは描けませんから，図ではある時に一番上となった波形と一番下のを実線と点線で描いているのです。今までの"写真"や"1点集中"のグラフとは違うぞ。

　定常波は"ピヨーンピヨーン図"なんだ〜！

@IMAGE ハラーハラ，フシーフシは $\frac{\lambda}{2}$

　定常波のハラの間隔，フシの間隔はともに波長の半分，$\frac{\lambda}{2}$ になっていますね。これは非常によく使いますから叩き込んでおこう！

第3章 1講 波動の基本

@IMAGE 定常波は…干渉のことだ〜！

定常波の現象は，結局，2つの波がやってきて強め合うところ（腹）と弱め合うところ（節）ができる…こりゃ〜干渉そのものじゃないか！

というので，次の問題の解答のうしろに定常波を干渉で解く方法も書いておきました。チェックしておこう！ ついでに定常波を波の式の考えで解いたのも，まとめ問題2のうしろにやっておいたので参考に！

Q 1-6 問題

図で2波源A，Bから同位相で振幅の等しい波が出ている。このとき，AB間には左右から全く同じ波がやって来るために，定常波を生じる。$AB = 3.6\lambda$とすると，AB間にできる腹の数は何カ所か？

解答　Answer 1-6

7ヶ所

◯ 解説

なかなか図が描けなくて難しそうですが，ポイントは"中心の点"！ ここはA，Bから等距離にありますから，左右の波源から同じ時間かかって波が来るハズ。ということは，この中点には左から山が来れば右からも山，谷が来れば谷…そう！ 必ず"腹"になります！ これさえ分かればもう簡単です。

ハラーハラ，フシーフシの間隔は$\dfrac{\lambda}{2}$でしたね。右半分の1.8λの距離に$\dfrac{\lambda}{2}$ずつで3ヶ所のハラ。左半分も同じ。中心と合わせて7ヶ所の腹になります。

つまり，定常波のどこか1ヶ所，ハラかフシかを見つければ全部分かります！
ここでは中心に目を付けるんだ！

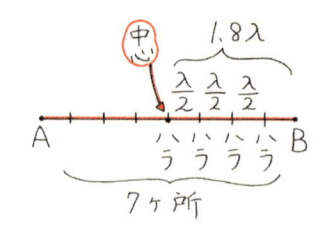

【干渉による解】

上のように図で解くのが簡単ですが，干渉に注目してやってみましょう。Aを原点に取ってx軸を図のように決めます。

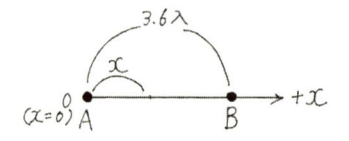

干渉の強めあうのは　距離の差$=m\lambda$　$m=0, 1, 2, 3\cdots$でしたね。

ここでは $(3.6\lambda - x) - x = m\lambda$　$\therefore x = \dfrac{1}{2}(3.6 - m)\lambda$

mの値の対するxが強め合う位置です。1つずつやっていくと

　$m=0$では$x=1.8\lambda$が強。真ん中はハラです。
　$m=1$では$x=1.3\lambda$はハラ。
　$m=2$では$x=0.8\lambda$
　$m=3$では$x=0.3\lambda$
　$m=4$では$x<0$　おっと，ここはダメ！　この場所は左右から同じ波が来る点ではないので定常波になっていませんね。

xを中心の右側にとっても同じです。中心と3ヶ所のハラができます。合わせて7ヶ所の腹です。

実際の問題を解くのは，1つ前の図のほうがずっと簡単で"見えやすい"と思いますが，定常波も干渉の現象だということは意識しておこうね。

第3章 1講 波動の基本

⭐ 反射波の位相

波の反射の仕方には2通りある。反射端が自由に動ける場合と固定された場合では，以下のように反射する。
　自由端型…位相はそのままで反射する。
　固定端型…位相がπずれて反射する。

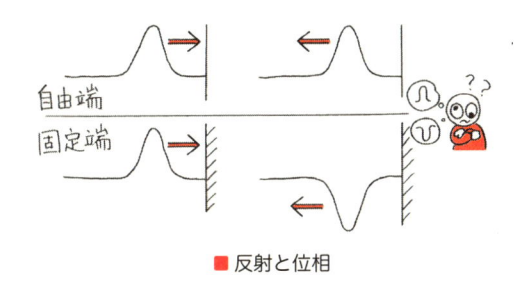

■ 反射と位相

@IMAGE 反射波の図の描き方（固定端タイプ）

　固定端は"固定"されているので振動できない。ということは入射波がやってきても，端ではそれをうち消すように反射しなければなりませんね。つまり，波の上下が逆になって反射します。これを『位相がπずれる』と言ってるのです。

　図に描くときは，
「①入射波をそのまま先の方に描く」
→「②上下ひっくり返す（πずれる）」
→「③左右に折り返す（反射する）」
…こうすれば反射波を図示できます。

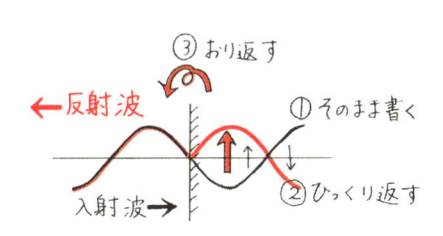

■ 固定端は「ひっくり返して折り返す」

@IMAGE 反射波の図の描き方（自由端タイプ）

自由端では固定端のように端で束縛されていないので，大きく振れます。

図に描くときは
「①入射波をそのまま先の方に描く」
→「③左右に折り返す（反射する）」
固定端の②をパスすればOK！

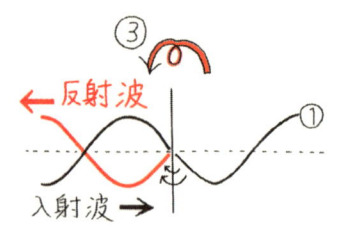

■ 自由端は「そのまま折り返す」

@IMAGE 位相がπずれるって？

下の２つのグラフを見て下さい。①は$+\sin$，②は$-\sin$を表していますね。ところで$\sin(\alpha\pm\pi)=-\sin\alpha$でしたから，①と②は位相が$\pi$ずれているわけです。もう一度，よく図を見ると…上下ひっくり返っているんですね。というので，数学が大得意な人以外は，**"位相がπずれている"** と聞いたら **"上下ひっくり返っている"** と読み替えてしまえ！

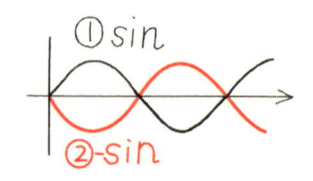

■ πずれている

ところで，なぜ位相がずれたりそのままだったりするのかというと … ちょっと難しいのでここでは扱いません。固定端では動けないのでひっくり返るしかないじゃないか〜！という感じでOK！　詳しくは大学でやります。波の連続性，なめらかに接続するといったことから出てきます。完全な固定端や自由端でない場合も，位相のずれはπか0のどちらかになるんだよ。

第3章 1講 波動の基本

★ 反射波の合成波

反射端に次々と正弦波がやってくると，入射波と反射波の合成波として定常波ができる。反射壁が自由端型の場合は，この端が定常波の腹になり，固定端型の場合は節となる。

@IMAGE ハラーハラ，フシーフシ…$\frac{\lambda}{2}$

反射端で戻る波は，振動数や振幅は同じです。つまり，この場合"左右から全く同じ波がくる"→"これは定常波だ〜！"そこで，ハラ＆ハラの間隔：$\frac{\lambda}{2}$がポイントです！　1か所，ハラorフシが分かればいいんだね！

次の問題をやって確認しておこう。

Q 1-7 問題

図のようにx軸上を正の方向に，波長λが10[m]の正弦波が進んでいる。今，$x=25$[m]にある壁で固定端型反射している。$0 \leq x \leq 25$[m]の範囲で生じる腹の数はいくらか？また，できる節の座標をn ($n=0, 1, 2, 3\cdots$)を用いて表せ ($x \leq 25$[m])。

Answer 1-7 解答

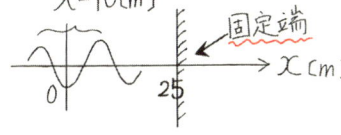

5ヶ所，$x = 25 - 5n$ [m]

解説

図で一発！　固定端は振動できないので絶対にフシ。あとは，ハラーハラ，フシーフシ，$\frac{\lambda}{2}$ でしたね。壁から $\frac{\lambda}{2}$ …5[m]ごとにフシがきます。求めるのはハラですから間違えないでね！　下の図で数えてください。

次はフシの位置の式です。一番右が $x = 25$ [m] にあって，左に5[m]ごとにフシです。式で書くと

$x = 25 - 5n$ [m]

$n = 0, 1, 2, 3\cdots$

簡単だ〜！

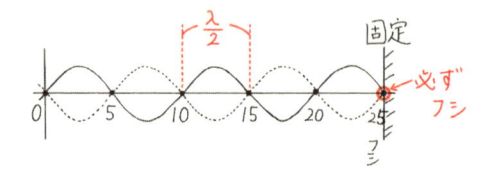

もちろん，干渉の考えや波の式を使ってもできます。力のある君はtryだ！　でも，上のやり方…分かりやすい（見えている）のが一番ですよ！

> ✓ この講はこれでendです。次の問題で実力をチェックだ〜！

Q まとめの問題　No.1

図は，ある媒質中を x 軸の正方向（水平方向）に伝わる正弦波を表す。f [mm] は媒質の変位である。120分の1秒後に波形は実線から破線の位置にはじめて移ったとする。

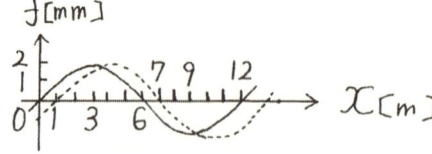

(1) 波長を読みとれ。
(2) 波の進む速さを求めよ。
(3) 波の振動数を求めよ。
(4) 波の振幅はいくらか？

第3章 1講 波動の基本

図の f を y 軸方向（鉛直方向）への変位だとする。波が実線で表されている瞬間を考える。$0 \leq x \leq 10[\text{m}]$ の範囲で答えよ。

(5) 媒質の振動速度が瞬間的にゼロになっている位置（x 座標）を求めよ。
(6) 媒質の振動速度の絶対値が最大になる位置（x 座標）を求めよ。
(7) $x = 2[\text{m}]$ の点にある媒質の振動の速度を求めよ。

図の f を x 軸方向への変位（正の向きへの変位を正とする）だとする。波が実線で表されている瞬間を考える。$0 \leq x \leq 10[\text{m}]$ の範囲で答えよ。

(8) 媒質の密度が最も密な位置を求めよ。
(9) 媒質の密度が最も疎な位置を求めよ。
(10) 媒質の密度が，波のないときと同じ値を持つ位置を求めよ。
(11) 媒質が x 軸の正方向に最も速く運動している位置を求めよ。

Part 3 波動分野

解答　Answer No.1

(1) $12[\text{m}]$　(2) $120[\text{m/s}]$　(3) $10[\text{Hz}]$　(4) $2[\text{mm}]$
(5) $x = 3, 9[\text{m}]$　(6) $x = 0, 6[\text{m}]$　(7) $-62.8[\text{mm/s}]$
(8) $x = 6[\text{m}]$　(9) $x = 0[\text{m}]$　(10) $x = 3, 9[\text{m}]$　(11) $x = 6[\text{m}]$

解説

(1) グラフは"写真"ですね。さあ，波一つの長さです。図を見て…$12[\text{m}]$
(2) $\dfrac{1}{120}[\text{s}]$ で $1[\text{m}]$ 進んでいます。∴ $v = \dfrac{x}{t} = \dfrac{1}{1/120} = 120[\text{m/s}]$
(3) $v = f\lambda$ より $f = \dfrac{v}{\lambda} = 10[\text{Hz}]$
(4) これも図で一発！　$2[\text{mm}]$
(5) ここから横波だ〜！　文章から分かるよね。さあ，各点の振動は上下の単振動！　止まっているのは一番振れたところでしたね。よって $x = 3, 9[\text{m}]$
(6) 振動の中心が最速です。$x = 0, 6[\text{m}]$

(7) ちょっと難しいかな？　求める速さは"波の速さ"でなく，媒質の"振動の速さ"です。

単振動の速さというのは…円運動を横から見ていたんですね。というので，円運動をチェック。

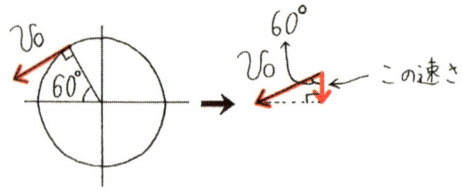

円運動の速さは $v_0 = (r\omega =) A\dfrac{2\pi}{T} = 2\pi f A$

$x = 2$ [m] の点は，時間 $\dfrac{1}{12}T$ 前にてっぺんを通り過ぎた点です。つまりてっぺんから 30° 進んでいますね。ここでの速度成分の大きさ（横から見た速さ）は $v = v_0 \cos 60° = 20\pi$ [mm/s] $= 62.8$ [mm/s]

あと，向きにも注意しよう。下向きですね。　∴ -62.8 [mm/s]

(8) ここからは縦波です。といえば，すぐ振り子！振り子図から，まず密な点は $x = 6$ [m]

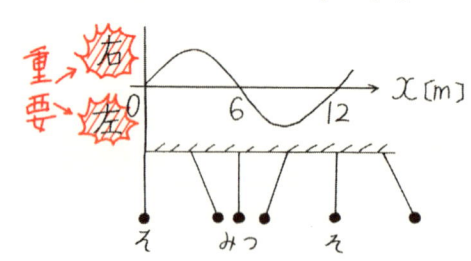

(9) 疎な点はトーゼン $x = 0$ [m]

(10) 山と谷の位置のこと（疎と密の中点です）。$x = 3, 9$ [m]

(11) 一番速いのは真下になっている振り子…疎と密の位置です。向きはちょっとずらしてやるんでしたね。$x = 0$ の点は"下"→"左"に動いています。後は各自チェック！　密の点が右に最速です。$x = 6$ [m]

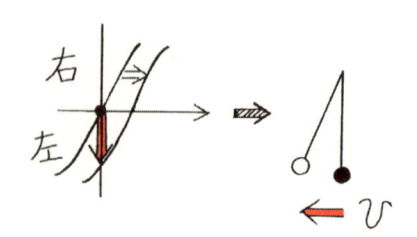

第3章 1講 波動の基本

様子が分かってしまえば簡単だ〜！

Q まとめの問題　No.2

左遠方よりx軸の正の向きに進行する正弦波が，座標$x = 8$[m]のところにある固定端Pで反射している。x軸上の各点における媒質の実際の変位は，入射波による変位と反射波による変位の和であると考えられる。図は時刻$t = 0$[s]における入射波の変位を示している。この時点で反射波はすでに十分遠方まで進行しているものとする。また，入射波の進む速さを2[m/s]，振幅をA[m]とする。

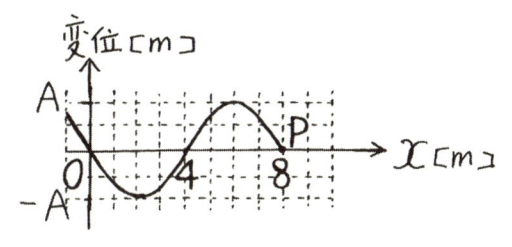

(1) この入射波の波長と振動数を求めよ。

(2) 時刻t[s]，座標$x = 0$[m]における入射波の変位をtの関数として表せ。

(3) 時刻t[s]，座標x[m]における**入射波**の変位を，tとxなどを用いて表せ。

(4) 点Pにおける入射波の変位を，時刻tを横軸として$0 \leqq t \leqq 5$[s]の範囲でグラフに描け。

(5) 点Pが固定点であるという条件から，点Pにおける**反射波**の変位を，時刻tを横軸として$0 \leqq t \leqq 5$[s]の範囲でグラフに描け。

(6) 反射波はx軸の負の向きに，入射波と等しい速さで進行する。時刻t[s]，座標x[m]における反射波の変位を，tとxなどを用いて表せ。

(7) 時刻$t = 3$[s]における，次のそれぞれの波の変位を，横軸をx座標として1つの図の中に描け。

　入射波：――― 実線を用いよ。

反射波：- - - - - 破線を用いよ。

入射波と反射波の合成波：——— 太実線を用いよ。

(8) 合成波で，ほとんど振動しない点を $0 \leqq x \leqq 8$ の範囲で求めよ。

解答

Answer No.2

(1) 8[m], 0.25[Hz]　　(2) $y_{入射波}(x=0) = A\sin\frac{1}{2}\pi t$ [m]

(3) $y_{入射波} = A\sin\pi\left(\frac{t}{2} - \frac{x}{4}\right)$ [m]　　(4) 解説のグラフ参照

(5) 解説のグラフ参照　　(6) $y_{反射波} = -A\sin\pi\left(\frac{t}{2} + \frac{x}{4}\right)$ [m]

(7) 解説のグラフ参照　　(8) $x = 0, 4, 8$ [m]

解説

(1) 図より $\lambda = 8$ [m]，振動数は $f = \dfrac{v}{\lambda} = \dfrac{2}{8} = 0.25$ [Hz]

(2) $x=0$ での単振動を書けと言うことです。$t=0$ のとき変位 $y=0$ からスタート！

ちょっとずらしてやると $+\sin$，$-\sin$ のうちどっちになるか…もう分かりますね。

さあ，式は

$$y_{入射波}(x=0) = A\sin 2\pi \frac{t}{T} = A\sin\frac{1}{2}\pi t \text{ [m]}$$

（$T = \dfrac{1}{f} = 4$ [s] です。）

(3) 進んでいく波の方程式です。上の原点の単振動を $\dfrac{x}{v}$ 遅らせればOK！

318

$$y_{入射波} = A\sin\frac{2\pi}{T}\left(t - \frac{x}{v}\right) = A\sin\pi\left(\frac{t}{2} - \frac{x}{4}\right) [\text{m}]$$

(4) 点Pの振動は原点と同じですね（もちろん，上の式に $x=8$ [m] としても OKです）。というので
$$y_{入射波}(x=8) = A\sin\frac{1}{2}\pi t [\text{m}]$$
周期 $T=4$ [s] などを考慮して，$y-t$ グラフは右のようになります。

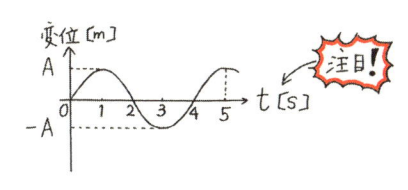

(5) 固定端では位相が π ずれる…上下ひっくり返るのでしたね。式は
$$y_{反射波}(x=8) = -A\sin\frac{1}{2}\pi t [\text{m}]$$
グラフで描くと

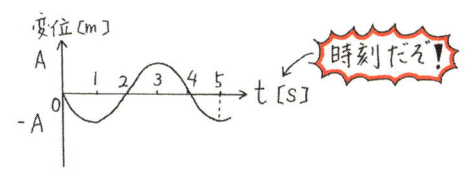

(6) 左に進む波の方程式です。左に進むからプラス（$+\frac{x}{v}$）にするのではないですよ！　進んでいるか，遅れているかで $+-$ を付けます。
ここでの位置 x の振動は，原点Oよりも $\frac{16-x}{v}$ 遅れていますね。遅れるのはマイナス！　さあ，原点の式と比べて書くと（固定端ですから π →ひっくり返す→式全体にマイナスをつけること）

$$y_{反射波} = -A\sin\frac{2\pi}{T}\left(t - \frac{16-x}{v}\right)$$
$$= -A\sin 2\pi\left(\frac{t}{4} + \frac{x}{8} - 2\right)$$
$$= -A\sin\pi\left(\frac{t}{2} + \frac{x}{4}\right) [\text{m}]$$

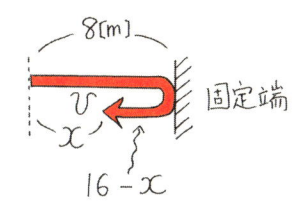

左に進むから $+$ が付くのでなく，"進む，遅れる"で符号が決まるのですよ！

(7) 時刻 $t = 3$[s]ですから，波が6[m]進んでいます。あとは描けますね！そのまま延ばして描いて，固定端で上下ひっくり返すのを忘れずに。それを折り返します。

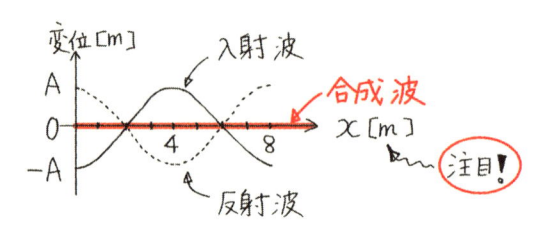

(8) 定常波の形も分かりますね。固定端はフシ。フシーフシの間隔は $\dfrac{\lambda}{2}$ でした。これだけで，あっと言う間にできます。

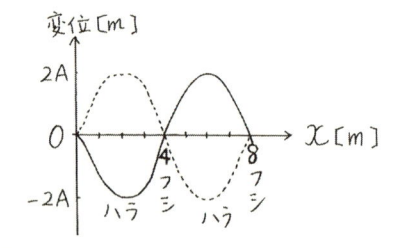

@Advanced おまけ…定常波の式を導こう！

定常波を波の式で求める方法もやっておきましょう。
入射波は(3)の $y_{入射波}$，反射波は(6)の $y_{反射波}$ …合成波はこの2つを足せばOK！

$$y_{合成波} = y_{入射波} + y_{反射波}$$
$$= A\sin\pi\left(\dfrac{t}{2} - \dfrac{x}{4}\right) - A\sin\pi\left(\dfrac{t}{2} + \dfrac{x}{4}\right)$$
$$= -2A\left(\cos\dfrac{\pi}{2}t\right)\left(\sin\dfrac{\pi}{4}x\right)$$

ここで加法定理… $\sin A - \sin B = 2\cos\dfrac{A+B}{2}\sin\dfrac{A-B}{2}$ を使っています。

時刻 t が入っているcosの部分は振動を，位置 x が入っているsinのところは"振幅"を表しています。求めたいのはフシ…振幅がゼロの点ですから x のsinの部分に注目して

第3章 1講 波動の基本

$$\sin\frac{\pi}{4}x = 0 \qquad \frac{\pi}{4}x = 0, \pi, 2\pi\cdots$$

$$\therefore x = 0, 4, 8\cdots[\text{m}]$$

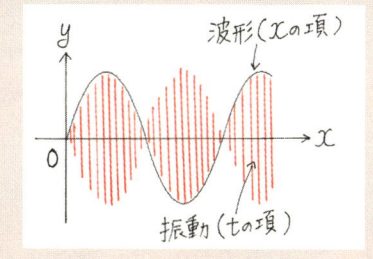

ちょっと面倒でしたけど，こんな感じでできます。式でやると，かっこいいでしょう……(^^)

But，しかし…図の方法は絶対，完璧にしておくこと！ 図が頭の中にあってはじめて数式が見えてくるのですからね。

Q まとめの問題 No.3

水面波の干渉について，次の問いに答えよ。

A　図1のように，一定波長の平面波の水面波を，波面と平行に並んだ間隔5.0cmの2つのスリットS₁およびS₂を通して干渉させた。S₁を通り，S₁とS₂を結ぶ直線に垂直な直線S₁Tにそって水面の動きを調べたところ，2つのスリットから出た波が弱めあって，水位がほとんど変化しない場所が2つだけ見つかった。そのうち，S₁から遠い方をA₁，S₁に近い方をA₂とすると，S₁からA₁までの距離は12.0cmであった。

問1　距離S₁A₁とS₂A₁の差は，波長の何倍か。また，距離S₁A₂とS₂A₂の差は，波長の何倍か。

問2　この水面波の波長はいくらか。

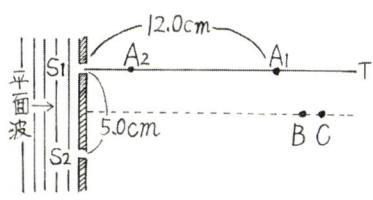

■図1

B 次に，図1に示すS_1とS_2の垂直2等分線上の点BとCで，水位の時間的変化を観察した。Bでの水位は，図2のような時間的変化をした。Bでの水位が最高となった時刻$t=0$において，Cでの水位はA_1での水位と同じであり，BとCとの間隔は，およそ0.5cmであった。

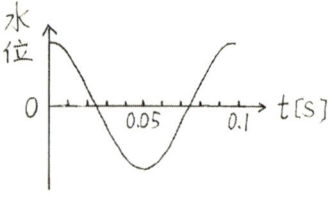

■図2

問3　A_1およびCにおける水位は時間的にどのように変化するか。図①～⑨の中から適当なものを選べ。

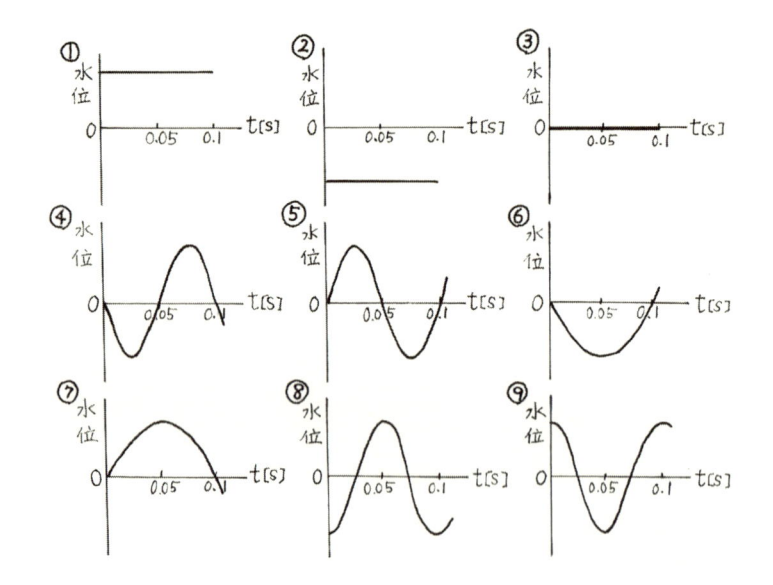

問4　この水面波の進む速さはいくらか。

C 次に，図1のスリットS_1は固定したままS_2を動かし，S_1とS_2の間の間隔を広げていった。そして，水面波の波長を変えずに，2つのスリットを通して干渉させた。

第3章 1講 波動の基本

問5 このとき，直線S_1T上での，水位がほとんど変化しない点の個数とその位置の変化について，次の記述①〜⑦のうちから正しいものを選べ。

① A_1はS_1に近づき，点の個数は変わらない。
② A_1はS_1に近づき，点の個数は減る。
③ A_1は動かず，点の個数は増える。
④ A_1は動かず，点の個数は変わらない。
⑤ A_1は動かず，点の個数は減る。
⑥ A_1はS_1から遠ざかり，点の個数は増える。
⑦ A_1はS_1から遠ざかり，点の個数は変わらない。

解答

Answer No.3

(問1) $\frac{1}{2}$倍，$\frac{3}{2}$倍　　(問2) 2.0[cm]

(問3) A_1：③，C：⑤　　(問4) 20[cm/s]　　(問5) ⑥

解説

この問題を見て，最初に何が思い浮かびましたか？　左方向から波がやって来て2つの穴を通って右側に拡がって行く…さあ，図を見ると，これは干渉の説明のはじめに出てきた2つの波源から出た波のやつと全く同じではないか〜！（顔を傾けろ！）

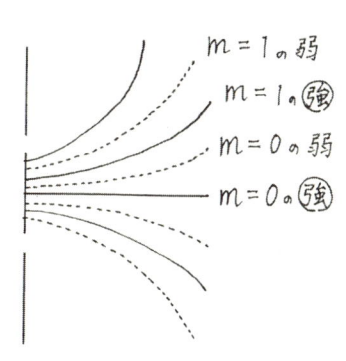

というので，全体の様子は分かりましたね。波源間のS_1S_2線上は左右から同じ波がやって来るので定常波！　スリットの右側では強め合った線，弱めあった線が何本か出てくるはずです。この本数も波長が分かればすぐに分かりますね。というので問1だ！

問1
　問題文をしっかり読めばもうカンタン！　点A_1は$m=0$の（最初の）弱め合っている点です。弱め合う条件は

距離の差$=\left(m+\dfrac{1}{2}\right)\lambda$　　$m=0,\ 1,\ 2,\ 3\cdots$でしたね。

よって$S_2A_1-S_1A_1=\dfrac{1}{2}\lambda$　…①

点A_2は$m=1$の点です。

$S_2A_2-S_1A_2=\dfrac{3}{2}\lambda$　…②

問2
　実際に$S_2A_1-S_1A_1$を求めると$\sqrt{12^2+5^2}-12=13-12=1$[cm]
　①式より$\lambda=2.0$[cm]
波長が分かったので，全体をくわしく見ておきましょう。
　波源間S_1S_2線上は中心が腹となる定常波で，ハラーハラの間隔$\dfrac{\lambda}{2}$ですから$S_1S_2=5$[cm]で$\lambda=2.0$[cm]より中心がハラ，$\dfrac{\lambda}{2}=1$[cm]ごとに上方向に2ヶ所のハラ，下も考えて合計5ヶ所のハラができています。定常波のハラと干渉の強め合う線が対応していますから強，弱の線は図のようになりますね。もう点A_1, A_2の状況も完璧に見えているね！

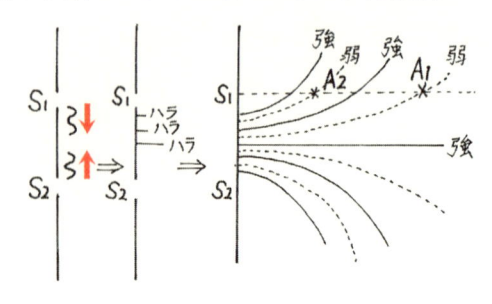

第3章 1講 波動の基本

問3

波源の垂直二等分線上の話です（$m=0$）。波源からの距離は同じですから，トウゼン強めあっている線です（この線上の波の様子は干渉のところで言ってるぞ！）。大山と大谷が右に進んでいきます。その波長は1つ1つの波の$\lambda = 2.0 [\text{cm}]$より大きくて，速さも速い波となっているのは，図を見るとあたりまえだね〜！

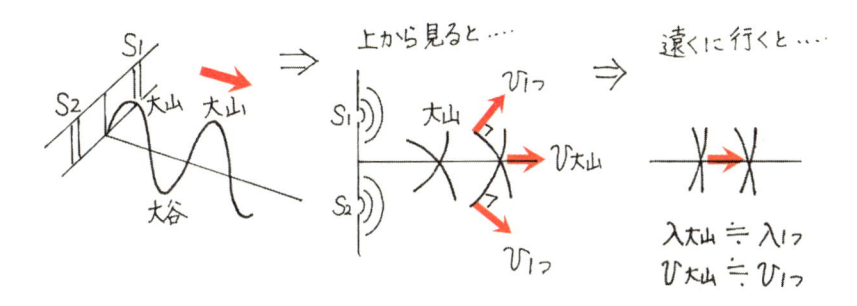

これで問題文にある"BとCとの間隔は，およそ$0.5[\text{cm}]$で…"の意味も分かったでしょう。点Bは今（$t=0$）大山になっていて，点Cはすぐ横の変位がゼロの点！

これは$0.5[\text{cm}]$よりやや大きいハズです。

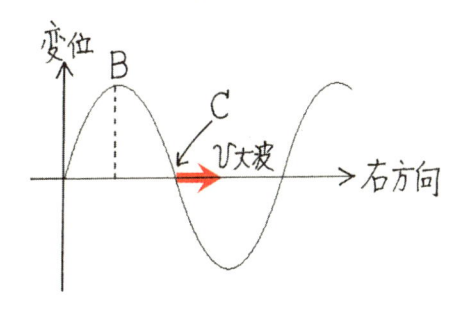

さあ，点A_1の時間的変化の様子は…弱め合っている点だから，ずっと変位はゼロ〜！③

点Cは上の図をしっかり見て…今はゼロ。波が進むと上に変位…＋sinの形です。⑤と⑦がサインだ！ ここで図2を見るとこの大波の周期は$0.1[\text{s}]$ですね。周期は合成波も定常波も元の波のと変わるはずありません。よって⑤だ〜！

問4

先で言ったように，この大波の周期は 0.1[s]，波長は"だいたい" 2.0[cm] ですから，波の速さ V は，$V = f\lambda = \dfrac{\lambda}{T} = 20\,[\mathrm{cm/s}]$

問5

スリットの間隔を広げると，間の定常波の腹の数（干渉の強め合う線の数と同じ）は増えていきますね。さあ，図だ〜！　点 A_1（最初の弱め合う点だ）はスリットから遠い位置になりますね。直線 $S_1 T$ 上の弱め合う点の数もあたりまえ〜！（増えます）…⑥でした。

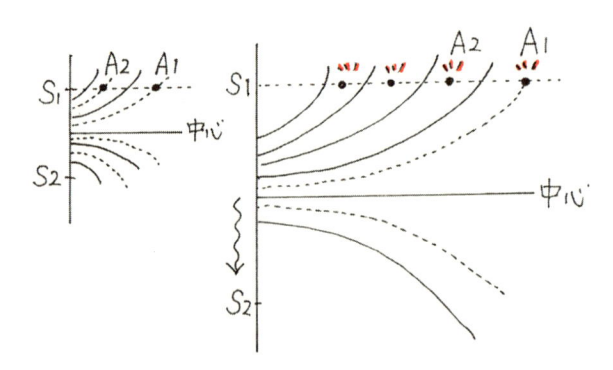

どうでしたか？　問題としてはそれほど難しく無かったと思いますが，解けた，解けなかったという結果よりも，もっともっとマスターして欲しいことがあります。

君が最初にこの問題を解いたときは，なんかゴチャゴチャしていて，"あ〜あ"という感じだったと思いますが，解説を読んでからは"な〜んだ！"でしょう。そう！　波は，知識でなく見えること！　これが圧倒的に大切なところです。

いまからいろいろな波の問題を解いていくでしょうけど，しっかりと眼を大きく開いてじっくり見ていくんだ〜。これができれば波はチョロイぞ〜!!

第3章 2講 音波

ここでは波のうち，特に音の波…音波に注目します。音も波の1つですから，前にやった波の基本性質は全て使えます。反射もするし，定常波も作ります。ただし，音波は典型的な**縦波**ですからそこには注意すること！

その中でも特に音に独特で顕著な現象を詳しく調べていきましょう。代表的なのが，『**ドップラー効果**』，『**弦＆気柱の振動**』などです。

でも，やはり大切なのは，頭の中で何がどうなっているかを"見る(聴くかな？)"ことです。

イメージを膨らませて，大きな"音"にしていこう！

★ 音速

気温が t [°C] のとき，空気中を伝わる音波の速さ V [m/s] は
$$V = 331.5 + 0.6t$$

@IMAGE 音速の公式を導いたのは…？

はじめて音速を理論的に導き出したのは，あのニュートンなんです。すごい人ですね！ 導き方は…何と，熱の"断熱変化"を使っています。ここでは扱いませんが，発想がすごい。さすが，やまぐちのライバルだ～！

式の注意点は，音速を決めるのは温度だけということ！ 「暖かい日は音が速く伝わり，寒い地方はゆっくり伝わるぞ」ということです。

うなり

振動数の少し異なる2つの音（f_1[Hz]，f_2[Hz]）を同時に聞くと，うなり（音が大きくなったり小さくなったりを繰り返す現象）が観測される。

単位時間あたりのうなりの回数$f_{うなり}$[1/s]（[回/s]，[Hz]でもOK）は

$$f_{うなり} = |f_1 - f_2|$$

@IMAGE　うなりの起こり方

　うなりとは除夜の鐘がグォオ～オン・グォオ～オンと鳴るように，音が強弱を繰り返すやつです。2つの音が同時にやって来て起こる現象ですね。そこで，振動数をf_1，f_2として，なぜうなるのか？　を考えておきましょう。

　まず振動数とは1秒での波の数でしたね。音が出はじめてΔt秒たつと2つの音源から来る波の"数の差"が1つになった場合を考えます。図のように，まず山が重なった状態からスタートしてΔt秒後にはもう一度，山が重なりますね（Δt秒間で差が1つですからね）。そして，この中間には必ず，山＆谷で消し合う瞬間が1ヶ所あるハズです。実際に聞く音は2つを合成して …どうです，Δt秒で1回，強弱となるでしょう。これが"うなり"なんです。

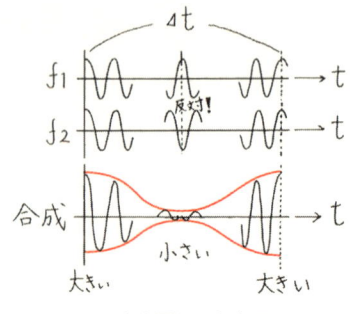

■2つの音を足してうなるぞ！

式で書くと，Δt 秒で波の数の差が1つというのは $|f_1-f_2|\Delta t = 1$

Δt 秒で1回うなるというのは，うなりの"振動数"を $f_{うなり}$ として

$$f_{うなり} = \frac{1}{\Delta t}$$

2式を合わせると $f_{うなり} = |f_1-f_2|$

どうです，"うなり"の意味が分かってればカンタンでしょう。

結論：2つの音源の振動数の差だけうなるんだ〜！

ドップラー効果

★ ドップラー効果　その1（直線上）

@IMAGE　ドップラー効果って？

パトカーや救急車が通り過ぎるとき，音が"ピッポー・ピッポー"から"ピョーポゥー・ピョーポゥー"と低くなってしまう現象ですね。…う，うまく文章では書けん！

さあ，ここも覚えるのでなく，『意味をとらえる→式を導ける！』これが大切です。以下の説明（特に図です）を完璧にしよう。何も見ずに自分の力で導けるまでやるんだ〜！

@IMAGE　音速 V に注目！

ドップラー効果が起こる理由で，一番大切な点は…音速 V の性質です！

音源（source）が近づこうが遠ざかろうが，観測者（observer）がどう動こうが，空気に対する音の速さは変わりませんね！　波が伝わるのは媒

質の性質で決まるはずですから変わらないのです。ここに注意すれば，以下の全ての場合に対して，式の導き方の発想は同じです。

さあ，以下を全力で見えるまで読みきれ〜！

【A】音源が動く場合

> 振動数 f_0 の音源が速さ v で，観測者に向かう直線上を運動するとき，静止している観測者が聞く振動数 f は，音速を V として
>
> $$f = \frac{V}{V-v} f_0 : （近づく場合） \cdots\cdots\cdots ①$$
>
> $$f = \frac{V}{V+v} f_0 : （遠ざかる場合） \cdots\cdots ①'$$

@IMAGE　導くぞ〜！

ポイントは波長の変化！　これが分かればカンタンです。

音源が近づく場合①をやってみましょう。図を見ながら読んでいくといいよ！

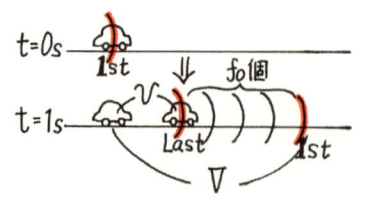

■ ドップラー効果①…音源近づく（音源に注目）

ある時刻で音源からの最初の音（1stとしましょう）が出ます。1秒後にその1stは V（音速）の距離進んでいますね（V は変わりません）。1秒後に最後の音（Last）が出るときには，音源が距離 v 進んでいますからLastは音源の位置にあります。さあ，この間は1秒ですから振動数（1秒での

波の数ですよ）f_0個の音が入っているハズ。$V-v$の中にf_0個の波…

もう波長は分かったようなものですね。$\lambda = \dfrac{V-v}{f_0}$

次は観測者に注目！

観測者が聞く音の振動数f（1秒で出会う波の数のことです）は，図を見てVの中に1つの長さがλの波が何個入ってるかを数えればOK！

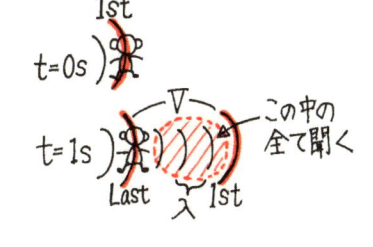

$$\therefore f = \dfrac{V}{\lambda} = \dfrac{V}{V-v}f_0$$

■ ドップラー効果①…音源近づく（人に注目）

音源が遠ざかる場合…これは自分でやっておこう！　意味をとらえながら，図が描ければ大丈夫です。必ず出せるようにしておくのだぞ！

Hint：$V+v$の中にf_0個の波！　$\therefore \lambda = \dfrac{V+v}{f_0}$　以下同じように……

カンタンだね！

【B】観測者が動く場合

静止している振動数f_0の音源に向かう直線上を，観測者が速さuで運動するとき，この観測者の聞く振動数fは，音速をVとして

$$f = \dfrac{V+u}{V}f_0 : （近づく場合） \cdots\cdots ②$$

$$f = \dfrac{V-u}{V}f_0 : （遠ざかる場合） \cdots\cdots ②'$$

> **@IMAGE** これも導くぞ〜!

では観測者が近づく場合をいくぞ。

今回は,音源が止まっていますね。というので波長は伸びたり縮んだりしません。V の中に f_0 個の音が入っているので,1つの長さ(波長)は $\lambda_0 = \dfrac{V}{f_0}$ です。

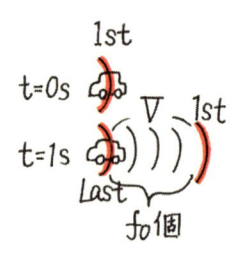

■ ドップラー効果 ②…観測者近づく(音源に注目)

次は観測者(人)に注目です。ある時刻で,最初の音(1st)に出会います。1秒後には1stは V(音速)の距離進んでいますね。1秒後に人が会う最後の音(Last)は,人が距離 u 進んでいて,そこにあるハズです。

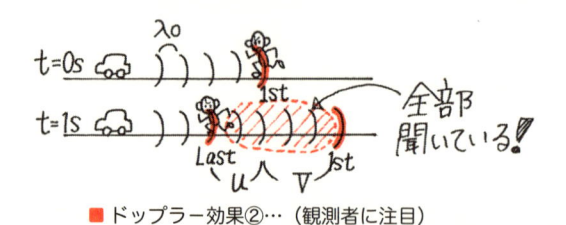

■ ドップラー効果②…(観測者に注目)

さあ,この間(1秒間)に人が**出会う波の数**が,人の聞く音の振動数となります。上の図では距離 $V+u$ の間にある音には全て出会っているでしょう。これが人の聞く振動数 f です。つまり,$V+u$ の中にある波長 λ_0 の波の数を数えればいいのだ〜!

式で書くと $f = \dfrac{V+u}{\lambda_0} = \dfrac{V+u}{V} f_0$ どうです,意味(図)が分かってりゃ〜カンタンでしょう。

何回も見て，自分で出せるようにしておいて下さいね。

観測者が遠ざかる場合は各自チェック！
Hint：会う数は $V-u$ の中の λ_0 の波の数を数えるんだ〜！…カンタンだね！

【C】音源，観測者がともに動く場合

> 音源の速さを v，観測者の速さを u とすると，観測者の聞く振動数 f は，音速を V として
> $$f = \frac{V-u}{V-v} f_0$$
> 速度 v, u は音源から観測者に向かう向きを正方向とする。

@IMAGE ドップラー まとめの式です！

この式はよく使いますから…覚えてしまおう！
上の式で向きの正負に自信のない人…次の形がおすすめ！

$$f = \frac{V \pm u}{V \pm v} f_0$$

この式の中の ± (プラス，マイナス)，どっちを使うかは…動いているのが音源であろうと観測者であろうと，ともかく**近づく**場合は音が**高く**なり (f が大)，**遠ざかる**ときは**低く**なる (f が小)。これを考えて ＋，－ を選べば大丈夫です。

ピンとこない人は，すぐ次の問題でチェックしよう。

Q2-1 問題

空気中を伝わる音のドップラー効果とうなりについて考えよう。空気中の音速を V，音源が出す音の振動数を f_0 とする。

まず，図①のように音源が速さ v で右向きに動いている状況を考える。

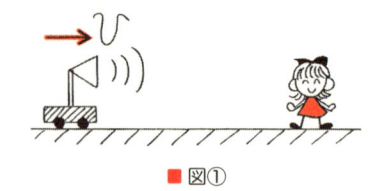

(1) 音源の右側に伝わる音の波長はいくらか？

(2) 音源の右側にいる観測者の聞く振動数はいくらか？

■図①

次に，静止した音源の右側にいる観測者が右方向に u の速さで走っている状況を考える（図②）。

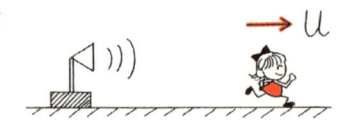

(3) 観測者にとどく音波の波長はいくらか？

(4) 観測者の聞く振動数はいくらか？

■図②

さらに図③のように，音源と観測者が静止しており，右側にある壁が w の速さで左に動いている。$V=340\,[\text{m/s}]$，$f_0=260\,[\text{Hz}]$，$w=3\,[\text{m/s}]$ として答えよ。

■図③

(5) この観測者が聞く1秒間のうなりの回数を有効数字2桁で求めよ。

続いて，壁を固定し，音源が $80\,[\text{m/s}]$ の速さで右向きに動いている。そのとき音源と壁の間にいる観測者が非常にゆっくりと右に動くと，音が強め合ったり弱め合ったりして聞こえた（図④）。

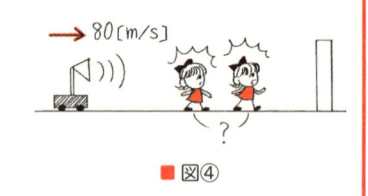

■図④

(6) 強め合う点の間隔はいくらか？ (5)で用いた数値を用いよ。

第3章 2講 音波

解答
Answer 2-1

(1) $\dfrac{V-v}{f_0}$ (2) $\dfrac{V}{V-v}f_0$ (3) $\dfrac{V}{f_0}$ (4) $\dfrac{V-u}{V}f_0$

(5) 4.6[回/s] (6) 0.5[m]

解説

(1) 波長は…音源が近づくと $(V-v)$ の中に f_0 個の波。波1つの長さは

$$\lambda = \frac{V-v}{f_0} \quad (\text{頭の中で図を描くんだ〜！})$$

(2) "音源近づく"ドップラーです。音源の動きは分母に入っていますね。
近づく→音は高くなる(f大)→$f = \dfrac{V\pm u}{V\pm v}f_0$ の形より分母はマイナスだ〜！（$u=0$です）

$$\therefore f = \frac{V}{V-v}f_0$$

(3) 音源は止まっていますね。波長もカンタンだ〜！ $\lambda = \dfrac{V}{f_0}$

(4) "観測者遠ざかる"ドップラーです。観測者の動きは分子だけに注目。
遠ざかる→音は低くなる(f小)→$f = \dfrac{V\pm u}{V\pm v}f_0$ の形より分子はマイナスだ〜！（$v=0$です）

$$\therefore f = \frac{V-u}{V}f_0$$

＋，－の選び方，大丈夫かな？ "動くのが人か音源かで分母，分子を選ぶ。音が高いか低いかで＋，－を選ぶ。"…とやってるだけですね。必ずできるようにしておこう！

(5) "うなる"ということは2つの音を同時に聞いてるハズ！ 直接音と反射音ですね。

直接音については，音源＆観測者とも静止ですからドップラー効果は無し。f_0 そのものです。

反射音を求めるのは2段階で考えましょう。

まず，**壁が聞く音** f_1 は"観測者（カベ）が近づく"ドップラー
…近づく→音は高くなる→分子はプラスだ〜！

$$\therefore f_1 = \frac{V+w}{V} f_0$$

第2段階にいきます。壁は1秒で f_1 個の音があたるので，1秒で f_1 個の音を出します。つまり f_1 の**音源になる**んですね。左の観測者が聞くのは，"音源（カベ）近づく"ドップラー…近づく→音は高くなる→分母はマイナスだ〜！

f_2 とすると，音源（カベ）の出す音の振動数 f_1 に注意して

$$f_2 = \frac{V}{V-w} f_1 = \frac{V+w}{V-w} f_0$$

反射する場合はあせらずに上のように2ステップでいこう！

さあ，"うなり"です。

$$f = |f_0 - f_2| = \frac{2w}{V-w} f_0$$

$$= \frac{2 \times 3}{340 - 3} \times 260$$

$$\fallingdotseq 4.6 [回/s]$$

(6) 今までとはちょっと感じが違いますね。

波が壁に向かって反射する…左右から同じ波が来る…こりゃ〜定常波ではないか！！

第3章 2講 音波

音の大小というのは腹&節のことなんです。さあ，ハラーハラ，フシーフシは$\frac{\lambda}{2}$でしたね。つまり"波長を求めろ"という問題だったのだ～！

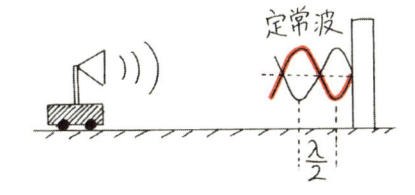

$$\therefore \lambda = \frac{V-v}{f_0} = \frac{340-80}{260} = 1[\mathrm{m}] \quad 求めるのは\frac{\lambda}{2} = 0.5[\mathrm{m}]$$

ちょっと一言…。

音が強い点とは密度の変化が一番大きい点です。どこか分かりますか？ フシの点になるんです。理由は分からなくてもDon't worry！ ハラ，フシをつかんでおけばOKです。

★もちろん，(6) はドップラーでも解けます（こっちが王道ですね！）。

人の速さをuとすると，左右から音が来ます。これを遠ざかりながら聞く直接音$f_直$と，反射したのを近づきながら聞く$f_反$を同時に聞くのですね。
さあ，ドップラーより

$$f_直 = \frac{V-u}{V-v}f_0, \quad f_反 = \frac{V+u}{V-v}f_0$$

$$\therefore f_{うなり} = |f_反 - f_直| = \frac{2u}{V-v}f_0$$

ここで求めたいのは間隔（距離）です。人が音の大小を聞くのは，uの速さで時間$T_{うなり} = \dfrac{1}{f_{うなり}}$進んだときです。もうカンタン，その距離$L$は

337

$$L = uT_{うなり} = \frac{u(V-v)}{2uf_0} = \frac{V-v}{2f_0} \left(= \frac{\lambda}{2}\right)$$

さっきのと同じですね。

2つの方法，どちらが良いというのではありません。眼を大きく開けていろんなアイデアでできるようにしよう！

Q 2-2 問題

いま，音源が $34\,[\text{m/s}]$ の一定の速さで"やまぐち君"に近づいてくる。大声で $440\,[\text{Hz}]$ の音を20秒間，出し続けてきた。さあ，"やまぐち君"は何秒間その大声を聞くことになるか？ 音速を $340\,[\text{m/s}]$ として下さい。

解答 Answer 2-2

18秒間

● 解説

いろんな考え方ができますが，ここでは**波数（波の数）**の考えを使ってみましょう。ドップラーで振動数や波長は変わるでしょうが，音源が20秒間（t_0 とします）で出した波の数はどうやって聞こうと変わるはずありませんね。これに注目するのです。

音源の振動数を f_0，聞く振動数を f'，聞く時間を t' としましょう。出た（音の）波の数は $f_0 t_0$，聞く（音の）波の数は $f't'$ …この2つが同じということ！ $f_0 t_0 = f't'$

さあ，f' は公式ですぐ分かりますね。$f' = \dfrac{V}{V-v} f_0$

$$\therefore t' = \frac{f_0}{f'} t_0 = \frac{V-v}{V} t_0 = \frac{340-34}{340} \times 20 = 18\,[\text{s}]$$

時間を求めるときには，この波数の考えはよく使います。完璧にマスターだ！

But〜！　ほかの方法もいっぱい考えられますね。大きく眼を開けて見ていこう！

その２：

音源に注目するとvの速さでt_0秒間音を出しています。

つまり$(V-v)t_0$の長さの音のカタマリが速さVでボクの前を飛んで行く…通り過ぎる時間t'は

$$t' = \frac{V-v}{V}t_0$$

小学生でもできるね!?（アルファベットを知らないか？）

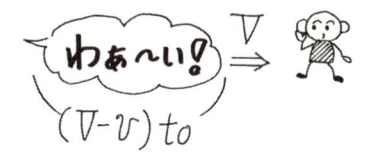

その３：

音を出し始めたときの音源と観測者の距離をLとしましょう。次に時刻に対して何が起こったか…eventを書き込んでいきましょう。意味をしっかり考えながらですよ。

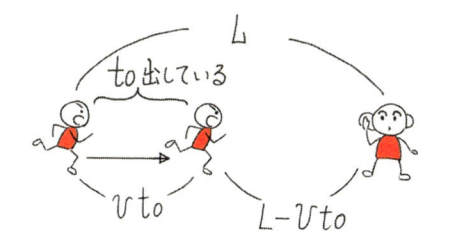

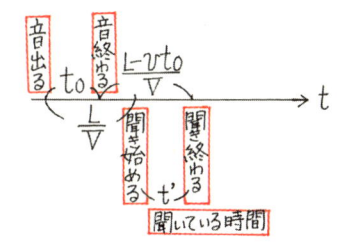

あとは図を見りゃ〜一目瞭然!! これも小学生でも…!?

$$t' = \frac{L-vt_0}{V} + t_0 - \frac{L}{V} = \frac{V-v}{V}t_0$$

いろんな見方ができるように，視野を広く，頭を柔らかく…いろんなことが見えるようにしようね！（特に，波数とその3の考え方は応用範囲も広く，ぜひともつかんでおこう！）

⭐ ドップラー効果（斜め方向）

振動数 f_0 の音源が観測者へ向かう方向と θ の角度で v の速さ進む場合，観測者の聞く振動数 f は

$$f = \frac{V}{V - v\cos\theta} f_0$$

■ 斜めドップラー

@IMAGE 実質の速さ！

ちょっとややこしい式ですが…つまりドップラー効果には"**実質の速さ**"で効いてくるんだ～！　ということです。図を見て下さい。人に近づいているのは v の速さそのものでなく，$v\cos\theta$ の速さでしょう。このことなんです。

つまり，音源が近づく式 $f = \dfrac{V}{V-v} f_0$ で，"実質の速さ"（$v \to v\cos\theta$）にしてやればOK！

■ 実質の速さ

その他の状況も，上と同じ考えです。例えば，人が速さ u，音源方向との角度 ϕ で遠ざかるのなら，"実質の速さ"は $u\cos\phi$ ですね（次の図）。人が遠ざかるドップラーは $f = \dfrac{V-u}{V} f_0$ でしたから $f = \dfrac{V - u\cos\phi}{V} f_0$ でOK！

第3章 2講 音波

その他も，考え方は同じ。"実質の速さ"…これにつきます。図をきちんと描ければ必ず分かりますよ。

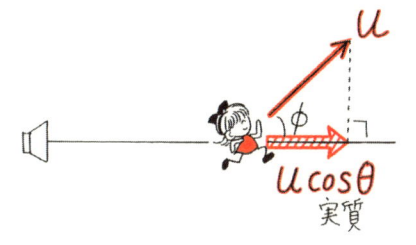

■ 人の斜め動きドップラー

Q 2-3 問題

飛行機が地表にいる観測者の真上を一定の速度で水平に飛んでいる。図は飛行機が出す音を観測者が聞いた振動数の時間変化の様子である。飛行機が観測者の真上を通過した時刻を $t = 0 [\text{s}]$ としてある。音速を $340 [\text{m/s}]$ として以下の問いに答えよ。

(1) 飛行機の速さ v と出す音の振動数 f_0 を求めよ。
(2) 時刻 $t = 4.0 [\text{s}]$ で観測者は f_0 の音を観測した。飛行機の高度 h を求めよ。
(3) 時刻 $t = 0 [\text{s}]$ で観測される振動数 f はいくらか？

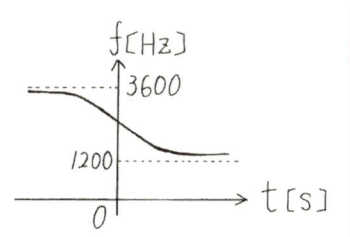

Answer 2-3

(1) $v = 170 [\text{m/s}]$, $f_0 = 1800 [\text{Hz}]$ (2) $h = 1360 [\text{m}]$
(3) $f = 2400 [\text{Hz}]$

● 解説

(1) 注目はず〜っと前と，ず〜っと後。ここでは飛行機はほとんどまっすぐ近づき，まっすぐ遠ざかっていきます。つまり，普通のドップラーです

ね。

ずっと前で観測される振動数（実質で一番速く近づいていますね…一番高い音）を $f_{\max}$，後の振動数（実質で一番速く遠ざかっています…低い音です）を $f_{\min}$ とします。式は次の2つ

$$\begin{cases} f_{\max} = \dfrac{V}{V-v} f_0 \, (=3600) \\ f_{\min} = \dfrac{V}{V+v} f_0 \, (=1200) \end{cases}$$

未知数が v, f_0 2つですから解けます。

$\therefore v = 170 [\text{m/s}]$,
　$f_0 = 1800 [\text{Hz}]$

この飛行機は音速の半分の速さなんですね。

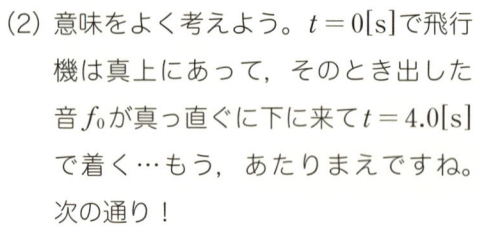

(2) 意味をよく考えよう。$t = 0 [\text{s}]$ で飛行機は真上にあって，そのとき出した音 f_0 が真っ直ぐに下に来て $t = 4.0 [\text{s}]$ で着く…もう，あたりまえですね。次の通り！

$$h = Vt = 340 \times 4.0 = 1360 [\text{m}]$$

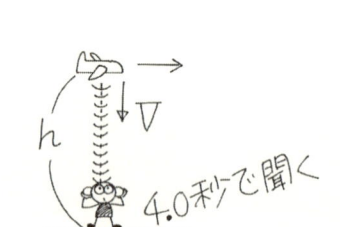

(3) 時刻 $t = 0 [\text{s}]$ で聞く音を出した飛行機の位置Aを考えましょう。（$t = 0$ より前だよ！）

次ページの図をじっと見ると，Aから人までの距離と，Aから真上の点B間での距離の比は 2：1 になっているでしょう（$\because V = 2v$）。よって $\theta = 60°$ …さあ，斜めのドップラー登場！

$$f = \dfrac{V}{V - v\cos 60°} f_0 = \dfrac{340}{340 - 170 \times 1/2} \times 1800 = 2400 [\text{Hz}]$$

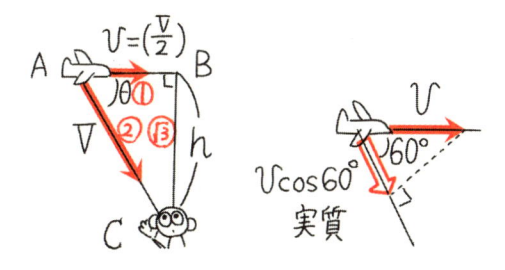

以下はドップラー効果のやや高度な考え方です。といっても考え方さえしっかりしていれば"なんだ，小学生レベルだ～！"っていうことになりますよ！

⭐ ドップラー効果（風が吹く場合）

風がある場合，音速は変化する。風速を w，静止空気に対する音速を V とすると，
　　音波が伝わる方向に風が吹く場合…音速は $V+w$
　　音波が伝わる方向と反対に風が吹く場合…音速は $V-w$

@IMAGE　音速は図で出そう！

　音は空気の振動なので，風が吹く（空気がゴソッと動く）と地面に対する音速も変化しますね。
　このときの音速は図を見て出して下さい。風下に伝わる波は風に乗って $V+w$ の速さで飛んでいきます。風上にはジャマされての速さ $V-w$ に減ります。文章だけで見ると分からなくなってきますから，必ず図を描いて音速を決めよう！

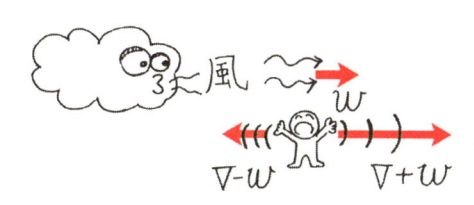

■風に吹かれて！

Q 2-4 問題

人気ミュージシャンである"やまぐち君"の野外コンサートにやってきたA子さんとB君は隣り合わせの席が無かったので，やまぐち君を挟んで風上（B君）と風下（A子さん）の席に着いた。風速をw，静止空気に対する音速をVとして，やまぐちの発したf_0の音を，A子さんとB君が聴く振動数f_A，f_Bはそれぞれいくらになるか？

■ ようこそ。やまぐちコンサートへ！

Answer 2-4 解答

$f_A = f_B = f_0$

○ 解説

　A子さんの場合だけやっておきましょう。まず，出る音の波長に注目！最初に出た音（1st）は1秒後に$(V+w)$右に進みます。1秒ですから，その間に出た音の数はf_0個ですね。$(V+w)$の中にf_0個の波がある…というので波長は

$$\lambda = \frac{V+w}{f_0}$$

　この波が音速$(V+w)$でA子さんに近づいてくるんです。さあ，聞く振動数というのは1秒で出会う波の数のこと。$V+w$の

中に波長λの波がいくつあるか？

　…よって $f_A = \dfrac{V+w}{\lambda} = \dfrac{V+w}{\dfrac{V+w}{f_0}} = f_0$

　…おや，音は変わりませんね。よかった，よかった。風が吹いてもちゃんと聞こえるわけです。

　B君の場合は，各自でチェック！

　ドップラー効果の問題でも，音速 $V → V±w$ とすればOKです！（風向きと±に注意！）

弦と気柱の振動

　ここから話変わって…弦，気柱の振動の話です。ギターを鳴らしたり，笛や試験管をピー！　と鳴らすやつ。

　基本的には"定常波"のことです。定常波のピヨーンピヨーンの図をきちんと描けるかどうかで，式を導けるかが決まります。大切なのは図ですよ。

★ 弦の振動

> 弦を伝わる横波の速さ $v[\mathrm{m/s}]$ は，弦の張力 $T[\mathrm{N}]$ と線密度 $\rho[\mathrm{kg/m}]$ を用いて次のように表される。
>
> $v = \sqrt{\dfrac{T}{\rho}}$
>
> 弦の振動は両端を節とする定常波になる（固定端型反射）。

@IMAGE 線密度とは？

弦には太いやつや，材質が違って重いやつもあります。その違いを表したのが，線密度です。単位に注目すると意味が分かるでしょう…単位の意味は"分母"あたり"分子"。つまり 1[m] あたり質量が ρ[kg] ということです。太いのは ρ が大きく，細いのは ρ が小さい…イメージできますね。これが線密度です。

■ ρ と太さの関係

@IMAGE 弦の波の速さ

この式は…覚えてください。出すのは…ちょっと難しくて，ややこしいのでパス。弦の微小部分を考えて，その運動方程式を解きます。…難しそうだろう！

でも，感じは分かると思います。弦を強く張ると (張力：大) 速い。ゆるい (張力：小) と遅い…という具合ですね。

長さ ℓ の弦における，定常波の波長と振動数は

$$\lambda_n = \frac{2\ell}{n}, \quad f_n = \frac{n}{2\ell}\sqrt{\frac{T}{\rho}}$$

$n = 1, 2, 3, 4\cdots$

@IMAGE 導けること！

この式は，覚えるより**導けること**の方が大切です。さあ，自分で図から導けるように！

まず，弦を伝わる波が両端で反射され，定常波になってビィヨヨ〜ンと

第3章 2講 音波

振動しているのです。両端は固定されていて動けませんね。だから，固定端の定常波です。つまり"はしっこ"は節に決まっとる〜！

それでは，生じる定常波を簡単な順に書いていきましょう。

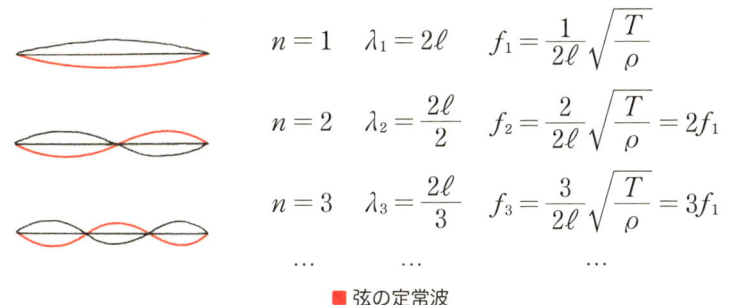

$n = 1 \quad \lambda_1 = 2\ell \quad f_1 = \dfrac{1}{2\ell}\sqrt{\dfrac{T}{\rho}}$

$n = 2 \quad \lambda_2 = \dfrac{2\ell}{2} \quad f_2 = \dfrac{2}{2\ell}\sqrt{\dfrac{T}{\rho}} = 2f_1$

$n = 3 \quad \lambda_3 = \dfrac{2\ell}{3} \quad f_3 = \dfrac{3}{2\ell}\sqrt{\dfrac{T}{\rho}} = 3f_1$

… … …

■ 弦の定常波

n番目の形は想像できますね。上で書いた式 $\lambda_n = \dfrac{2\ell}{n}$，$f_n = \dfrac{n}{2\ell}\sqrt{\dfrac{T}{\rho}}$ となります。

証明したい人は帰納法でどうぞ（必要ではありません）。

さあ，大切なことは自分で出せること！　もう一度，図を描いてチェックしておこう！　丸暗記するような式ではありませんからね。

それともう1つ，nが何に対応しているか？　$n = 1, 2, 3\cdots$のときの図の**腹**と節を見てしっかりチェックしておこう。…ハラの数ですね！

Q 2-5 問題

図のように弦の左端に振動数の変えることができるおんさを，右端には滑車を通じて質量$0.20\,[\mathrm{kg}]$のおもりをつないである。今，おんさの振動数を$100\,[\mathrm{Hz}]$，水平に張った弦の部分の長さを$0.30\,[\mathrm{m}]$，線密度を$4.9 \times 10^{-3}\,[\mathrm{kg/m}]$，そして重力加速度を$9.8\,[\mathrm{m/s^2}]$として以下に答えよ。

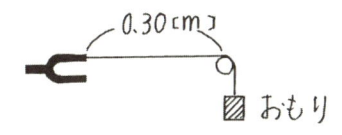

Part 3 波動分野

347

(1) 先の状態で弦は共鳴しているが，弦にできる定常波の腹の数はいくらか？

(2) おもりの質量を徐々に増やしていくと，共鳴が消えて，また次の共鳴状態になった。このときのおもりの質量 m はいくらか？

(3) 続いて，おもりは (2) の状態のままで，おんさの振動数を小さくしていく。すると共鳴しなくなり，ある振動数 f のときに次の共鳴状態となった。f を求めよ。

解答

Answer 2-5

(1) 3個　　(2) 0.45 [kg]　　(3) 50 [Hz]

解説

(1) 弦の共鳴（定常波）の式は $f_n = \dfrac{n}{2\ell}\sqrt{\dfrac{T}{\rho}}$

ここの n は腹の数に対応していますね。つまり求めるのは n です。

$$100 = \frac{n}{2 \times 0.30}\sqrt{\frac{0.20 \times 9.8}{4.9 \times 10^{-3}}}$$

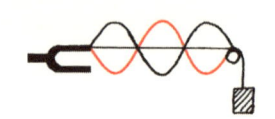

∴ $n = 3$　腹の数も3個！

(2) 共鳴の式… $f_n = \dfrac{n}{2\ell}\sqrt{\dfrac{T}{\rho}}$ で，『何が一定で何が変化するのか？』これをしっかりチェック！　ここでは f_n，ℓ，ρ が一定ですね。つまり n と T の関係を聞いています。さあ，『おもりを重くする→張力が大』となると，n は小さくなります。次の共鳴は n が1つ小さくなっているハズ。よって『$n = 3 \to n = 2$』と腹が減ります（空腹ではな〜い）。そのときの質量を m として

$$100 = \frac{2}{2 \times 0.30} \sqrt{\frac{m \times 9.8}{4.9 \times 10^{-3}}}$$

$$\therefore m = 0.45 \,[\text{kg}]$$

(3) n と f の関係ですね（問題文をしっかり読んで一定なのをチェックだ〜）。

さあ $f_n = \frac{n}{2\ell}\sqrt{\frac{T}{\rho}}$ をじっと見ながら『f を小→n も小』です。$n=2$ でしたから $n=1$ となります。つまり，ここでの共鳴は基本振動なんだ。

$$f = \frac{1}{2 \times 0.30}\sqrt{\frac{0.45 \times 9.8}{4.9 \times 10^{-3}}} = 50\,[\text{Hz}]$$

もう一度，注意！ "何が一定で何が変化するのか！"いつも眼を光らせるのですよ。

★ 気柱の振動

管の底は節，管の口は腹となる定常波を生じる。ただし，実際は管口から少し外に出た所が腹となり，その距離を開口端補正（管口補正）という。

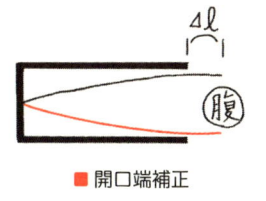

■ 開口端補正

管内にできる定常波の波長と振動数は，簡単のため開口端補正は無視すると次のようになる。

閉管　　　　　　開管

$\lambda_n = \dfrac{4\ell}{2n-1}$　　$\lambda_n = \dfrac{2\ell}{n}$

$f_n = \dfrac{2n-1}{4\ell}V$　　$f_n = \dfrac{n}{2\ell}V$

ここで $n=1,\ 2,\ 3,\ 4\cdots$，V は音速。

@IMAGE これも導けること！

細い管の中を音が伝わり，反射して定常波を作ります。閉管の端では空気は振動できない…固定端で節になりますね。開管の端（ここでも少し反射するのです）は自由端となります。つまり，腹です。

さあ，あとは弦の場合と同じ！　一番簡単なのから書いていきましょう。

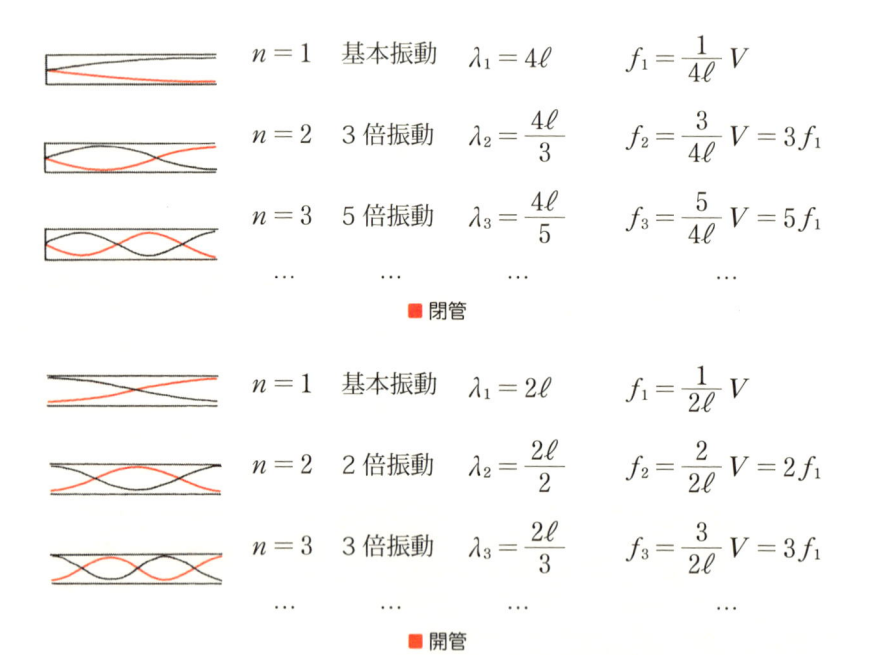

$n=1$　基本振動　$\lambda_1 = 4\ell$　$f_1 = \dfrac{1}{4\ell}V$

$n=2$　3倍振動　$\lambda_2 = \dfrac{4\ell}{3}$　$f_2 = \dfrac{3}{4\ell}V = 3f_1$

$n=3$　5倍振動　$\lambda_3 = \dfrac{4\ell}{5}$　$f_3 = \dfrac{5}{4\ell}V = 5f_1$

…　　　　　…　　　　　…　　　　　　…

■閉管

$n=1$　基本振動　$\lambda_1 = 2\ell$　$f_1 = \dfrac{1}{2\ell}V$

$n=2$　2倍振動　$\lambda_2 = \dfrac{2\ell}{2}$　$f_2 = \dfrac{2}{2\ell}V = 2f_1$

$n=3$　3倍振動　$\lambda_3 = \dfrac{2\ell}{3}$　$f_3 = \dfrac{3}{2\ell}V = 3f_1$

…　　　　　…　　　　　…　　　　　　…

■開管

注目点は，閉管のnの値です。どうです，nと何倍振動の値とが違っているでしょう。ひっかからないようにね。

閉管，開管ともにnが何に対応しているか，自分でチェックしておくこと。閉管ではnの値が節の数になっている…という感じで全部をチェックするのだぞ！

第3章 2講 音波

Q 2-6 問題

図のようにピストンを上下させて気柱の長さを変えられる装置がある。おんさ（振動数は不明）を上から鳴らして，ピストンを一番上の位置から徐々に下げていくと，気柱の長さが $\ell_1 = 18.8 \,[\text{cm}]$ のところで初めて音が大きく聞こえた。さらにピストンを下げていくと気柱の長さが $\ell_2 = 58.8 \,[\text{cm}]$ のときに再び音が大きく聞こえた。開口端補正 $\Delta \ell$ を考慮に入れて次の問いに答えよ。ただし，この場合の気温では音速は $340 \,[\text{m/s}]$ であった。開口端補正 $\Delta \ell$ は一定としてよい。

(1) 音波の波長 λ はいくらか？
(2) 開口端補正 $\Delta \ell$ はいくらか？
(3) おんさの振動数 f を求めよ。
(4) 空気の振動が最も激しい点の位置 L（シリンダーの上端から測った値）はいくらか？
(5) 空気の密度変化が最も激しい点の位置 L' はいくらか？
(6) ここで温度を少し上げると音は小さくなった。次にその温度を一定に保って，おんさの振動数を徐々に小さくしていくと再び音が大きくなった。このときの音の波長 λ' はいくらか？

解答　Answer 2-6

(1) $\lambda = 80 \,[\text{cm}]$　(2) $\Delta \ell = 1.2 \,[\text{cm}]$　(3) $f = 425 \,[\text{Hz}]$
(4) $L = 38.8 \,[\text{cm}]$　(5) $L' = 18.8 \,[\text{cm}], 58.8 \,[\text{cm}]$
(6) $\lambda' = 2.4 \,[\text{m}]$

● 解 説

(1) すぐ，図を描きましょう。といっても図①のようにして $\lambda = 4 \times 18.8$ などとしないように！ 補正がありますから，図②のようになっています。しかし，これでは2つ決まっていない量 λ，$\Delta \ell$ があるので求まりません。そこで図③のように描くと下の半波長の部分に補正 $\Delta \ell$ は入りませんね。具体的には，図より

$$\frac{\lambda}{2} = \ell_2 - \ell_1 \quad \therefore \lambda = 2(\ell_2 - \ell_1) = 80 \,[\text{cm}]$$

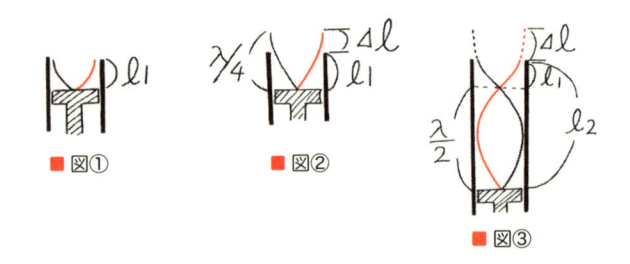

■図①　■図②　■図③

(2) 図②から一発！　$\Delta \ell = \dfrac{\lambda}{4} - \ell_1 = 1.2 \,[\text{cm}]$

(3) $f = \dfrac{V}{\lambda} = \dfrac{340}{0.8} = 425 \,[\text{Hz}]$

(4) 質問されているのは，定常波で一番大きく振動している場所です。当然，ハラのところですね。図③から $L = \ell_1 + \dfrac{\lambda}{4} = 38.8 \,[\text{cm}]$ に決まっているぞ！

(5) 密度変化最大の点…音波は**縦波**ですから→"**振り子**"を描くんだ〜！
次ページの図で確認しましょう。定常波の図（横に寝かせました）は，ある時は上の黒い線に，ある時は平らに，ある時は下の青い線になっているということでしたね。さあ，時間を追って振り子図を描くと，図④の通りです。
そうです，フシのところが，密→疎→密…となって密で変化最大の位置でしょう。

フシは $L' = 18.8\,[\text{cm}]$, $58.8\,[\text{cm}]$ の 2 ヶ所。

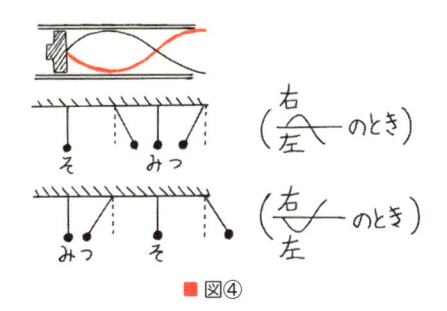

■図④

(6) まず気温が上がると音速が速くなります。ということは，今の段階で振動数 f が一定ですから $V = f\lambda$ を見ると波長が伸びます。で，共鳴しなくなっているのです。ここから音速は一定で振動数を小さくしていくと（波長→大です），次に共鳴というのは，図⑤の定常波の形になっているハズでしょう。基本振動ですね。もう波長は簡単ですね。
$\lambda' = 4(\ell_2 + \Delta\ell) = 2.4\,[\text{m}]$

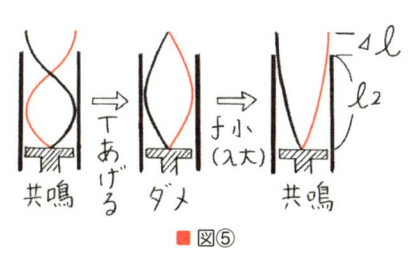

■図⑤

ここでも，『"公式"を使って』…なんてのはほとんど通用しないでしょう。頭＆図を使って，"何が起こっているのか？"これをとらえないとダメなんです。いつも以上にしっかりイメージ！

> ☑ **この講はこれでendです。次の問題で実力をチェックだ～！**

Q まとめの問題 No.1

ワイヤーでつながれたエンジン付きの模型飛行機が，図のように点Oを中心として等速円運動している。この模型飛行機と同じ平面上で円軌道の外側にある点Pでエンジンから出てくる音を測定したところ，その振動数は最大値630[Hz]と最小値594[Hz]の間で高低を繰り返した。振動数の最大値が測定されてから最小値が測定されるまでの時間は3.00[秒]であり，最小値が測定される方向はOPと30°の角度をなしていた。

音速を340[m/s]として，以下の問いに答えよ。

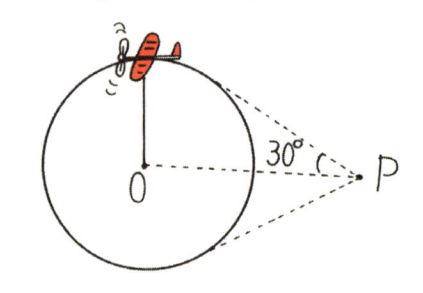

(1) 振動数の最小値が測定されてから，次の振動数の最大値が測定されるまでの時間tは何秒か？

(2) 模型飛行機の速さvは何[m/s]か？　また，模型飛行機から出る音の振動数f_0は何[Hz]か？

(3) OPの長さは何[m]か？

(4) 観測者が振動数f_0の音を聞いてから，最大振動数を聞くことなく，次の最小振動数を聞くまでの時間t_1はいくらか？

(5) 点Oから十分離れたところで測定すると，振動数の最大値が測定されてから最小値が測定されるまでの時間t'は何秒か？

解答　Answer No.1

(1) $t = 6.00$[s]　　(2) $v = 10$[m/s], $f_0 = 611$[Hz]

(3) 29[m]　　(4) $t_1 = 1.53$[s]　　(5) $t' = 4.50$[s]

解説

(1) 音が伝わるのに時間がかかるのに注意！

図のAで出た音が実質的に近づく速さが大きいですね。だから，そこを出た音が最大振動数になります。Bでの音は最小振動数ですね。Pまでの距離は同じですから（Pに音がとどくまでの時間も同じ！），"振動数の最大値が測定されてから最小値が測定されるまでの時間は 3.00 [秒]"というのは，ヒコーキがA→Bと進むのに，やはり3秒かかっているということです。求める時間はヒコーキがB→Aと進む時間のことでしょう。というので，図を見りゃ一発だ〜！ $t = 6.00$ [s]

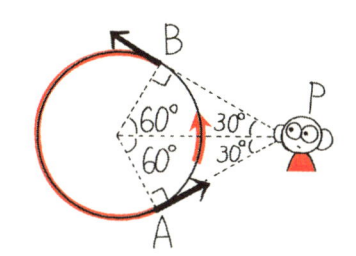

(2) 普通のドップラーそのもの！ 点A，Bでの式を書くと

$$\begin{cases} 630 = \dfrac{340}{340-v} f_0 \\ 594 = \dfrac{340}{340+v} f_0 \end{cases}$$

2式より $v = 10$ [m/s]， $f_0 = 611$ [Hz]

(3) 上の図を見ればすぐ分かりますね。OP = 2R…Rは半径です。さて1周するのに 9.00 [秒] かかります。よって

$$9.00 = \frac{2\pi R}{v} \quad \therefore \text{OP} = 2R = \frac{9.00 \times 10}{3.14} \fallingdotseq 29 \text{ [m]}$$

(4) f_0 はヒコーキが点C（次ページの図）で出した音ですね。最小振動数 f_min は点Bで出た音。$\dfrac{1}{6}$ 周していますね。よって $t_1 = \dfrac{9.00}{6} = \cdots$ としないこと！

音が伝わるのには時間がかかるぞ〜！ 点Cで f_0 を出した瞬間を時刻 $t = 0$ とすると，

f_0 を聞く時刻は $t_0 = \dfrac{\text{CP}}{V} = \dfrac{R}{V}$

$f_{\min}$ を聞く時刻は $t_{\min} = \dfrac{9.00}{6} + \dfrac{\sqrt{3}\,R}{V}$

（進む時間＋音が伝わる時間…ですよ！）

よって $t_1 = t_{\min} - t_0 = \dfrac{9.0}{6} + (\sqrt{3}-1)\dfrac{R}{V} = 1.53\,[\text{s}]$

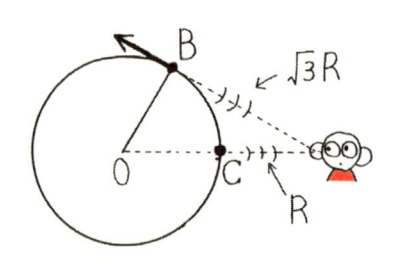

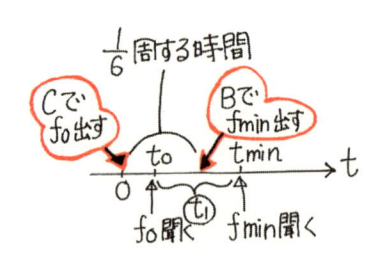

(5) 次の図が描ければ終わったようなもの！
　図のB′からの音が最小振動数。A′からのが最大振動数の音です。A′→B′は半円ですから1周にかかる時間の半分！
　∴ $t' = 4.50\,[\text{s}]$ です。
　これまでのが分かっていると楽勝ですね。

　ここでの数値計算はちとメンドウでしたね。数値をあまり気にせず，状況や考え方をしっかり押さえられればOKです。
　特に時刻 t と event を書いた図に注目しておこう！

Q まとめの問題　No.2

次の（　）にてはまる語句，または式を記せ。ただし，重力加速度は$g\,[\mathrm{m/s^2}]$とする。

図Iのように，線密度$\rho\,[\mathrm{kg/m}]$の弦の一端におんさ（振動数$f\,[\mathrm{Hz}]$）を結び，他端には滑らかな滑車を通して質量$m\,[\mathrm{kg}]$のおもりをつるした。弦の水平部の長さは$\ell\,[\mathrm{m}]$となっている。おんさを振動させると，弦の水平部の両端は全く振れず，中央が最も大きく振れる進行しない波を生じた。

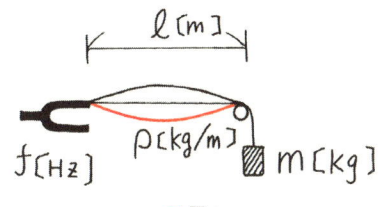

■図I

このように，波形が進行しない波を（①）といい，弦の全く振れない点を（②），最も大きく振れる点を（③）とよんでいる。$\ell\,[\mathrm{m}]$の弦の振動では，波長を$\lambda\,[\mathrm{m}]$とすると，$\lambda =$（④）$[\mathrm{m}]$（nは正の整数）の波長の振動だけが発生し，$n=1$の場合を特に（⑤），$n=2,\ 3,\ 4\cdots$の場合の振動を（⑥）という。

一方，弦を伝わる波の速さ$v\,[\mathrm{m/s}]$は，弦の（⑦）と（⑧）で決まり，$v=$（⑨）$[\mathrm{m/s}]$と表される。また，弦のn倍振動の振動数を$f_n\,[\mathrm{Hz}]$とすると，$f_n =$（⑩）$[\mathrm{Hz}]$となる。つまり，図Iの場合，おんさの振動数fは$\rho,\ \ell,\ m,\ g$などを用いると，$f=$（⑪）$[\mathrm{Hz}]$と表される。

次に，図IIのように，おんさを縦にして，おもりを$M\,[\mathrm{kg}]$に替えて振動させると，2倍振動が生じた。このときの弦の振動数$f_2\,[\mathrm{Hz}]$をfで表すと，$f_2 =$（⑫）$[\mathrm{Hz}]$となり$\rho,\ \ell,\ M,\ g$などで表すと，$f_2 =$（⑬）$[\mathrm{Hz}]$となる。この場合，おもりの質量Mはmの（⑭）倍になっていることが分かる。

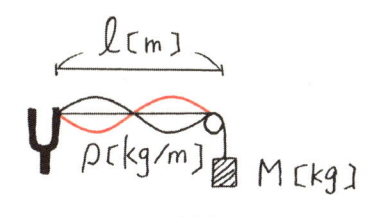

■図II

解答　　Answer No.2

① 定常波　② 節　③ 腹　④ $\dfrac{2\ell}{n}$　⑤ 基本振動　⑥ (n)倍振動

⑦ 線密度　⑧ 張力（の大きさ）　⑨ $\sqrt{\dfrac{mg}{\rho}}$　⑩ $\dfrac{n}{2\ell}\sqrt{\dfrac{mg}{\rho}}$

⑪ $\dfrac{1}{2\ell}\sqrt{\dfrac{mg}{\rho}}$　⑫ $\dfrac{1}{2}f$　⑬ $\dfrac{1}{\ell}\sqrt{\dfrac{Mg}{\rho}}$　⑭ $\dfrac{1}{16}$

解説

①～⑧は省略します。分かるよね。

⑨ 張力は，力のつりあいより $T = mg$ ですね。よって弦の波の速さは

$$v = \sqrt{\dfrac{mg}{\rho}}$$

⑩ 覚えていたのを書くだけではダメですよ。図を描いて導けること！

$$f_n = \dfrac{n}{2\ell}v = \dfrac{n}{2\ell}\sqrt{\dfrac{mg}{\rho}}$$

⑪ 図1の場合のおんさの振動数 f は $n = 1$：基本振動のやつですね。

$$\therefore f = f_1 = \dfrac{1}{2\ell}\sqrt{\dfrac{mg}{\rho}}$$

⑫ f はおんさの振動数です。横にすると1秒でこの数の波を送りますが，縦にすると，おんさが2回振動して，弦に1つの波を作りますね（右図をしっかり見よ！）。弦の振動数はおんさの振動数の半分です。というので $f_2 = \dfrac{1}{2}f$

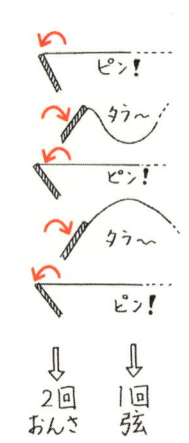

⑬ f_2は質量Mでの2倍振動です。で，式は$f_2 = \dfrac{1}{\ell}\sqrt{\dfrac{Mg}{\rho}}$です。

⑭ ⑪&⑫&⑬より $f_2 = \dfrac{1}{\ell}\sqrt{\dfrac{Mg}{\rho}} = \dfrac{1}{2}\left(\dfrac{1}{2\ell}\sqrt{\dfrac{mg}{\rho}}\right)$

∴ $M = \dfrac{1}{16}m$ $\dfrac{1}{16}$倍

　問⑫の考え方は，1回はやっておかないと自分ではなかなか出てきません。と言うので結果を覚えるのでなく，図をよく見て状況をしっかりつかんでおこう〜！

第3章 3講 光波

　いよいよ波の最後を飾って"光波"…光です。その中でも大切な屈折＆干渉にスポットを当てます。

　特に注目して欲しい基本概念は…"絶対屈折率"，"光学距離"，"反射と位相"…この3つです。3つとも式だけ見てもダメ！　その中のイメージを膨らませるんですよ。この3つを頭に広げて，何をやっているのかをハッキリ自覚していく…これですね。状況をはっきりとらえないとトンチンカンになります。公式を覚えるだけでは全くダメなところですから，「こうなって，ああなって，こうやって」…さあ，頭の中でようすを見ていくぞ～！

　後半は"幾何光学"…つまりレンズです。"図をきれいに描く！"…これで勝負が決まります。テキストの図を眺めるだけでなく，自分で描いてみること！

　では，大きく眼を開けて全てを見えろ！　…命令形！（^_^;）

波動光学

★ 光速

真空中の光速 $c\,[\mathrm{m/s}]$ は，波長に関係なく一定の値をとる。
$$c = 3.0 \times 10^8\,[\mathrm{m/s}]$$

第3章 3講 光波

@IMAGE 宇宙で1番！

"真空の光速"はアインシュタインによると宇宙最速で，決して越えることができない壁です。物質の中ではこれよりも遅くなります（絶対屈折率を参照）。

光速が1番大きいという考えなどから，あの有名な相対性理論が作られていったのです。大学に入ったら楽しんでくださいね…（^^）

@IMAGE 色 (color) について

色についてまとめておきましょう！

光は電磁波（電波）で，その中のある振動数の範囲だけを，僕たちは"光"として眼で見ているのです（可視光といいます）。色は，その中の振動数の違いで決まります。各色と波長（真空中）の関係は図に示すようになっています。

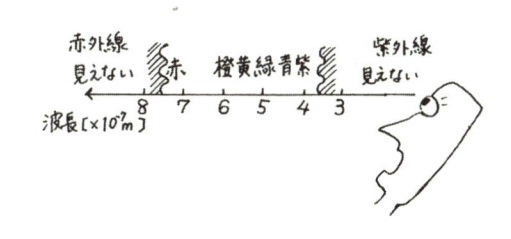

■ 光のスペクトル&可視光

ここでのポイントは…"白&黒"がありませんね。

実際，"白"に対応する振動数は存在しません。いろいろな色が混合したものを僕たちは白と認識しているだけなのです。テレビの画面で"白"に映っているところを拡大すると，実際は"赤，緑，青"の3色が光っています。それを遠くから見る（混ぜる）と"白"に見えるのです。

『白はいろいろな色の混合』

■ TV画面の白は…

Part 3 波動分野

361

…いいですね。

あと"黒"は光が無いのです。だから暗い…。灰色も"弱い白"で色ではありません。

さあ、光の性質に続いては、この章の目標の1つ、**屈折**です。光の曲がり方をどうやって表現するか？　しっかりつかんでいこう！

⭐ 屈折

> 波が媒質Ⅰ（速さv_1，波長λ_1）から媒質Ⅱ（速さv_2，波長λ_2）へ進むときの、媒質Ⅰに対する媒質Ⅱの（相対）屈折率は
> $$n_{12} = \frac{\sin\theta_1}{\sin\theta_2} = \frac{v_1}{v_2} = \frac{\lambda_1}{\lambda_2} = \frac{1}{n_{21}} \left(= \frac{n_2}{n_1}\right) \cdots \text{【屈折の基本式】}$$

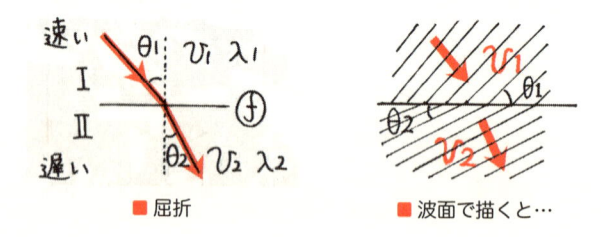

■ 屈折　　　　　　　　　　■ 波面で描くと…

@IMAGE　振動数は共通なんだ！

基本式の1番目の式 $n_{12} = \dfrac{\sin\theta_1}{\sin\theta_2}$ は相対屈折率の定義です。意味は、次の@imageをチェック！

2番目の式 $\dfrac{\sin\theta_1}{\sin\theta_2} = \dfrac{v_1}{v_2}$ は、ホイヘンスの原理を使って図から導きます。教科書をチラッと見ておこう！

3番目の式での注目は**振動数**fです。振動数は1秒あたりの波の"数"でしたね。境界面に上からf個波が入ってきたら、f個出ていくのに決まってますね。というので、媒質Ⅰと媒質Ⅱでfは**共通**です。それで

$\dfrac{v_1}{v_2} = \dfrac{f_1 \lambda_1}{f_2 \lambda_2} = \dfrac{\lambda_1}{\lambda_2}$ が出てきます（$v = f\lambda$ ですよ）。

4番目の $n_{12} = \dfrac{1}{n_{21}}$ は … あたりまえだ〜！　n_{12} は媒質Ⅰから Ⅱ に入るとき。n_{21} はⅡ→Ⅰのときですよ。

式の最後のやつ $\left(n_{12} = \dfrac{n_2}{n_1}\right)$ は，光の"絶対屈折率"のところで詳しくやります。

【屈折の基本式】は、一言でいうと…**入る方が上**（分子の添字が1），**入られる方が下**（分母で添字が2）になっているんだ〜！（絶対屈折率のだけは反対です）

この式は，後の全反射などのbasis（基本）になるので徹底的にマスターしよう！

@IMAGE　屈折率の考えは？

定義式 $n_{12} = \dfrac{\sin \theta_1}{\sin \theta_2}$ の意味は…ずばり，"どのくらい曲がるか？"ということ。

次の図を見れば一発でしょう。

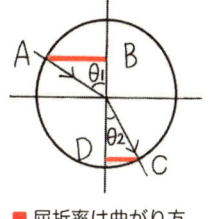

■屈折率は曲がり方

屈折の様子を半径1の円で囲んでしまうと分かりやすいぞ！　$\sin \theta_1$ は図の AB の長さ，$\sin \theta_2$ は図の CD の長さですね。屈折率 $\dfrac{\sin \theta_1}{\sin \theta_2}$ は… AB と CD の長さの比です。（図をチェック！）

つまり，ドッと曲がるのは（屈折率が）大きく，あまり曲がらず進んでいくのは（屈折率が）小さいのですね。これで曲がり具合が数値で書けるわけです。

■ 屈折率の大小

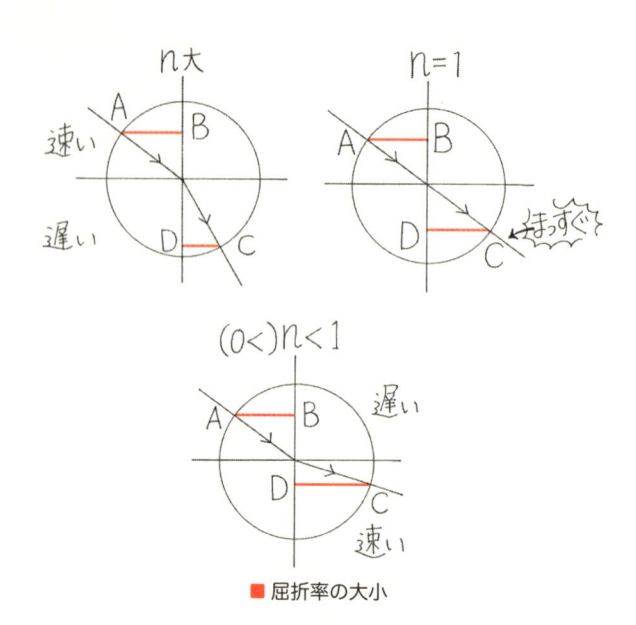

Q3-1 問題

図のように媒質Ⅰ→媒質Ⅱ→媒質Ⅰと光が通過していった。はじめの入射角は α で，最終的に媒質Ⅰへ出ていく屈折角が β であった。α と β の関係はどうなるか？

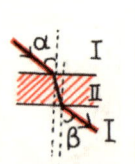

Answer 3-1 解答

$\alpha = \beta$

◎ 解説

2回屈折していますね。式も2つ書けます。

まず媒質Ⅰ→媒質Ⅱに入るときです。入射角は α ですね。屈折角を θ とすると

$$n_{12} = \frac{\sin\alpha}{\sin\theta} \cdots (左の図)$$

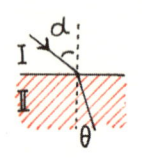

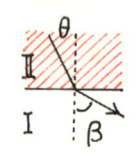

次に媒質Ⅱ→媒質Ⅰに出るときです。ここでは $n_{21} = \dfrac{\sin\theta}{\sin\beta}$ …（右の図）

さあ $n_{12} = \dfrac{1}{n_{21}}$ に注意して

$$\dfrac{\sin\alpha}{\sin\theta} = \dfrac{1}{\dfrac{\sin\theta}{\sin\beta}} \quad \therefore \sin\alpha = \sin\beta \quad \therefore \alpha = \beta$$

つまり同じ角度で出ていくのですね。

★ 全反射

> 屈折角が90°になるときの入射角 θ_C を臨界角という。θ_C を越えて入射する波は全反射する。
>
> $$n_{12} = \dfrac{\sin\theta_C}{\sin 90°} = \sin\theta_C = \dfrac{v_1}{v_2}\left(= \dfrac{n_2}{n_1}\right)$$
>
> $$\therefore \sin\theta_C = \dfrac{v_1}{v_2} = \dfrac{n_2}{n_1}$$

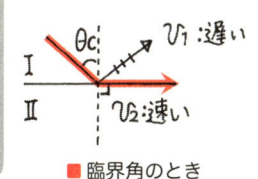

■ 臨界角のとき

@IMAGE　"遅い"→"速い"のときに全反射

"遅い"のから"速い"のに入射するときにだけ，臨界角が存在し全反射します。先でやった"普通"の屈折の図と比べておこう！

@IMAGE　臨界はまだ全反射でない！

θ が臨界角では，まだ全反射していないことに注意！　これを越えると屈折波は行くところが無くなって全（部が）反射するようになるんです。

全反射は θ_C を越えてからだぞ！

@IMAGE　式は覚えるな～！

全反射の式 $\sin\theta_C = \dfrac{n_2}{n_1}$ は覚えなくてもかまいません！　状況によって式の形はすぐに変わってしまいますからね。例えば右の図では $\sin\theta_C = \dfrac{n_1}{n_2}$ でしょう。

というので，式は全て【屈折の基本式】から自分で出せるように！

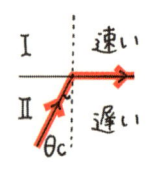

● II から I の場合

Q 3-2 問題

宝物を手に入れた Mr.YAMGUCHI は誰にも見つからないように，深さ h の池の底にこっそり沈めて，その真上に半径 R の円形のフタを浮かべた。水の空気に対する屈折率を $\dfrac{3}{2}$ とすると，R がいくら以上なら見つからないか？ただし，宝物の大きさは考えなくてよい。また，波は決しておこらないとしよう。

解答　Answer 3-2

$\dfrac{2}{\sqrt{5}}h$

○ 解説

フタの端で，ちょうど臨界角になっていればOK！　そのときのフタの半径を R_0 とすると

第3章 3講 光波

$$n_{水,空気} = \frac{\sin\theta_C}{\sin 90°} = \frac{1}{n_{空気,水}} = \frac{1}{\frac{3}{2}} \quad \therefore \sin\theta_C = \frac{2}{3}$$

よって，求める半径は $R_0 = \frac{2}{\sqrt{5}} h$

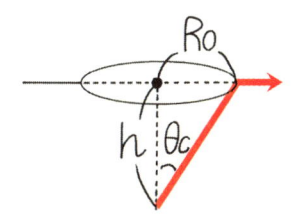

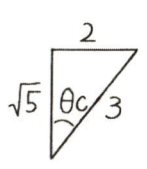

より高度な全反射の問題としては，光ファイバーなどが人気です。後ろのまとめの問題でしっかりやるぞ！

⭐ 絶対屈折率

真空に対する媒質の屈折率のこと。真空での光速を c，波長を λ_0 とし，媒質中での光速 v，波長を λ とすると，この媒質の絶対屈折率 n は

$$n = \frac{c}{v} = \frac{\lambda_0}{\lambda} \Rightarrow \begin{cases} v = \frac{c}{n} \\ \lambda = \frac{\lambda_0}{n} \end{cases}$$

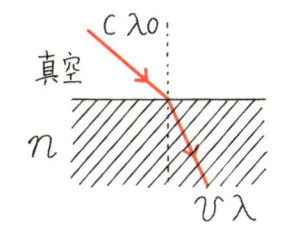

■ 絶対屈折率（真空→物質）

@IMAGE n の意味は？

式だけではダメ！ 意味を考えましょう。

nが大きいところでは，波長は短くなり，光速は遅くなっています。

　nが大きいほど，波は"つまって"，"スローダウン"する…つまり，nが大きいほど光は通りにくいのだ〜！
nは光が通るときの"ジャマの度合い"を表しているのですね。

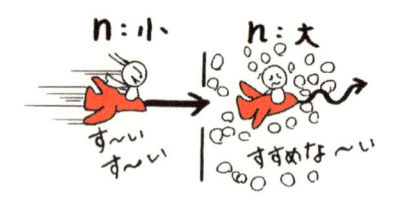

■ nの大小

@IMAGE 相対屈折率&絶対屈折率

　前でやった波の屈折を思い出して下さい。媒質Ⅰ→Ⅱの場合の屈折率（相対屈折率といいます）をn_{12}と書きましたね。

$$n_{12} = \frac{v_1}{v_2} = \frac{c/v_2}{c/v_1} = \frac{n_2}{n_1}$$

となりますから，n_{12}を媒質Ⅰ，Ⅱの絶対屈折率n_1，n_2で書き表すことができます。つまり，水とガラスの絶対屈折率n_1，n_2を知っていれば，水からガラスに光が入るときの相対屈折率も$n_{12} = \frac{n_2}{n_1}$と分かってしまうぞ…ということです。

@IMAGE プリズムの光（分散）

　プリズムに光が入射すると，色が分離します。これは『色によって曲がり方が違う』から…つまり，厳密には波長（振動数）によって屈折率が少し違うんです。プリズムの図で青（紫）がたくさん曲がっていますね。つまり，プリズムのガラスは青（紫）に対して屈折率がちょっと大きいと言うことです。この現象を光の"分散"と言います。虹も水蒸気による分散で"レインボーカラー"になるのです。虹はちょっと難しいので図をちらっと見ておけばOKです。

第3章 3講 光波

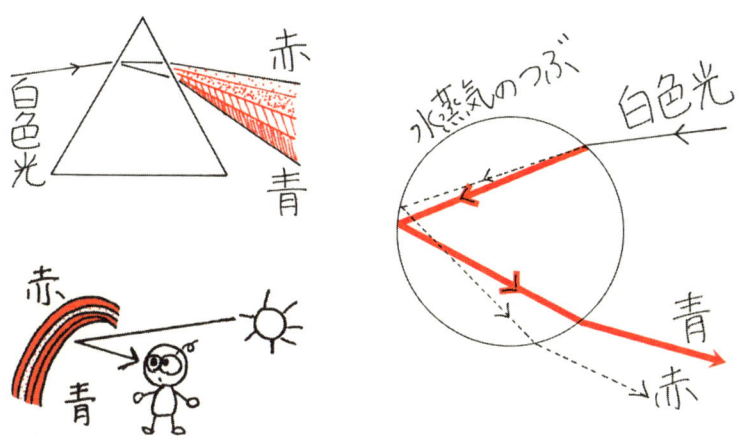

■ プリズムによるスペクトル & Rainbow

光学的距離

絶対屈折率 n，長さ ℓ の媒質中での光学的距離 L は
$$L = n\ell$$

@IMAGE 光にとってのキョリです！

名前は難しそうですが，いってみれば，"光にとってはこれだけの距離になるんだ～！"ということなんです。次ページの図でイメージをつかんでおきましょう。

左側の真空では $f = 3 \,[\mathrm{Hz}]$，$\lambda_0 = 1 \,[\mathrm{m}]$，$c = 3 \,[\mathrm{m/s}]$ とします。ちょっと遅い光ですが……(^^;

右側の物質中では，絶対屈折率 $n = 2$ とすると $\begin{cases} v = \dfrac{c}{n} \\ \lambda = \dfrac{\lambda_0}{n} \end{cases}$ より

$\lambda = 0.5 \,[\mathrm{m}]$，$v = 1.5 \,[\mathrm{m/s}]$ となります。もちろん，振動数は共通です。

左右とも，1秒では波が3つ（振動数が同じ），進む距離は，それぞれ【ひだり：3[m]】，【みぎ：1.5[m]】となります。この右側に注目！ "実際の距離"は1.5[m]ですが，光にとっては3つ入る…光は自分の波長を $\lambda_0 = 1\,[\mathrm{m}]$ と思っていますから，ここは光にとって3[m]の価値があるでしょう。そう，これが"光学（的）距離"なんです。"実際の距離"が $\ell : 1.5\,[\mathrm{m}]$ で $L = n\ell : 3\,[\mathrm{m}]$ は光にとっての距離…この感じですよ。

　言い方を変えると，物質中を進むのをもし真空中だとするといくらの距離に対応するか…というのが光学的距離です。

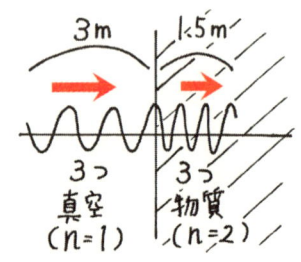

■ 実際の距離＆光にとっての距離

★ 反射と位相

光波も，反射するときに自由端型と固定端型に対応する2種類の反射がある。反射に際しての位相の変化も同様に対応する。

　屈折率が小さい媒質から大きい媒質に向かう境界で反射される場合は位相は π ずれる。
　屈折率が大きい媒質から小さい媒質に向かう境界で反射される場合は位相は変化しない。

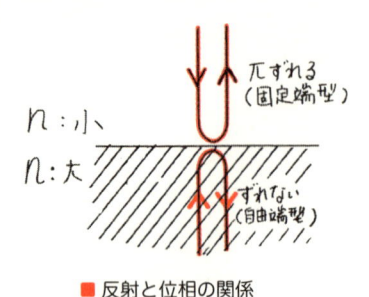

■ 反射と位相の関係

第3章 3講 光波

@IMAGE 反射のイメージ

　位相がπずれる…波の山と谷がひっくり返るのですね（光波の山と谷とは？…と聞かれると困るのですが，イメージとして考えておいて下さいね）。

　屈折率はジャマの度合いでしたね。nが大のところ（通りにくい…言ってみればカタイのだ！）にあたると"ひっくり返る"。nが小のところ（フニャフニャだ～！）にあたると，そのまま自由に反射…という感じです。

　ところで位相の変化は0かπだけで中間の値はとりません。波の反射もそうでしたね。

光の干渉

　ここから，光のハイライト…干渉です。第3章1講でやった波の干渉を光へ応用しているだけです。強＆弱は光では明＆暗になって観測されます。

　干渉の基本は…強め合うのは【距離の差＝$m\lambda$】でしたね。これにここまでやった光学距離，反射の位相差が加わるだけ！　基本を押さえておけばドーと言うことはないぞ！

> 2つの光の光路差Lが波長の整数倍（半整数倍）のとき，2つの光は干渉して最も明るくなる（*暗くなる）。光路差Lが半整数倍のときは，最も暗くなる（*明るくなる）。
> （*注意…反射＆位相の関係で明暗が逆になることがある。）

　【距離の差＝$m\lambda$】で強め合う…と言ってるだけです。さあ，以下ではいろいろなのを具体的にやっていきましょう。たくさんやるほど力もつくぞ～！

【1】ヤングの実験

明線：$\dfrac{dx}{L} = m\lambda$

暗線：$\dfrac{dx}{L} = \left(m+\dfrac{1}{2}\right)\lambda$

$(m = 0, 1, 2, 3\cdots)$

ただし $L \gg d,\ L \gg x$

■ ヤングの実験

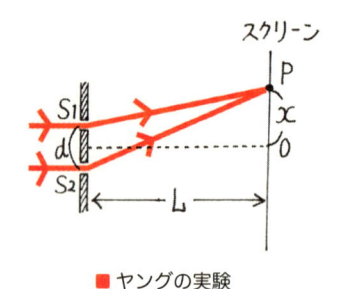

@IMAGE　ここは必ず導け〜！

光の干渉の中で最も代表的なものです。必ず，自分自身の力で導けるように！

では，やっていくぞ〜！

距離の差は $|S_1P - S_2P|$ です。ここで三平方（ピタゴラス）の定理を使って

$$S_1P = \sqrt{L^2 + \left(x - \dfrac{d}{2}\right)^2},\quad S_2P = \sqrt{L^2 + \left(x + \dfrac{d}{2}\right)^2}$$

さあ，差です。$S_2P - S_1P = \sqrt{L^2 + \left(x + \dfrac{d}{2}\right)^2} - \sqrt{L^2 + \left(x - \dfrac{d}{2}\right)^2}$

この計算には１次近似を使います。覚えているかな？

$(1+x)^n \fallingdotseq 1 + nx \quad (1 \gg x)$ でしたね。

一気にやると

$$S_2P - S_1P = \sqrt{L^2 + \left(x + \dfrac{d}{2}\right)^2} - \sqrt{L^2 + \left(x - \dfrac{d}{2}\right)^2}$$

$$= L\left(1 + \dfrac{\left(x+\dfrac{d}{2}\right)^2}{L^2}\right)^{\frac{1}{2}} - L\left(1 + \dfrac{\left(x-\dfrac{d}{2}\right)^2}{L^2}\right)^{\frac{1}{2}}$$

第3章 3講 光波

$$\fallingdotseq L\left(1+\frac{\left(x+\frac{d}{2}\right)^2}{2L^2}\right)-L\left(1+\frac{\left(x-\frac{d}{2}\right)^2}{2L^2}\right)$$

$$=\frac{dx}{L}$$

これで，強め合うのは $\dfrac{dx}{L}=m\lambda$ （$m=0, 1, 2, 3\cdots$）になります。

下の問題3-3をやって，明暗の様子をチェックしておいて下さいね。

ちょっと注意

ここで，xを座標と考えて下方向を負で書くと，mは整数（$m=0$, $\pm 1, \pm 2, \pm 3\cdots$）としてもOKです。

どっちのやり方でもかまいませんが，自分が頭の中で描けて納得できる方でやっていこう。

Q3-3 問題 図のように波長λの単色光がスリットSを通り，さらに中心線から等距離にある，間隔dの2つのスリットS_1, S_2を通って，右側のスクリーン上で縞模様をつくった。$L\gg d$，$L\gg x$，$\ell\gg d$　として以下の問いに答えよ。L, ℓは図に示した長さである。

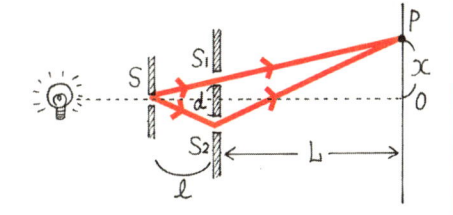

(1) スリットS_1を通って点Pへ進む光と，スリットS_2を通って点Pへ進む光について，光学距離の差（光路差）$\varDelta L$はどうなるか？

(2) スクリーン上で明線ができる位置x（OPの距離）はどのように表されるか？　$m=0, 1, 2, 3\cdots$を用いて答えよ。

(3) 明線の間隔 $\varDelta x$はいくらか？

(4) スリット S_2 の左側に，屈折率 n で厚さ D の薄い透明な板を置くと，中央の明るい線は点 O から y だけ離れたところに移動する。移動方向と y の値を n，D，L および d を用いて表せ。ただし，$L \gg y$ とし，光が板を通る距離は D とする（つまり $\ell \gg d$ より光は図のようにまっすぐ S_1，S_2 に入射するとしよう）。

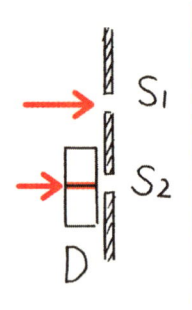

Answer 3-3

(1) $\Delta L = \dfrac{dx}{L}$ 　　(2) $x = \dfrac{m\lambda L}{d}$ 　　(3) $\Delta x = \dfrac{\lambda L}{d}$

(4) 図の下方向　　$y = (n-1)\dfrac{DL}{d}$

解説

(1) これは先でやったことそのもの！　$\Delta L = \dfrac{dx}{L}$ ですね。自分で近似式を使って導けるように。

スリット S があるのは，スリット S_1，S_2 に入る光の位相を同じにするためです。こうしておくと S_1 に山が来ると S_2 にも山が同時に来ますね。

(2) 強め合う条件は $\dfrac{dx}{L} = m\lambda$ （$m = 0, 1, 2, 3 \cdots$）

いつもの【距離の差＝$m\lambda$】のことです。よって

$x = \dfrac{m\lambda L}{d}$ （$m = 0, 1, 2, 3 \cdots$）

(3) 明線の間隔 Δx は，例えば m 番目と $m+1$ 番目の距離です。式で書くと

$\Delta x = x_{m+1} - x_m = \dfrac{\lambda L}{d}$ この結果は m や x によらない…一定ですね。

つまり，明線は等間隔で現れるということ。

（もちろん，近似です。$L \gg d$ や $L \gg x$ などの条件を満たしている範囲だけが上のように等間隔になります。）

(4) 屈折率nの板を入れると，"光にとって"距離が増えます。

厚さDでは光学距離はnDです。上を通る光と比べて$nD-D=(n-1)D$だけ下の光が長い距離を走ることになります。

さあ，中心の明線は距離の差$\frac{dx}{L}$がゼロ…つまりmがゼロの点です（mの意味，覚えてますか？）。薄膜で"下"の光が長くなったので，右側の光路差で"上"が長くならなければ，$m=0$…波の数が等しくなりませんね。というので明線は下に移動します。この距離がyです。式で書くと（左辺は上の光がこれだけ長いということ）

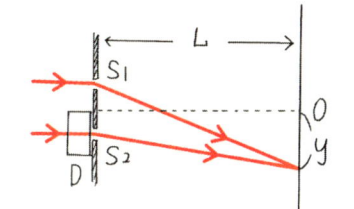

$$\frac{dy}{L}-(n-1)D=0 \quad \therefore y=(n-1)\frac{DL}{d}$$

これだけ下にずれます。

おまけ (4)で一般の次数の場合

では，薄膜を入れたとき，中心の点（$m=0$）だけでなく一般の明線の位置がどうなるのか…やってみましょう。

今，薄膜が入った状態でm番目の明線（位置座標はx'としよう）に注目すると，下の光が$\frac{dx'}{L}$長くて，さらに薄膜で$(n-1)D$長くなります。強め合う条件は，いつもの【距離の差＝$m\lambda$】です。（左辺は下の光がこれだけ長いということです）

$$\frac{dx'}{L}+(n-1)D=m\lambda \quad (m=0,\ 1,\ 2,\ 3\cdots)$$
$$\therefore x'=\frac{m\lambda L}{d}-(n-1)\frac{DL}{d}$$

第1項は薄膜がないときの位置。第2項はズレです。ズレは負です。x'は上に正をとっているので，下に$(n-1)\frac{DL}{d}$移動するということです。それも全て同じ大きさ…全部の明線がそろって下にズレる！　となりますね。次

の図でチェック！

明線間隔も $\Delta x' = x'_{m+1} - x'_m = \dfrac{\lambda L}{d}$ と何も入れてないときと同じです。

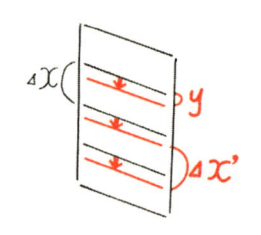

【2】薄膜…垂直に入射する場合

明線： $2nd = \left(m - \dfrac{1}{2}\right)\lambda_0$

暗線： $2nd = m\lambda_0 \quad (m = 1, 2, 3\cdots)$

λ_0：真空での波長

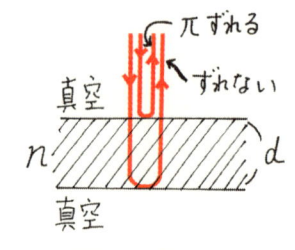

■薄膜…（垂直入射）

@IMAGE ここで2つの考えをつかむぞ！

■考え方：その1…外から見る！

まず，距離の差は，図を見りゃ〜あたりまえ…$2d$（往復ですよ！）。

屈折率nの中を進むので波長は $\lambda = \dfrac{\lambda_0}{n}$…短くなっていますね。

次は反射。上の面ではπずれますね（ひっくり返る）。下の面ではそのまま。つまり，今まで強め合う条件だったのが，弱め合うのに変わってしまいます。

以上をまとめると，強め合う条件は【距離の差＝$m\lambda$】の式から，まず位相のズレより $m \to \left(m - \dfrac{1}{2}\right)$，波長は薄膜中の実際の波長 $\lambda = \dfrac{\lambda_0}{n}$ を用いて

$$2d = \left(m - \dfrac{1}{2}\right)\dfrac{\lambda_0}{n} \quad \cdots ①$$ となります。

■考え方：その2…光になりきる！

ところで，以上のやり方は"外から"見た考えですね。外から見て"実際

の距離"と"実際の波長"を使って出しているのです。さあ，見方を変えて"光になって見る"と，どうなるか？　…これが考え方：その２です。

まず，距離は光学距離（光にとっての距離）$2nd$ に伸びます。

波長は，光にとっては真空の波長 λ_0 のままです。

この見方で式を書くと【距離の差＝$m\lambda$】は【光学距離の差＝$m\lambda_0$】となって，強め合う条件は（反射での位相変化は先でやったのと同じです）

$$2nd = \left(m - \frac{1}{2}\right)\lambda_0 \quad \cdots ②$$

さあ，①式と②式を見て下さい。当然，同じ形です。同じものを違う見方で見ているだけですからね。というので君もどっちの考え方を使ってもかまいません。

その①"実際の距離"＆"実際の波長"で干渉の式を書く！

その②"光にとっての距離"＆"光にとっての波長"で書く！
　　　（光学距離の差）　　　（真空の波長）

おすすめは，後者の"光にとって"の考えに基づいた②式です。波長が複数あるような複雑なやつや，位相差による書き方を学ぶときにずっと分かりやすくなります。

というので，今からは"**光になりきって**"光学距離＆真空の波長で式を書くぞ～！

【2】' 薄膜…斜めに入射する場合

薄膜－斜めに入射
明線：$2nd\cos\phi = \left(m - \frac{1}{2}\right)\lambda_0$
暗線：$2nd\cos\phi = m\lambda_0$
　　　　　$(m = 1, 2, 3\cdots)$
　　　　λ_0：真空での波長

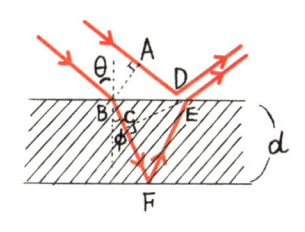

■ 薄膜…（斜め入射）

@IMAGE これも導きます。ここはちと難しいかな～？

2つの光の距離の差は，前図よりBF＋FEとADの差を求めればいいわけです。ここで注目はADとBCです。この2つは"同じ距離"でしょう（光になって考えてますか？）。ということは，距離CF＋FEを求めればOK！

右図から，直角三角形CGEの辺CGの長さと同じになりますから$CG = 2d\cos\phi$ …おっと，物質中での光学距離ですから$2nd\cos\phi$

続いて反射をチェック！　上面で反射する光はドカンとπずれて，下を通るのはそのままですね。

さあ，干渉の式は，$2nd\cos\phi = \left(m - \dfrac{1}{2}\right)\lambda_0$
$(m = 1, 2, 3\cdots)$　これが強め合う点です。

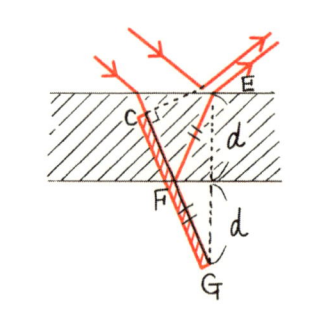

@IMAGE 干渉のまとめ！

光の干渉についてまとめておきましょう。いろいろなサンプルを書きましたが，すべて，同じことをやっているのに気付きましたか？　さあ，光になりきってまとめるぞ！

No. I 　図を描いて，2つの光が通る道筋の，**実際の距離**の差を出す。

No. II 　物質中を通っているなら"**光にとっての距離**の差"（光路差）に直す。

No. III 　もし**反射**があるなら，そのときの位相のズレをすべてチェックする。

No. IV 　**干渉の式**【距離の差＝$m\lambda$…（強，弱）】を書く（IIIに注意して強弱どっちとなるかを考える）。このとき距離は光学距離，波長は真空の波長λ_0ですよ。

この中ではNo. Iが個々の問題でそれぞれ導き方が全く違っていて，一

第3章 3講 光波

番，訓練がいるところです。ヤング，薄膜，さらに次のニュートンリング
や回折格子…は自分でやっ
て先のことを完璧におさえ
ておくこと！

> キョリの差 = $m\lambda$ 強 ← 反射check!
> ↓　　　　　　↓
> 光学キョリに！　真空の波長に！

【3】ニュートンリング

明環： $\dfrac{r^2}{R} = \left(m + \dfrac{1}{2}\right)\lambda$

暗環： $\dfrac{r^2}{R} = m\lambda$

$(m = 0,\ 1,\ 2,\ 3\cdots)$

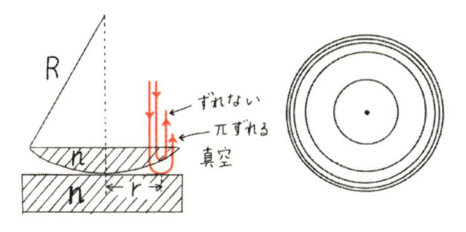

■ニュートンリング

@IMAGE　距離の差を導こう！

　光をあてた方向…上方向から見ると明暗のリングが見えるようになります。名前の通り，あのニュートンが詳しく観察したやつなんです。

　さあ，No. I の距離の差を出しましょう。

　光はレンズの下面とガラス板の上面で反射したものが干渉します。この距離をdとすると，ピタゴラスの定理より

$$R^2 = (R-d)^2 + r^2 = R^2\left(1 - \dfrac{d}{R}\right)^2 + r^2$$

ここで$R \gg d$より一次近似で

$$R^2 \fallingdotseq R^2\left(1 - \dfrac{2d}{R}\right) + r^2 \quad \therefore\ 2dR = r^2$$

求める距離の差は$2d$（これも往復）に注意して $2d = \dfrac{r^2}{R}$

No. II ～ No. IVは自分でやっておこう。もう結果の式も大丈夫だね！

379

@IMAGE どんなリングになるかな？

暗線の式でリングの様子をチェックしておきましょう。$\dfrac{r^2}{R} = m\lambda$ より $r = \sqrt{mR\lambda}$ …ここで λ, R は一定です。

まず，中心は暗。m が1つ増えると1つ外のリングになります。$r \propto \sqrt{m}$（比例）ということは，外にいくほどリングの間隔が狭くなってきますね。

さあ，上のことを頭に入れて，ニュートンリングの右の図（前ページ）を見ておこう！

【4】回折格子

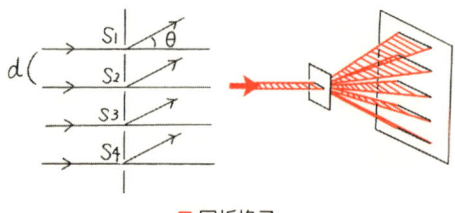

$$\text{明}：d\sin\theta = m\lambda \quad (m = 0,\ 1,\ 2,\ 3\cdots)$$

■ 回折格子

@IMAGE 距離の差を出そう！

図より，スリット S_1, S_2 からの光の距離の差は $d\sin\theta$ …これが $d\sin\theta = m\lambda$ の関係を満たしていると，スリット S_2, S_3 からの光もやはり $d\sin\theta = m\lambda$ を満たしているハズでしょう。となると，以下の S_3, S_4 …も全て条件式を満たしています。というので，$d\sin\theta = m\lambda$ であれば，全てのスリットからの光が強め合う"明"となっているのです。

@IMAGE 暗は無いの？

ところで，"暗（弱）"の条件が書いてありませんね。これは，ちょっと

難しいのですが…$d\sin\theta = m\lambda$ を満足していないところではどこでも，他のたくさんのスリットからの光を全部足すと，打ち消しあってほとんどゼロになるのです。

$d\sin\theta = \left(m + \dfrac{1}{2}\right)\lambda$ を満たしていなくともゼロ…"暗"になってしまうということ！　だから，暗の条件をわざわざ書いたりしないのです。

え，わからんだって！　はい，そういう人は無視無視……(^^;　ここは"強"さえ分かっていればOKです。

Q3-4 問題 【回折格子のチェックです】

先の回折格子の干渉の図で，$d = 2 \times 10^{-6}$ [m]（これを格子定数といいます），$\lambda = 6 \times 10^{-7}$ [m]の単色光を入射する場合，右側の観測者には $-90° < \theta < 90°$ の範囲で何カ所，明るくなる角度があるか？

解答　Answer 3-4

7つ

○ 解説

"明"の式は $d\sin\theta = m\lambda$ …ここでは角度を求めたいのですね。よって $\sin\theta = \dfrac{m\lambda}{d}$

値を入れてみると $\sin\theta = 0.3m$ …つまり $m = 0$ のときは $\theta = 0$ で強め合い，$m = 1$ では $\sin\theta = 0.3$ となる θ の方向で強め合う…

どこまでやるかというと $\sin\theta \leqq 1$ より $m = 3$ までですね。あと，下半分に強め合うのも忘れないこと！　全部で7か所になります。

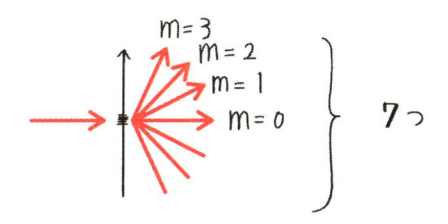

Q 3-5 問題 【"くさび"の干渉】

図のように,板ガラス1の上にもう1枚の板ガラス2を乗せ,2つのガラス面のなす角 θ を非常に小さくしておこう。上から波長 λ の単色光をあてると干渉模様が見られる。このときの明線の位置 x を導け。

さらに,ガラス面間を絶対屈折率 n の液体で満たした場合,明線の位置はどう変わるか? ただし,液体の絶対屈折率はガラスのより大きいとします。

必要なら $\tan\theta \fallingdotseq \theta$ の近似式(一次近似です)を使って下さい。

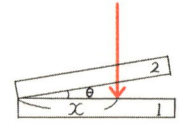

解答   Answer 3-5

$$x = \frac{\left(m+\frac{1}{2}\right)\lambda}{2\theta}, \quad x = \frac{\left(m+\frac{1}{2}\right)\lambda}{2n\theta} \quad \text{ただし,} \quad m = 0, 1, 2, 3\cdots$$

● 解説

ここではガラス1の上面とガラス2の下面で反射した光が干渉します。
では順番にやっていきましょう。

I 距離の差です。x の位置でのガラスの間隔は $x\tan\theta \fallingdotseq x\theta$ ですね。光はここを往復していきますから2倍だぞ! $2x\theta$ です。

II 空気中…ほとんど真空と同じです。ここのように何も書いてなければ真空と思ってかまいません。よって光学距離は無視!

III ガラス2の下面での反射は位相の変化無し。ガラス1の上面では π ずれ。よって2つの光はズレて,明&暗が入れ代わります。

Ⅳ さあ，いよいよ式です。

明線：$2x\theta = \left(m+\dfrac{1}{2}\right)\lambda$　$(m = 0, 1, 2, 3\cdots)$　∴ $x = \dfrac{\left(m+\dfrac{1}{2}\right)\lambda}{2\theta}$

これで明線の間隔も分かります。$\Delta x = x_{m+1} - x_m = \dfrac{\lambda}{2\theta}$：一定ですね。等間隔で干渉稿が現れます。

続いて液体を入れた場合をチェック！

実際の距離Ⅰはそのまま。Ⅱの光学距離は伸びます。$2nx\theta$ですね。Ⅲは注意！　今度はガラス2の下面での反射はπずれ，ガラス1の上面では位相の変化無し。つまり，2つの光はズレて，やはり明＆暗が入れ代わります。先の真空のときと同じです。

干渉の式Ⅳは【明線】：$2nx\theta = \left(m+\dfrac{1}{2}\right)\lambda$　$(m = 0, 1, 2, 3\cdots)$

∴ $x = \dfrac{\left(m+\dfrac{1}{2}\right)\lambda}{2n\theta}$

さあ，明線間の間隔は $\Delta x = \dfrac{\lambda}{2n\theta}$，やはり一定で等間隔ですが，$n > 1$より間隔は狭くなります。全体の様子，分かるかな？

幾何光学

ここからは今までの"波"として光を見ていったのに対して，光の直進性（一様な物質中では光は真っ直ぐ進みます）に注目して，像を結んだり，拡大や縮小して見ることができる現象を考えていきましょう。

理論的には，レンズで光が曲がって（屈折です），その光が集まって像をつくる（干渉です）… ということで屈折＆干渉の応用分野なんです。物理の

本質的なことからちょっと離れるということで，試験にもそんなに多くは出題されないと思います。

でも，理論的には複雑でも，図形をつかめば思いもかけない簡単な形にまとまってしまうところでもあります。

さあ，レンズの性質を一気に見ていくぞ～！

★ レンズ

レンズに入射する平行光は，1 点に集まる。この点を焦点 (Focus) F という。レンズの中心から焦点までの距離 f を焦点距離という。

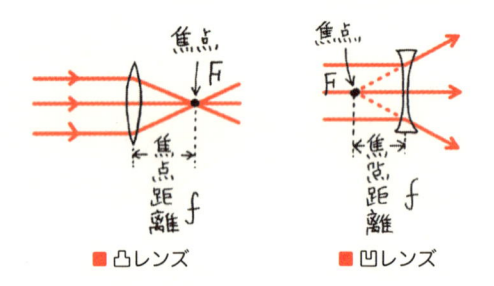

■ 凸レンズ　　■ 凹レンズ

@IMAGE 光の"集まり方"

凸レンズでは右の焦点に集まり，凹レンズでは左の焦点に"集まり"ます。上の図をチェックしておくこと！

凸では光が集まり，凹では光が拡がる … こんな感じですね。

@IMAGE 光の描き方！

レンズが作る像は "**3本の光の線**" の描き方が基本です。これをマスター

すれば恐いもの無しだぞ～！

次の３つの図では，文章では微妙に違っていますが，そこにある共通性を自分でとらえよう！

光の進む３種類の線！

凸レンズ　①平行に来たのは焦点に！
　　　　　②レンズ中心を通るのはまっすぐに！
　　　　　③手前の焦点を通るのは平行に！

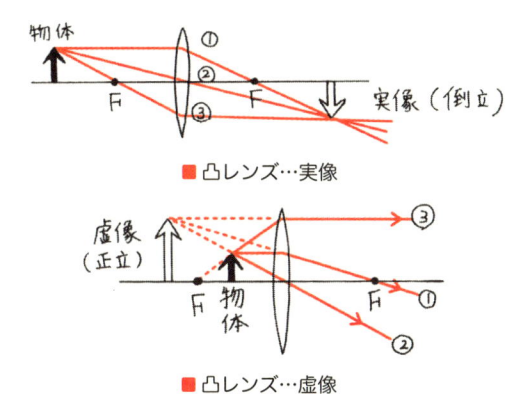

■ 凸レンズ…実像

■ 凸レンズ…虚像

凹レンズ　①平行に来たのは，左の焦点から出たように！
　　　　　②レンズ中心を通るのはまっすぐに！
　　　　　③あっちの焦点を目指したのは平行に！

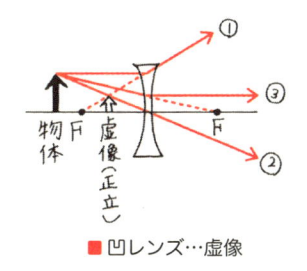

■ 凹レンズ…虚像

ていねいに…作図あるのみです。凸＆凹レンズとも自分で描けるように！

ところで，実際の作図は２本の光線で十分ですね。像を作る一点が分かればいいのですから，２本の交わる点だけで決められます。

@IMAGE 実像，虚像とは？

凸レンズの最初の図は"**実像**"といって，実際に光が集まって（干渉で強め合っているのです），紙などのスクリーンに像が写ります。

それに対して凸レンズの2番目の図や凹レンズのは"**虚像**"といって実際に光が集まって像をつくるのでなく，右から見るとその1点から光が出ているように見える…そこにあるように見えるのです。

カメラのフィルムには実像が写り，虫眼鏡で大きく見えるのは虚像を見ているのですね。

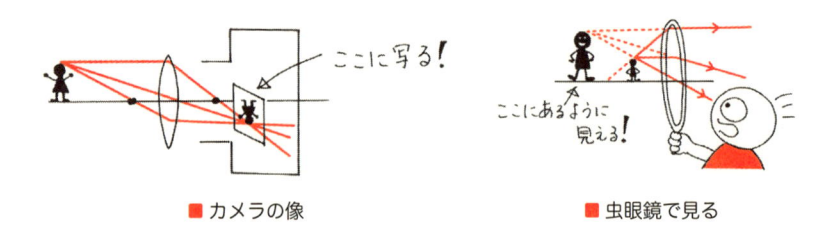

■ カメラの像　　　　　　　■ 虫眼鏡で見る

@IMAGE 倍率&公式を導こう！

【倍率&レンズの公式】

レンズで見ると，元の物体よりも大きく見えたり小さく見えたりします。この様子をチェックするぞ〜！　必ず図を見ながら読んでいくんだ！

Ⅰ 凸レンズ…実像の場合

レンズからa離れた位置に物体ABを置きます（$a > f$）。

まずやることは…3本（2本）の光線！（図①）　きちんと描くんだぞ！

レンズ右側bの位置に実像A′B′ができます。

ここで三角形 △ABO，△A′B′Oに注目すると… △ABO ∽ △A′B′O，相似ですね（図②）。

元の物体の大きさABと像の大きさA′B′の比を倍率nといいます。元のよりn倍，大きいぞ〜ということ。

第3章 3講 光波

さあ，三角形の比より $n = \dfrac{A'B'}{AB} = \dfrac{b}{a}$ …（倍率）

一方，三角形 $\triangle COF \backsim \triangle A'B'F$ に注目！（図③）

この三角形を使うと，同じように $n = \dfrac{A'B'}{OC} = \dfrac{b-f}{f}$ ∴ $\dfrac{b}{a} = \dfrac{b-f}{f}$

まとめると $\dfrac{1}{a} + \dfrac{1}{b} = \dfrac{1}{f}$ …【ⅰ】

これがレンズの"公式"です。どの三角形に注目しているか？…これを下の図でチェックしておこう！

■図①

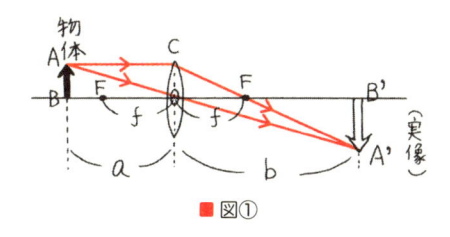

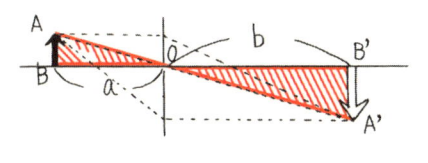

■図② 三角形に注目

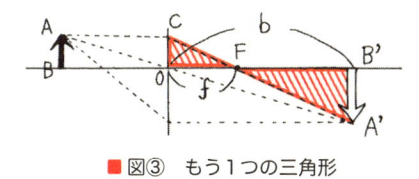

■図③ もう1つの三角形

Ⅱ 凸レンズ…虚像の場合　⇒問題3-6を見よ！

Ⅲ 凹レンズ…虚像の場合

レンズから a 離れた位置に物体ABを置きます（$a > f$）。ここも，まずやることは3本（2本）の光線！（次ページ図①）今度はレンズの左側の b 離れた位置に虚像A'B'ができます。

三角形 $\triangle ABO$，$\triangle A'B'O$ は相似（$\triangle ABO \backsim \triangle A'B'O$）ですね（図②）。

よって $n = \dfrac{A'B'}{AB} = \dfrac{b}{a}$ …（倍率）

Part 3 波動分野

387

一方，三角形 $\triangle COF \infty \triangle A'B'F$（図③）より $n = \dfrac{A'B'}{OC} = \dfrac{f-b}{f}$

∴ $\dfrac{b}{a} = \dfrac{f-b}{f}$

まとめると $\dfrac{1}{a} - \dfrac{1}{b} = -\dfrac{1}{f}$ …【ii】

ここも三角形に注目！

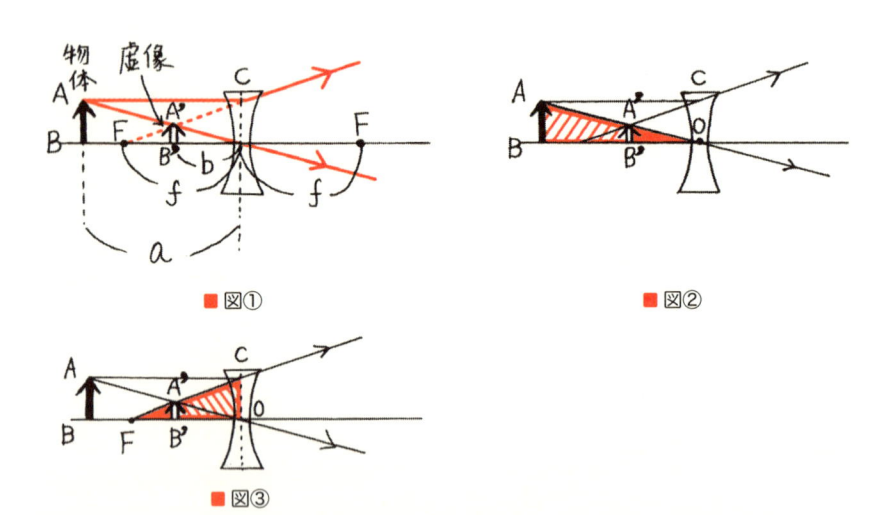

■図①

■図②

■図③

Q3-6 問題

では先のⅡの『凸レンズ…虚像』をやっておきましょう。レンズから a 離れた位置に物体ABを置きます。さっきと違って今回は $a < f$ の場合です。さあ、ここでの結論 $\dfrac{1}{a} - \dfrac{1}{b} = \dfrac{1}{f}$ を導こう。

（b はレンズの左にできる虚像のレンズからの距離です。）

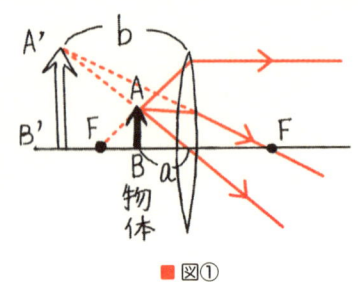

■図①

第3章 3講 光波

解答　Answer 3-6

解説を参照。

解説

まず，いつものように3本(2本)の光線！（図①）

三角形 △ABO & △A'B'O は相似 (△ABO ∽ △A'B'O) ですね（図②）。さあ，また三角形の比より

$$n = \frac{A'B'}{AB} = \frac{b}{a} \cdots (倍率)$$

一方，三角形 △COF ∽ △A'B'F に注目（図③）。以下，同じように

$$n = \frac{A'B'}{OC} = \frac{b+f}{f} \quad \therefore \frac{b}{a} = \frac{b+f}{f}$$

まとめると　$\dfrac{1}{a} - \dfrac{1}{b} = \dfrac{1}{f}$ … 【ⅲ】

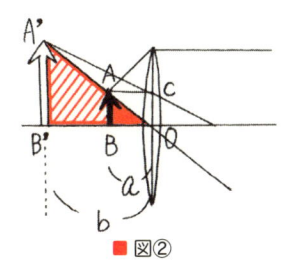

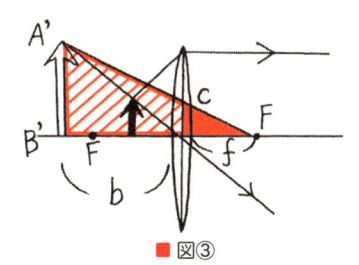

■ 図②　　　　■ 図③

@IMAGE　公式【ⅰ】〜【ⅲ】をチェックだ〜！

いろいろ公式が出てきてウンザリですが…よく見ると1つの式で全ての場合を表せます！

$\dfrac{1}{a} + \dfrac{1}{b} = \dfrac{1}{f}$ …これです！　凸，凹や物体，像の位置で，この式の a，b，f の正負を変えるだけで全ての場合が表せます。以下にまとめておきましょう。

【レンズの公式】

(1) f：凸レンズでは $f>0$，凹レンズでは $f<0$
(2) a：見られる物体がレンズより前方では $a>0$，後方では $a<0$…（物体が後方というのは，何か変ですが…この例は次の問題3-7【複合レンズ】を見てください。）
(3) b：実像（レンズの後方にできる）で $b>0$，虚像（レンズの前方にできる）では $b<0$

【倍率】…$n=\left|\dfrac{b}{a}\right|$：$a, b$ の正負によらない。

こんな感じで，式1つですべての場合OKです。

しかし，それでもやまぐち君は"3本の光線"から全部，導いています。本質は図にありますからね。それに"式の場合分け"を覚えるのは式を覚えるより大変ですからね。君たちも…『基本は"3本の光線"』，これはみっちりやっておこう！

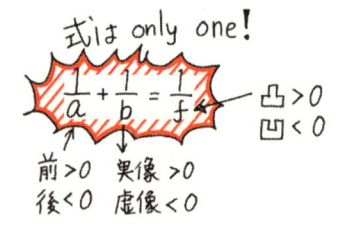

式が威力を発揮するのは，複数のレンズを組み合わせたときです。

すぐ下の問題に行くぞ〜！

式は only one!

$$\dfrac{1}{a}+\dfrac{1}{b}=\dfrac{1}{f}$$

凸 >0
凹 <0

前 >0　実像 >0
後 <0　虚像 <0

Q 3-7 問題　【複合レンズ】
図のように焦点距離 10 [cm] の凸レンズの左側 30 [cm] に高さ 10 [cm] の物体 AB を置く。さあ，どこにどんな像ができるか？…（実像，虚像の区別，場所，大きさを求めればOKです）
さらに，凸レンズの右側 5 [cm] のところに焦点距離 20 [cm] の凹レンズを置く。できる像はどのようになるか？ 上と同じように答えよう。

第3章 3講 光波

■ 凸のみ

■ 凸&凹の組み合わせ

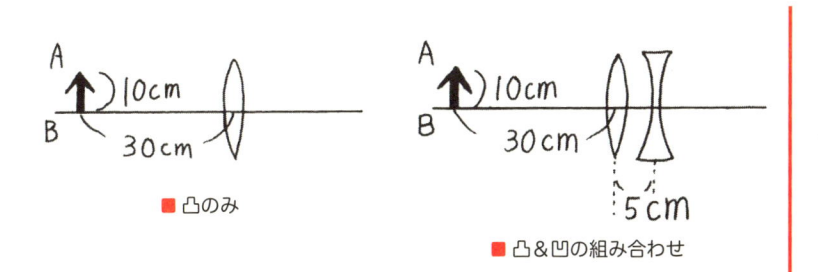

解答

Answer 3-7

解説を参照。

解 説

【まず前半，凸レンズだけの場合！】

公式だけでやってしまうと

$$\frac{1}{a}+\frac{1}{b}=\frac{1}{f} \text{より} \frac{1}{30}+\frac{1}{b}=\frac{1}{10} \quad \therefore b=15[\text{cm}]$$

$b>0$ より実像です。

倍率は $n=\dfrac{b}{a}$ より $\dfrac{15}{30}=\dfrac{1}{2}$ …実像の大きさは$5[\text{cm}]$になります。

図でもやっちゃうぞ〜！

△ABF∽△DOF（図①，図②）より OD＝$5[\text{cm}]$

つまり倍率はOD＝A′B′より $n=\dfrac{1}{2}$　よって像は$5[\text{cm}]$の大きさ。

次は △OAB∽△OA′B′（次ページ図③）で $b=$OB′$=15[\text{cm}]$

像の位置も分かりますね。

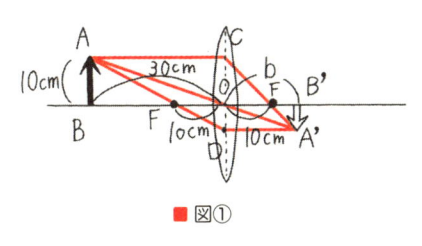

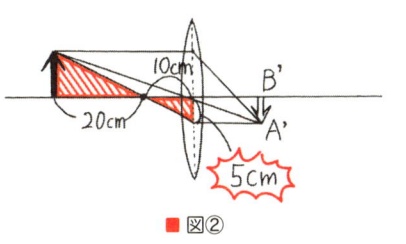

■ 図①

■ 図②

391

■図③

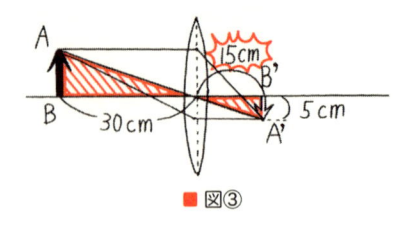

【続いて後半，凸レンズ＆凹レンズの場合！】

まず公式だけでいくぞ〜！

凸レンズがつくる実像が"物体"です。この"物体"に光が集まる→光がそこから出ていく…そこに"物体"があるのと同じことになりますね。

後は凹レンズだ〜！　ここでは凹レンズの右に"物体"があります。これが…『見られる物体がレンズより後方で $a<0$ 』の場合なのです。式で書くと

$$\frac{1}{a}+\frac{1}{b}=\frac{1}{f} \text{ より } \frac{1}{-10}+\frac{1}{b}=\frac{1}{-20} \quad \therefore b=20[\text{cm}]$$

$b>0$ で実像（レンズの後方にできる）だと分かります。

倍率は $n=\left|\dfrac{20}{-10}\right|=2$　できる像は $5\times 2=10[\text{cm}]$ の大きさでした。

"たった１つの公式"の使い方…分かったかな？　かなりカンタンに，形式的にできてしまいますね。

図でもやっちゃおう！

凸レンズの A′B′ が実像ということは，光が点 A′ に向かっているということ！

基本の２本の光線を描くと，中心を通って点 A′ に向かう光は真っ直ぐ…。右の焦点に向かって点 A′ に進むのは平行に…。さあ，図をチェック（次ページ図①)！

三角形の図②で像の大きさが $10[\text{cm}]$ と分かります。次の図③で像の位置がレンズから $b=20[\text{cm}]$ にあることが分かりますね。そして像に光が集まっている…実像です！

図の方法では"基本の光線"と三角形の相似しか使ってないぞ〜！　各自，必ず，チェックしておこう。

第3章 3講 光波

■ 図①

■ 図②

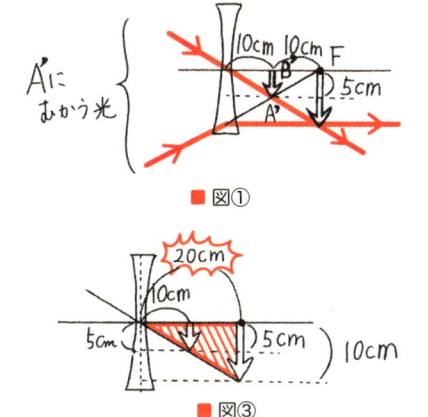

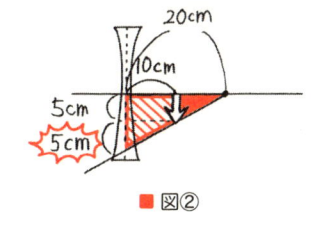

■ 図③

球面鏡（凹面鏡＆凸面鏡）

球面の鏡面を持ち，凹型になっているものを凹面鏡，凸型になっているものを凸面鏡という。凹面鏡は光を集める性質を持ち，望遠鏡などに用いられる。凸面鏡は広い範囲を映すカーブミラーなどに使われる。

@IMAGE 光の"集まり方"と"進み方"

ハワイにある"すばる望遠鏡"のような宇宙のかなたを観測する大望遠鏡は，レンズではなく凹面鏡を用いています。考え方はレンズと同じ！

光の進み方を押さえて，あとは作図！　結果の"公式"も同じような形になります。

まずは"焦点"からGo！

Part 3 波動分野

393

⭐ 焦点

凹面鏡の主軸に平行に入射した光は，反射して焦点F（Focus）に集まる。
凸面鏡に入射した光は，焦点から出たように進む。

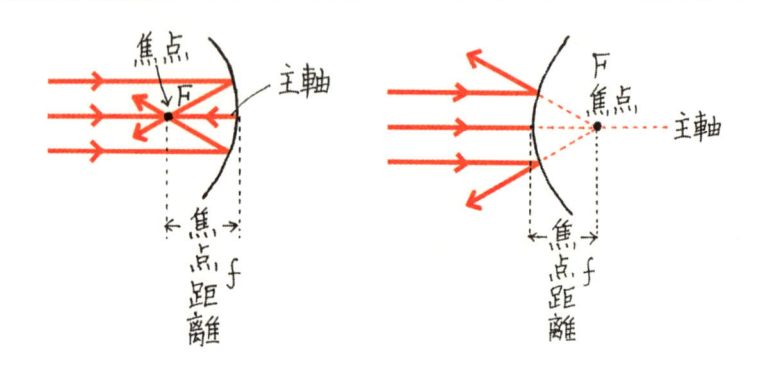

@IMAGE 本当は放物面なんだ〜！

厳密には，光が一か所の焦点に集まるのは鏡面が球面の場合でなく，**放物面**になっている場合です。球面のときは球面半径が十分に大きく，主軸方向にほぼ平行に入射する光の場合は"だいたい"一か所に集まるようになります。宇宙の深淵を見る"すばる"や野辺山の大電波望遠鏡などは精密な測定のため放物面になっていますが，我々は作図や計算が簡単にできる球面鏡でやっていきますね。

@IMAGE 光の進み方を見よう！

いろいろな方向から入ってくる光のうち，はっきりと進み方が分かっているのは次の4つです。

第3章 3講 光波

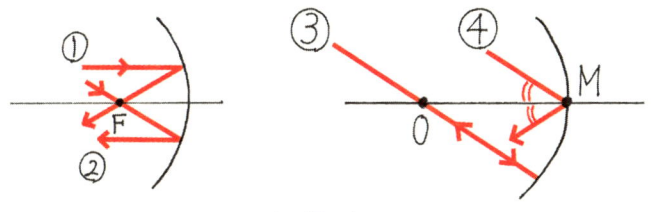

■ 光の進み方4つ

進み方①「主軸に平行に入射した光は焦点を通る！」…これは焦点の考えからあたりまえだね！

進み方②「焦点を通って入射したのは平行に戻る！」…上の逆を言ってるだけ！

進み方③「球面の中心Oを通って入射した光はそのまま戻る！」…球面に垂直に入っていくのは単なる反射だ〜！　とうぜんそのまま戻ります。あたりまえだ〜！

進み方④…主軸と球面の交点Mに入射した光は入射角と同じ反射角で反射する！　普通の反射です。

さあ，あとは作図だ〜！　次へGo Go〜！

★ 凹面鏡による実像の式

球面半径Rの凹面鏡の球面の中心Oより左に物体を置くと光が集まって実像ができる。焦点距離をf，物体と球面の距離をa，できる実像と球面の距離をbとすると以下の関係が成り立つ。

$$\frac{1}{a}+\frac{1}{b}=\frac{1}{f} \quad f=\frac{R}{2}$$

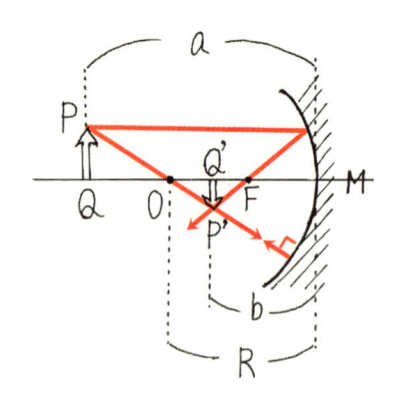

> **@IMAGE** 公式を出すぞ〜！ ポイントは作図！

まず光の進み方④を使って
三角形 △PQM と △P′Q′M に注目して倍率 m は

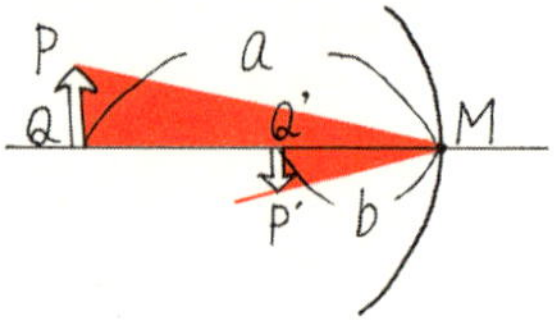

$$m = \frac{P'Q'}{PQ} = \frac{b}{a}$$

続いて光の①と③を使うと
三角形 △MNF と △Q′P′F に注目して同じく倍率 m は

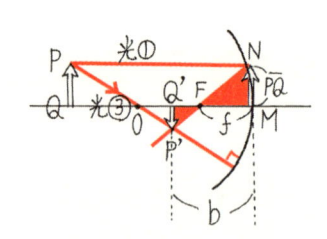

$$m = \frac{P'Q'}{PQ} = \frac{P'Q'}{NM} = \frac{b-f}{f}$$

さあ2式より

$$m = \frac{b}{a} = \frac{b-f}{f} \quad \therefore \quad \frac{1}{a} + \frac{1}{b} = \frac{1}{f}$$

レンズのときとほとんど同じやり方ですね！　倍率に注目してどの三角形に注目するのかをしっかりつかんでおこう。

最後に球面半径と焦点距離の関係式も出しておくぞ！

さあ，前の図（光①，光③の図）で左の2つの三角形 △PQO，△P'Q'O に注目して倍率 m を出すと

$$m = \frac{P'Q'}{PQ} = \frac{R-b}{a-R} \quad \text{ところで倍率は } m = \frac{b}{a} \text{ でしたね。}$$

$$\frac{b}{a} = \frac{R-b}{a-R} \quad \text{変形して } (a+b)R = 2ab \quad \therefore \left(\frac{1}{a} + \frac{1}{b}\right)R = 2$$

さっきの公式 $\dfrac{1}{a} + \dfrac{1}{b} = \dfrac{1}{f}$ を入れると $\quad \therefore f = \dfrac{R}{2}$

焦点距離 f は球面半径 R の半分になるんだ〜！

興味がある人は凹面鏡の虚像，凸面鏡の虚像も自分で作図してやってみよう。上のが分かった人には簡単です！　多分ね…（^^;

@IMAGE 公式のまとめ！　1つでいろいろつかえるよ！

公式はレンズのときと同様 a，b，f の正負の場合分けでいろいろなケースを表すことができます。まとめておくと，右の通り。

$$\frac{1}{a} + \frac{1}{b} = \frac{1}{f}$$

いつも正　正：実像　正：凹
　　　　負：虚像　負：凸

　こんな感じで，たった1つの式ですべてOK！　ただし，大切なことは"覚えて使う"んじゃなくて自分できちんと"作図"して求められること！　さあ，凹面鏡による実像の式の出し方をチェックしておこう！

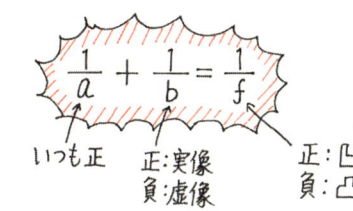

☑ この講はこれでendです。次の問題で実力をチェックだ〜！

Q まとめの問題 No.1

図はヤングの実験を示す。間隔 d の複スリット A，B は単スリット S から等距離にあり，スクリーン X は A，B に平行である。A，B と X は L だけ離れている。点 O は，S と AB の中点を結んだ直線が X と交わる点である。この場合，光源 Q から放射された波長 λ の光は，S を通過した後，複スリット A，B に同位相で到着する。A，B を通過した 2 つの光が，スクリーン X 上の P 点に到着した。次の問いに答えよ。

問1 OP ＝ x とするとき AP－BP を，L，d，x を用いて表せ。ただし，d，x は L に比べて十分小さいとし，また，a が 1 に比べて十分小さいとき，$\sqrt{1+a^2} \fallingdotseq 1+\frac{1}{2}a^2$ と表せるものとする。

問2 AP－BP が波長 λ の整数倍となる場合，P 点は明るくなるか，暗くなるか，理由をつけて答えよ。

問3 スクリーン X 上にできる明暗の縞模様の間隔（隣り合う明線と明線の間隔）Δx を L，d，λ を用いて表せ。

問4 次に，単スリット S を AB に平行に y だけ図の下方向に移動したところ，スクリーン上の明暗も移動し，はじめてその明暗が反転した。単スリット S と複スリット A，B の距離を ℓ とするとき，y を ℓ，d，λ を用いて表せ。ただし，ℓ は d に比べて十分大きいものとする。

問5 単スリット S をさらに AB に平行に移動すると，再びスクリーン上の明暗の模様が反転する。このとき，S は図の位置からどれだけ移動しているか。ただし，$\ell = 2.0$ cm，$d = 0.10$ cm，$\lambda = 590$ nm（1 nm ＝ 10^{-9} m）とする。

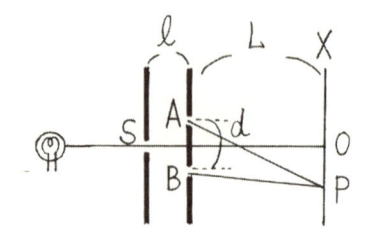

第3章 3講 光波

解答　Answer No.1

問1　$AP - BP ≒ \dfrac{dx}{L}$　　問2　解説を見よ！　　問3　$\Delta x = \dfrac{\lambda L}{d}$

問4　$y = \dfrac{\lambda \ell}{2d}$　　問5　1.2×10^{-5} [m]

解説

問1　これは何回もやりましたね。各自，必ずピタゴラスをやってチェックだ〜！

$$AP - BP ≒ \dfrac{dx}{L}$$

問2　『最初のスリットSから2番目のスリットA，B間での距離は等しいのでA，Bでの位相は一致している（つまり，Aに山が来ていればBにも山！）。2番目のスリットとスクリーン間では

$AP - BP ≒ \dfrac{dx}{L} = m\lambda$ の関係が満たされていれば，A，Bからの光の位相（タイミング）も等しくなり，強め合う…つまり明となる。』
こんな感じでOK！

問3　さあ，$\dfrac{dx}{L} = m\lambda$ より強め合う位置は $x = \dfrac{m\lambda L}{d}$，明線の間隔は

$$\Delta x = x_{m+1} - x_m = \dfrac{\lambda L}{d} \text{…これも前に出しましたね。等間隔です。}$$

問4　スリットSが y だけ下に移動すると，左側の ℓ の部分で上のAを通る光の方が $SA - SB ≒ \dfrac{dy}{\ell}$ だけ長い距離を走ります。右側のある点の明暗がはじめて反転するということは，この距離 $\dfrac{dy}{\ell}$ に波が $\dfrac{1}{2}$ 個入って強弱が入れかわるということですね。

つまり $\dfrac{dy}{\ell} = \dfrac{\lambda}{2}$ ∴ $y = \dfrac{\lambda \ell}{2d}$

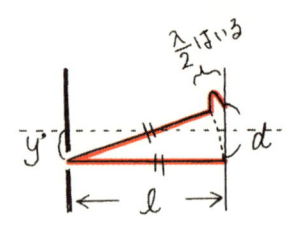

問5 Sをy'だけ下げると，Aを通る光が左側で$\dfrac{dy'}{\ell}$長いですね。このとき【明→暗→明】となったというので，この距離に波が1つ入る…この距離がλということ！　式で書くと

$\dfrac{dy'}{\ell} = \lambda$ ∴ $y' = \dfrac{\lambda \ell}{d} = \dfrac{590 \times 10^{-9} \times 2.0 \times 10^{-2}}{0.10 \times 10^{-2}} = 1.2 \times 10^{-5}$ [m]

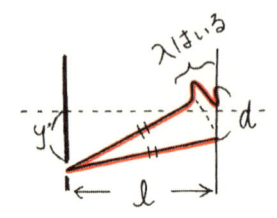

いつものように，眼を大きく開けて意味をとらえること！　考え方が見えれば，かなりチョロいぞ～！

Q まとめの問題　No.2

屈折率n_Aの円柱状のガラス棒Aがある。図のように，Aの上端面は中心軸に垂直で空気に接している。またAの側面は屈折率n_Bの媒体Bで囲まれている。空気の屈折率を1として，次の問いに答えよ。

(1) Aの上端面の中心に，入射角αで入射した光の屈折角はβであった。α，β，n_Aの間に成り立つ関係式を示せ。

第3章 3講 光波

(2) $n_A > n_B$ とすると，光がAからBへ進むとき，その境界面で全反射が起こりうる。臨界角をθとして，θ, n_A, n_Bの間に成り立つ関係式を示せ。

(3) (1)の光が媒体Bへ出ることなくAの中を進むためには，α, n_A, n_Bの間にどのような条件が必要か。式で示せ。

(4) 媒体Bが空気のとき，(1)の光はαの値にかかわらず全てAの中だけを進み，側面からは出てこなかった。媒体Bが水のとき，αの値によっては側面からも光が出てきた。ガラス棒Aの屈折率n_Aの取りうる範囲を示せ。ただし，水の屈折率を$\dfrac{4}{3}$とする。

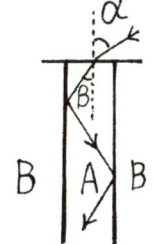

Answer No.2

(1) $n_A = \dfrac{\sin\alpha}{\sin\beta}$　　(2) $\sin\theta = \dfrac{n_B}{n_A}$　　(3) $\sqrt{n_A{}^2 - \sin^2\alpha} > n_B$

(4) $\sqrt{2} < n_A < \dfrac{5}{3}$

解説

(1) 単なる屈折です。$n_A = \dfrac{\sin\alpha}{\sin\beta}$

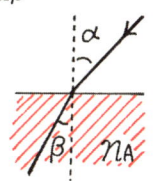

(2) 言ってるところだけを図に描き出せばカンタン！

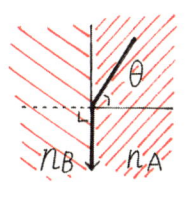

$$n_{AB} = \dfrac{\sin\theta}{\sin 90°} = \sin\theta = \dfrac{n_B}{n_A}$$

(3) AからBへの入射角は $\frac{\pi}{2}-\beta$, "Aの中を進む" というのはここで全反射になっていればいいのですね。つまり $\frac{\pi}{2}-\beta$ が (2) の臨界角 θ よりも大きければOK！

θ は sin の形になっているので，そろえてやると $\sin\left(\frac{\pi}{2}-\beta\right) > \sin\theta$ ということ！

使える記号，使えない記号に注意して変形していくと

$$\sin\left(\frac{\pi}{2}-\beta\right) = \cos\beta = \sqrt{1-\sin^2\beta} = \sqrt{1-\frac{\sin^2\alpha}{n_A^2}} > \frac{n_B}{n_A} \ (= \sin\theta)$$

$$\therefore \sqrt{n_A^2 - \sin^2\alpha} > n_B$$

(4) 何と言っても "問題文" をしっかり読もう！

前半は外が空気なら出てこない…全反射しているんですね。つまり (3) のことだ！ どんな α でも上の式を満足しているハズ。というので

$$\sqrt{n_A^2 - 1} > 1 \quad \therefore n_A > \sqrt{2} \ \cdots ①$$

さあ，後半は外が水なら "入射角 α によっては全反射したりしなかったり…" 変な言い方ですね〜！ ようするに (3) が $\sin\alpha = 0$ では成り立ち，$\sin\alpha = 1$ ではダメと言うこと（よく文を読め！）。(3) の式を書くと

$$\sqrt{n_A^2 - 1} < \frac{4}{3} < \sqrt{n_A^2} \quad \therefore \frac{4}{3} < n_A < \frac{5}{3} \ \cdots ②$$

条件は①＆②の両方を満足すること！ まとめると $\sqrt{2} < n_A < \frac{5}{3}$ ですね。

ちょっとムズかしかったかな？

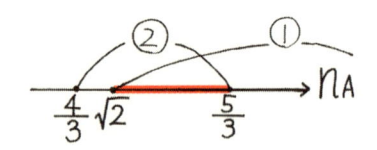

Q まとめの問題　No.3

図に示すようなマイケルソンの干渉計において，単色光源を出た光は半透明の鏡Pで二つに分けられ，一方は平面鏡Mで反射されて同じ路をもどり，その一部がPを通過して光検出器に入る。他方は平面鏡M_0で反射されて同じ路をもどり，その一部がPで反射されて光検出器に入り，Mからの光と干渉する。Mへの経路の途中に円筒Qが置かれており，これには真空ポンプがつながれている。M_0は固定され，Mは光の進行方向に動かすことができる。この装置を用いて以下の実験を行った。その際，大気圧は1気圧，Q内の気圧も最初は1気圧であるとする。また，光は円筒Qの通過面によって影響を受けないものとする。

(実験A) MをPから少しずつ遠ざけたところ，検出器での光の強さは単調に減少し，初めの位置からΔxのところで最小になった。次にMを初めの位置から少しずつPに近づけると，光の強さは単調に増大し，初めの位置から$3\Delta x$のところで最大になった。

(実験B) 実験AにおけるMの位置を，検出器に入る光の強さが最大になるところに固定し，Qから少しずつ空気を抜いたところ，Q内の空気の屈折率の減少にともない，検出器の光の強さは最大から最小へ，また最小から最大へという変化を繰り返した。最大から次の最大までを1回と数えると，Q内が1気圧から真空になるまでの変化の回数はN回であった。

次の問いに答えよ。

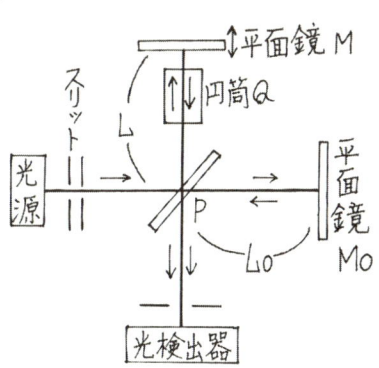

(1) 実験Aにより，1気圧の空気中の光の波長λをΔxを用いて表せ。
(2) 実験Bの検出器の光の強さがなぜ変化するかを式を用いずに簡単に説明せよ。
(3) 実験Bで円筒Qの長さをℓ，真空中の光の波長をλ_0，1気圧の空気の屈折率をnとすると，n，ℓ，λ_0，Nの間にはどのような関係が成立するか。
(4) 実験Bで，$\ell = 10$cm，$\lambda_0 = 5800 \text{Å}$（$1\text{Å} = 10^{-8}$cm）に対して，$N = 100$回であった。1気圧の空気の屈折率を求めよ。

解答 Answer No.3

(1) $\lambda = 16 \Delta x$　　(2) 解説を見よ！
(3) $2(n-1)\ell = N\lambda_0$　　(4) $n = 1.00029$

解説

(1) 装置が複雑ですから，じっくりと見て下さい。光は"上"の鏡で反射される光と"右"の鏡で反射される光が干渉します。図は上から装置を見ています。

実験Aの文章をしっかり読むと，鏡Mが今あるところよりΔx遠いとき暗，$3\Delta x$近いとき明。この距離の差は往復で$2 \times (\Delta x + 3\Delta x) = 8\Delta x$です。この間で【暗→明】となるのは，この間に入る光は波の半分，半波長のハズ！　式で書くと

$$8\Delta x = \frac{\lambda}{2} \quad \therefore \lambda = 16\Delta x$$

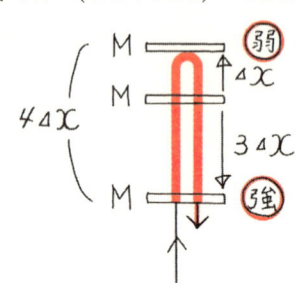

(2) 式は使うな！　ということで…

空気が薄くなって，光にとっての距離が短くなるというのですから『円筒内の空気の屈折率が変化し，ここの光学距離も変化する。その結果，M_0 からの光と光路差を生じて，検出器での強度も変化するようになる。』

…という感じです。

(3) 1気圧と真空のときでは円筒部分の光学距離は $2\times(n\ell-\ell)=2(n-1)\ell$ だけ短くなります(往復ですよ)。さあ，この間に【明→明】が N 回，変化したというのです。光学距離が λ_0 変化すると1回【明→明】でしたね。というので

$$2(n-1)\ell = N\lambda_0$$

(4) 後は数値計算！　(3)より

$$n = 1 + \frac{N\lambda_0}{2\ell} = 1 + \frac{100\times 5.8\times 10^{-7}}{2\times 10\times 10^{-2}} = 1.00029$$

ほとんど1ですから，空気の屈折率を1とする問題が多いのです。

どうです？　これも"見えている"君には一発でしょう。しっかり見えろ〜！…（命令形!!）

Q まとめの問題　No.4

図（次ページ）のように，十分に厚い屈折率の n_g の平行平面に，厚さ d [m]，屈折率 n の透明な物質の薄膜をつけ，これにより可視領域の光（波長 $3.8\times 10^{-7} \sim 8.0\times 10^{-7}$ [m]）の反射を防止したり，逆に反射を増強したりすることが行われている。空気の屈折率を1とし，$n_g > n > 1$ であるとして，以下の各問いに答えよ。

(a) 光は空気中から薄膜に斜めに入射するとき，境界面で屈折する。入射角 α [rad]と屈折角 θ [rad]の間の関係式を書け。

(b) 空気中の光の波長を λ[m]とすると，薄膜中の波長 λ'[m]はいくらになるか。

(c) 空気中から薄膜の表面Aに角度 α で入射した光の一部は，薄膜とガラスを通過し，ガラス下面Cから再び空気中に出ていく。透過光線が出ていく角度を β[rad]として，$\sin\beta$ を求めよ。

(d) 薄膜の上面Aと下面Bで反射される光の干渉を考察する。屈折率の小さい媒質の側から屈折率の大きい媒質に入射する際に，その境界面で反射した光は，位相が π[rad]だけ（半波長分）変化するものとする。いま，薄膜表面に斜めに光が入射する場合に，反射が防止される波長 λ は，入射角 α，膜厚 d，屈折率 n，および次数 m（$m = 0, 1, 2, 3\cdots$）を用いてどのように表されるか。

(e) 屈折率 $n = 1.4$ の物質で薄膜を作り，これに垂直（$\alpha = 0$）に波長 $\lambda = 7.8 \times 10^{-7}$[m]の光を入射させた。このとき薄膜が反射防止膜として働くための最小の膜厚 d_0[m]を求めよ。

(f) (e)のように d_0 を決めると，可視領域内のある波長の光ではかえって反射が増強される。その波長 λ'[m]はいくらか。

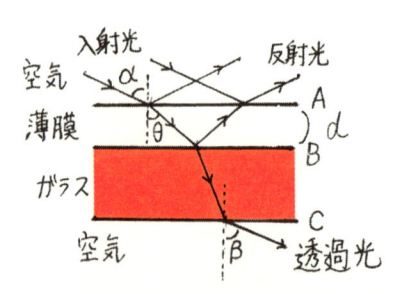

解答

Answer No.4

(a) $n = \dfrac{\sin\alpha}{\sin\theta}$　　(b) $\lambda' = \dfrac{\lambda}{n}$　　(c) $\sin\beta = \sin\alpha$

(d) $\lambda = \dfrac{4d\sqrt{n^2 - \sin^2\alpha}}{2m+1}$ （$m = 0, 1, 2\cdots$）　　(e) $d_0 = 1.4 \times 10^{-7}$[m]

(f) $\lambda' = 3.9 \times 10^{-7}$[m]

解説

(a) トーゼン！　$n = \dfrac{\sin\alpha}{\sin\theta}$

(b) これもトーゼン！　$\lambda' = \dfrac{\lambda}{n}$　…短くなります。

(c) 入射角をϕとすると屈折するのは3か所，式も3つ書けます。

$$n = \dfrac{\sin\alpha}{\sin\theta}, \quad \dfrac{n_g}{n} = \dfrac{\sin\theta}{\sin\phi}, \quad \dfrac{1}{n_g} = \dfrac{\sin\phi}{\sin\beta}$$

知りたいのはαとβの関係です（ジャマなのはθ&ϕ）。θ&ϕを消すのに，各式をうまく掛けていけばOK！

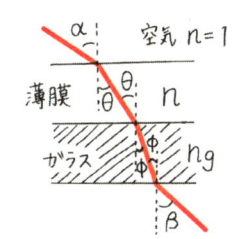

∴ $\sin\alpha = \sin\beta$　同じ角度になるのですね。

(d) 弱め合う条件です。

距離の差は$2nd\cos\theta$（光にとってですよ）。ここではもう出しませんが，出し方を必ずチェックしておけ～！

次は反射。ここでは上面，下面とも反射で位相がπずれます。

さあ，弱め合う条件は，$2nd\cos\theta = \left(m+\dfrac{1}{2}\right)\lambda$　$(m=0, 1, 2\cdots)$

ここでジャマなのはθ，これをαで書き直せばいいのです。(c)より

$$\cos\theta = \sqrt{1-\sin^2\theta} = \sqrt{1-\dfrac{\sin^2\alpha}{n^2}}$$　これでジャマ者θは消せるぞ！

$$2nd\sqrt{1-\dfrac{\sin^2\alpha}{n^2}} = \left(m+\dfrac{1}{2}\right)\lambda$$

∴ $\lambda = \dfrac{4d\sqrt{n^2-\sin^2\alpha}}{2m+1}$　$(m=0, 1, 2\cdots)$

(e) 垂直に入射する場合（$\alpha=0$）です。

弱め合う条件は$2nd = \left(m+\dfrac{1}{2}\right)\lambda$　最小の膜厚d_0は$m=0$の場合です。

よって $d_0 = \dfrac{\lambda}{4n} = \dfrac{7.8 \times 10^{-7}}{4 \times 1.4} = 1.4 \times 10^{-7}$ [m]

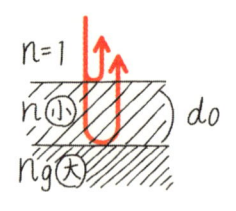

(f) 強め合うやつです。

波長はもちろん，m の値も変わっているかもしれませんね。そこで λ'，m' として，膜厚は同じ d_0 です。

$$2nd_0 = m'\lambda' \quad (m' = 1, 2\cdots)$$

$$\therefore \lambda' = \dfrac{2nd_0}{m'} = \dfrac{\lambda}{2m'} = \dfrac{7.8 \times 10^{-7}}{2m'} = \dfrac{3.9 \times 10^{-7}}{m'}$$

m' が2以上だと紫外線領域になってしまいます。よって，求める波長は $m' = 1$ で

$\lambda' = 3.9 \times 10^{-7}$ [m]　この波長では強め合ってしまうのです。

Q まとめの問題　No.5

凸レンズの場合，主軸に平行な光線はレンズを通過後焦点を通り，レンズの中心を通る光線は向きを変えずに進む。また凹レンズの場合，レンズの主軸に平行な光線は凹レンズを通過後，焦点から出たように進み，レンズの中心を通る光線は向きを変えずに進む。これらのことに注意して，以下の問いに答えよ。

問1　焦点距離 f [m] の凸レンズを図1のように置き，レンズの右側，距離 a [m] の位置に矢印の形の物体を置いた。$a > f$ とするとき，凸レンズによる実像の位置と向きを図で示せ。

問2　図2のように焦点距離 f [m] の凸レンズ（レンズ1）と焦点距離 $2f$ [m] の凸レンズ（レンズ2）を焦点が一致するように置いた。レンズ1の右側，距離 $2f$ [m] の位置に矢印の形の物体を置いたとき，レンズ2によってできるのは実像か虚像か答えよ。またその位置と向きを図で示せ。

第3章 3講 光波

問3 焦点距離 f [m]の凹レンズと $2f$ [m]の凸レンズを配置して，凸レンズのほうから入射する平行光線が，凹レンズを通った後も平行光線のままになるためには，どのようにすればよいか図で示せ（レンズの間隔を記入すること）。

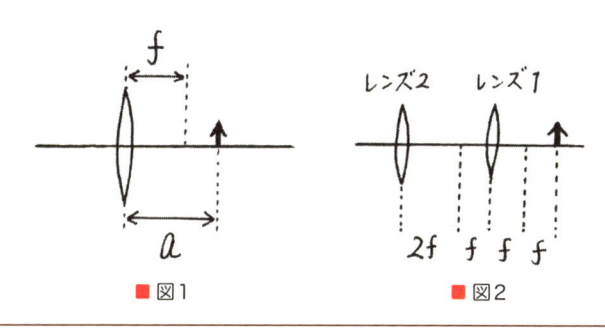

■図1

■図2

Part 3 波動分野

解答

Answer No.5

解説を参照。

解説

問1 レンズの**3本の光の道筋**です。ここでは2本だけ描いておきますね。

・中心を通るのは真っ直ぐに！
・焦点を通るのは平行に！…後は作図だ～！

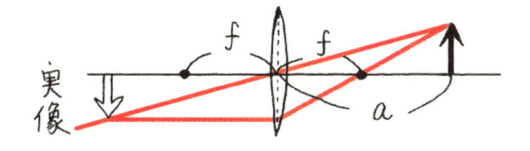

問2 レンズが2つ以上あるときは，1つずつやっていきましょう。

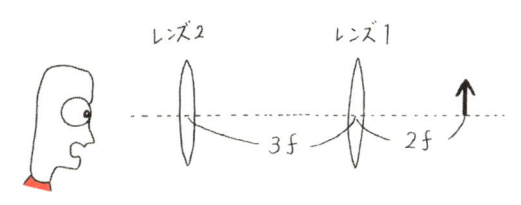

409

- まずレンズ１が作る像です。やり方はいつもの通り！ 中心は真っ直ぐ！ 平行は焦点へ！ これでできる実像をABとしましょう。レンズ１から$2f$の距離に倒立しています（左図）。
- 次はレンズ２。実像なのでABから光がでるとして，描き方は同じ！
　　レンズ中心を通るのはまっすぐに！
　　手前の焦点を通るのは平行に！
これは虚像バージョンですね。できる像はA'B'（右図）。

ともかく，作図は３本（２本）の線！ これですね。

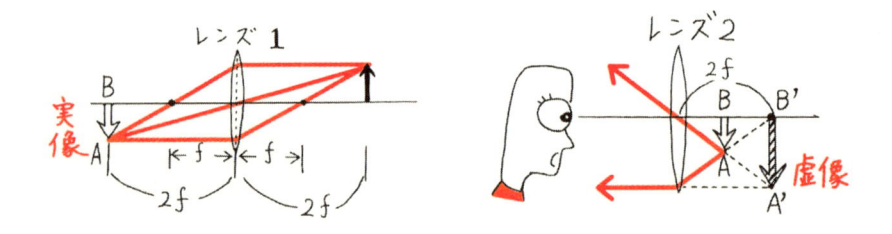

"Only Oneの式" $\dfrac{1}{a} + \dfrac{1}{b} = \dfrac{1}{f}$ も使ってみましょう。前方，後方が反対になっているので注意！

レンズ１では…

$$\dfrac{1}{2f} + \dfrac{1}{b} = \dfrac{1}{f} \quad \therefore b = 2f$$

レンズ１の左側$2f$のところに実像（$b > 0$）ができます。倍率は

$$n = \dfrac{b}{a} = 1$$

もとの物体と同じ大きさですね。

レンズ2では…

$$\frac{1}{f} + \frac{1}{b} = \frac{1}{2f} \quad \therefore b = -2f$$

虚像（$b<0$）でレンズの右側に像があります。大きさは倍率が2で、もとの2倍に見えるぞ〜となります。あと，倒立していますね。
（式を使う人も作図は必ずチェックしておいて下さい！）

問3　これも順番にやっていきましょう。右から凸レンズに来る平行な光は当然，焦点に集まります。$2f$の距離ですね。それを凹レンズで平行にしたい。左の焦点に来るのは平行にいくハズ！　そこで図のように置けばいいのだ〜！

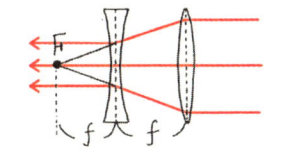

まとめの問題として，やや難しいのもやってきましたがどうでしたか？

もう分かってきていると思いますが，大切なことは"式をたくさん覚えて…"なんかでは無く，何がどうなっているか？…これが見えることです‼（断言‼）

見えてしまえば，みんな**大チョロ**（思いっきりチョロいということ）でしょう！

さあ，今からたくさん難問を解いて，大きく眼を開けるんだ〜！

本書上巻『力学・熱力学・波動編』と一緒に、下巻も発売中！

やまぐち健一の わくわく物理探検隊NEO 電磁気・原子編

本書と同じやりかたで、電気分野、磁気分野、原子物理分野も"見える"ようにしていこう！
2冊あわせれば、これで物理はカンペキだ〜！

下巻の内容

Part 1　電気分野
1講　電場(電界)・電位
2講　コンデンサー
3講　直流回路

Part 2　磁気分野
1講　磁場
2講　電磁誘導
3講　交流と電気振動

Part 3　原子物理分野
1講　光子
2講　原子構造とX線
3講　原子核

著者プロフィール

やまぐち健一（やまぐち けんいち）

僕は早稲田の大学＆大学院で物理の理論を
やってきました。
最近物理の人気がなくて悲しい思いをしていたので、
"楽しく読める"物理の本を書いてみようと
思ったのがこれです。
わかりやすく＆ハイレベルの人にも納得できる
内容を詰め込んでいます。
さあ、ドキドキの探検に一緒に出発しよう〜！

カバーデザイン	●	下野剛（ツヨシ＊グラフィックス）
カバー・本文イラスト	●	miho
本文デザイン・DTP	●	BUCH⁺
編集協力	●	(株)エディット

やまぐち健一の
わくわく物理探検隊NEO
力学・熱力学・波動編

2014年 4月25日 初版 第1刷発行
2024年 7月16日 初版 第9刷発行

著者　　やまぐち健一
発行者　片岡 巌
発行所　株式会社技術評論社
　　　　東京都新宿区市谷左内町 21-13
　　　　電話　03-3513-6150　販売促進部
　　　　電話　03-3267-2270　書籍編集部
印刷／製本　昭和情報プロセス株式会社

定価はカバーに表示してあります。

本の一部または全部を著作権の定める範囲を超え、無断で複写、
複製、転載、テープ化、あるいはファイルに落とすことを禁じます。

©2014 やまぐち健一

造本には細心の注意を払っておりますが、万一、乱丁（ページの乱れ）や
落丁（ページの抜け）がございましたら、小社販売促進部までお送りくだ
さい。送料小社負担にてお取り替えいたします。

ISBN 978-4-7741-6351-2 C7042
Printed in Japan

●本書へのご意見、ご感想は、技術評論社ホームページ（http://gihyo.jp/）または以下の宛先へ、書面にてお受けしております。電話でのお問い合わせにはお答えいたしかねますので、あらかじめご了承ください。

＜問い合わせ先＞
〒162-0846
東京都新宿区市谷左内町 21-13
株式会社技術評論社書籍編集部
『やまぐち健一のわくわく物理探検隊NEO
「力学・熱力学・波動編」』係
FAX　03-3267-2271